Michael Růžička

Nichtlineare Funktionalanalysis

Eine Einführung

2., überarbeitete Auflage

Springer Spektrum

Michael Růžička
Abteilung für Angewandte Mathematik
Albert-Ludwigs-Universität Freiburg
Freiburg im Breisgau, Deutschland

Masterclass
ISBN 978-3-662-62190-5   ISBN 978-3-662-62191-2   (eBook)
https://doi.org/10.1007/978-3-662-62191-2

Die Deutsche Nationalbibliothek verzeichnet diese Publikation in der Deutschen Nationalbibliografie;
detaillierte bibliografische Daten sind im Internet über http://dnb.d-nb.de abrufbar.

Planung/Lektorat: Iris Ruhmann
Springer Spektrum ist ein Imprint der eingetragenen Gesellschaft Springer-Verlag GmbH, DE und ist ein
Teil von Springer Nature.
Die Anschrift der Gesellschaft ist: Heidelberger Platz 3, 14197 Berlin, Germany

für Susanne,
Martin, Felix und Hannah

Vorwort

Das Buch wurde nach seinem Erscheinen intensiv für weitere Vorlesungen genutzt und daher hat sich der Text im Laufe der Zeit entsprechend weiterentwickelt. Ich möchte mich bei all jenen bedanken, die zu seiner Verbesserung beigetragen haben. Insbesondere gilt mein Dank Kianhwa Djie, Vladimir Jovanovic und Johann Schuster.

Die neue Auflage behält die Struktur der 1. Auflage bei. Es wurden kleinere Ungenauigkeiten korrigiert und an einigen Stellen wurde die Darstellung überarbeitet. Die Präsentation der Theorie maximal monotoner Operatoren wurde allerdings deutlich verändert, so dass nun die Beweise aller Resultate, mit Ausnahme eines tiefen Resultates von Kadec und Troyanski, im Buch enthalten sind. Auch die Darstellung von Evolutionsproblemen wurde grundsätzlich überarbeitet. Der moderne Ansatz mithilfe Bochner-pseudomonotoner Operatoren liefert nun für pseudomonotone Evolutionsprobleme eine Theorie, die völlig analog zur Theorie pseudomonotoner stationärer Probleme ist.

Ich möchte mich ganz herzlich bei all jenen bedanken, die Vorversionen des jetzigen Textes gelesen haben und viele gute Verbesserungsvorschläge eingebracht haben. Mein Dank gilt insbesondere Luca Courte, Mirjam Hoferichter, Julius Jeßberger, Alex Kaltenbach und Marius Zeinhofer.

Freiburg, August 2020   M. Růžička

Vorwort zur ersten Auflage

Das Buch ist entstanden aus einsemestrigen Vorlesungen, die ich im SS 1999 an der Universität Bonn und in den SS 2002, 2003 an der Universität Freiburg für Studierende ab dem 6. Semester gehalten habe. Ziel war es, aus dem großen Gebiet der *nichtlinearen Funktionalanalysis* solche Methoden und Techniken auszuwählen, die von allgemeinem Interesse sind und eine zentrale Rolle bei der Untersuchung von nichtlinearen elliptischen und parabolischen partiellen Differentialgleichungen spielen.

Bei der Auswahl und der Darstellung des Stoffes habe ich das Zusammenspiel und die gegenseitige Beeinflussung von Theorie und Anwendungen in den Vordergrund gestellt. Zugleich sollte der Stoff in einer einsemestrigen Vorlesung darstellbar und in sich geschlossen sein. Es ist klar, dass dabei viele interessante und wichtige Themenkomplexe nicht berücksichtigt werden können, wie schon allein aus dem Umfang des enzyklopädischen Werkes von E. Zeidler „Nonlinear functional analysis and its application. I – IV" [31], [33], [34], [30], [32] ersichtlich ist. Für das Verständnis des Buches ist natürlich die Grundausbildung in Analysis und Linearer Algebra Voraussetzung. Darüber hinaus sind Kenntnisse in linearer Funktionalanalysis und Lebesguescher Maß– und Integrationstheorie notwendig. Alle Resultate aus den beiden letztgenannten Gebieten, die im vorliegenden Buch benutzt werden, sind im Appendix zusammengestellt.

An dieser Stelle möchte ich mich ganz herzlich bei all jenen bedanken, die zur Entstehung des Buches beigetragen haben. Ich möchte mich bei J. Frehse für viele inhaltliche Diskussionen bedanken und dafür, dass er mich darin bestärkt hat, dieses Buch zu schreiben. Eine erste Mitschrift der Vorlesung, die auch die Grundlage dieses Buches ist, wurde von S. Goj und K. Lorenz geTEXt und ausgearbeitet. Ich möchte mich auch bei L. Diening und S. Knies bedanken, die das gesamte Buch gelesen und viele Verbesserungen eingebracht haben. Und nicht zuletzt bin ich den Studenten meiner Vorlesungen, insbesondere C. Diehl, F. Ettwein, A. Huber, H. Junginger und B. Münstermann, dankbar für die vielen Fragen und Anregungen, die hoffentlich dem Buch zugute gekommen sind.

Freiburg, November 2003   M. Růžička

Notation

In jedem Abschnitt der einzelnen Kapitel sind Sätze, Lemmata, Definitionen und Formeln fortlaufend gemeinsam durchnummeriert. Hierfür wird die Abschnittsnummer und die laufende Nummer benutzt. Bei Verweisen innerhalb eines Kapitels, werden nur diese Nummern angegeben. Wird in ein anderes Kapitel verwiesen, so wird zusätzlich die Kapitelnummer vorangestellt, z.B. wird auf Satz 2.17 bzw. Formel (2.24) des Kapitels 1 innerhalb von Kapitel 1 durch Satz 2.17 bzw. (2.24) verwiesen und von allen anderen Kapitels aus durch Satz 1.2.17 bzw. (1.2.24). Auf Abschnitte bzw. Formeln im Appendix wird z.B. durch Abschnitt A.12.2 bzw. Formel (A.12.26) verwiesen.

In diesem Buch wird die allgemein übliche Notation verwendet. Vektoren $\mathbf{a} \subset \mathbb{R}^d$, $d \in \mathbb{N}$, und vektorwertige Funktionen $\mathbf{f} \colon \Omega \subseteq \mathbb{R}^d \to \mathbb{R}^n$, $d, n \in \mathbb{N}$, werden im Fettdruck notiert. Eine Ausnahme bilden Punkte $x \in \Omega \subset \mathbb{R}^d$, $d \in \mathbb{N}$, wenn Ω der Definitionsbereich einer Funktion ist. Wir benutzen für Vektoren $\mathbf{a} = (a^1, \ldots, a^d)^\top$, $\mathbf{b} = (b^1, \ldots, b^d)^\top \in \mathbb{R}^d$ das Standardskalarprodukt, d.h. $\mathbf{a} \cdot \mathbf{b} = \sum_{i=1}^d a^i b^i$, sowie die dadurch induzierte Euklidische Länge, d.h. $|\mathbf{a}|^2 = \mathbf{a} \cdot \mathbf{a}$.

In Rechnungen auftretende Konstanten sind immer positiv und werden mit $c, C, C_1, \ldots$ bezeichnet. Sie können sich von Zeile zu Zeile verändern. Durch $c(\alpha)$ wird angegeben, dass die Konstante c von der Größe α abhängt.

Wenn im Text von *glatten* Funktionen gesprochen wird, sind damit immer Funktionen gemeint, die alle erforderlichen Manipulationen ermöglichen und für die man die genaue Regularität nicht spezifizieren möchte. Man kann sich immer unendlich oft differenzierbare Funktionen vorstellen.

Wir betrachten der Einfachheit halber nur reelle Vektorräume. Viele Ergebnisse können auf komplexe Vektorräume verallgemeinert werden.

Inhaltsverzeichnis

1 Fixpunktsätze

Eines der wichtigsten Instrumente bei der Behandlung nichtlinearer Probleme mit Methoden der Funktionalanalysis sind *Fixpunktsätze*. Für eine gegebene Abbildung $T\colon M \to N$ bezeichnet man jede Lösung der Gleichung

$$Tx = x$$

als **Fixpunkt**. Fixpunktsätze garantieren, unter bestimmten Bedingungen an die Abbildung $T\colon M \to N$ und die Mengen M und N, die Existenz von Fixpunkten. Ein einfaches Beispiel für eine Abbildung, die keinen Fixpunkt besitzt, ist die Translation

$$Tx = x + x_0 \qquad x_0 \neq 0\,.$$

Die folgenden Beispiele illustrieren, wie die Behandlung nichtlinearer Probleme auf die Lösung von Fixpunktproblemen zurückgeführt werden kann:

- Nullstellenbestimmung von nichtlinearen Funktionen:

$$F(x) = 0\,.$$

Diese Gleichung kann auf verschiedene Weisen in ein Fixpunktproblem für eine Abbildung T umgeschrieben werden:

$$Tx = x - F(x) \qquad \text{(einfachste Möglichkeit)}\,,$$
$$Tx = x - \big(F'(x)\big)^{-1} F(x) \qquad \text{(Newtonverfahren)}\,.$$

- Gewöhnliche Differentialgleichungen:

$$x'(t) = f(t, x(t))\,,$$
$$x(0) = x_0\,.$$

Für eine gegebene stetige Funktion $f\colon Q \subseteq \mathbb{R} \times X \to X$, wobei X ein Banachraum sein kann, ist dieses Anfangswertproblem äquivalent zu folgender Integralgleichung

$$x(t) = x_0 + \int_0^t f\big(s, x(s)\big)\, ds\,.$$

© Springer-Verlag GmbH Deutschland, ein Teil von Springer Nature 2020
M. Růžička, *Nichtlineare Funktionalanalysis*, Masterclass,
https://doi.org/10.1007/978-3-662-62191-2_1

Wenn man die rechte Seite dieser Gleichung mit $T_{x_0}x$ bezeichnet, ist die Integralgleichung äquivalent zum Fixpunktproblem $T_{x_0}x = x$, wobei T_{x_0} auf einem geeigneten Funktionenraum definiert ist.

- Nichtlineare partielle Differentialgleichungen:

$$-\Delta u = f(u) \qquad \text{in } \Omega\,,$$

$$u = 0 \qquad \text{auf } \partial\Omega\,,$$

wobei f eine gegebene nichtlineare Funktion ist und die Funktion u gesucht wird. Dieses Problem kann man mithilfe von

$$Tu = (-\Delta)^{-1}\big(f(u)\big)$$

in ein Fixpunktproblem umschreiben.

1.1 Der Banachsche Fixpunktsatz

Wir wählen einen konstruktiven Zugang zur Lösung des Fixpunktproblems

$$Tx = x\,, \qquad x \in M\,, \tag{1.1}$$

wobei im Allgemeinen T eine nichtlineare Abbildung ist, die auf einer Menge M definiert ist. Wir betrachten die *iterative Folge*

$$x_0 \in M\,, \qquad x_{n+1} := Tx_n\,, \qquad n = 0, 1, 2\ldots\,, \tag{1.2}$$

die unter bestimmten Bedingungen gegen einen Fixpunkt von T konvergiert.

1.3 Definition. *Sei (X, d) ein metrischer Raum und sei $M \subseteq X$ eine Teilmenge. Eine Abbildung $T\colon M \to X$ heißt **k-kontraktiv** genau dann, wenn es ein $k \in (0, 1)$ gibt, so dass für alle $x, y \in M$ gilt:*

$$d(Tx, Ty) \le k\, d(x, y)\,.$$

*T heißt **kontraktiv**, wenn für alle $x, y \in M$ mit $x \neq y$ gilt:*

$$d(Tx, Ty) < d(x, y)\,.$$

Der folgende Satz ist von grundlegender Bedeutung für iterative Verfahren, die sowohl zum theoretischen Nachweis von Existenz und Eindeutigkeit von Lösungen und deren Stabilität, als auch zur numerischen Berechnung von approximativen Lösungen benutzt werden.

1.4 Satz (Banach 1922). *Sei $M \subseteq X$ eine nichtleere, abgeschlossene Menge eines vollständigen metrischen Raumes (X, d) und sei*

$$T\colon M \subseteq X \to M \tag{1.5}$$

eine gegebene k-kontraktive Abbildung. Dann gilt:

(i) *Die Gleichung (1.1) hat genau eine Lösung $x \in M$, d.h. T hat genau einen Fixpunkt in M.*

(ii) *Für alle Anfangswerte $x_0 \in M$ konvergiert die durch (1.2) definierte iterative Folge (x_n) gegen die Lösung x von (1.1).*

Beweis. Sei $x_0 \in M$ beliebig. Aufgrund der Definition der Folge (x_n) und wegen der k-Kontraktivität der Abbildung T gilt:

$$d(x_n, x_{n+1}) = d(Tx_{n-1}, Tx_n) \le k\, d(x_{n-1}, x_n) \le \cdots \le k^n\, d(x_0, x_1)\,.$$

Dies und die Dreiecksungleichung liefern

$$\begin{aligned}
d(x_n, x_{n+m}) &\le d(x_n, x_{n+1}) + d(x_{n+1}, x_{n+2}) + \ldots + d(x_{n+m-1}, x_{n+m}) \\
&\le (k^n + k^{n+1} + \cdots + k^{n+m-1})\, d(x_0, x_1) \\
&= k^n(1 + k + k^2 + \cdots + k^{m-1})\, d(x_0, x_1) \\
&\le \frac{k^n}{1-k}\, d(x_0, x_1)\,,
\end{aligned}$$

wobei die Summenformel für die geometrische Reihe $\sum\limits_{n=0}^{m-1} k^n \le \sum\limits_{n=0}^{\infty} k^n = \frac{1}{1-k}$ benutzt wurde. Da $k < 1$ vorausgesetzt wurde, haben wir gezeigt, dass (x_n) eine Cauchy–Folge ist. Da X vollständig ist, konvergiert die Folge (x_n) gegen ein Element $x \in X$. Durch den Grenzübergang $m \to \infty$ in der letzten Ungleichung folgt insbesondere

$$d(x_n, x) \le \frac{k^n}{1-k}\, d(x_0, x_1) \to 0 \qquad (n \to \infty)\,. \tag{1.6}$$

Da T nach Voraussetzung (1.5) eine Selbstabbildung der Menge M ist, liegen aufgrund der Konstruktion (1.2) alle Folgenglieder in M. Die Menge M ist abgeschlossen und somit liegt auch der Grenzwert x der Folge (x_n) in M. Die Abbildung T ist k-kontraktiv, also insbesondere stetig, und demzufolge kann man in der Gleichung (1.2) den Grenzübergang $n \to \infty$ durchführen und erhält

$$x = Tx\,,$$

und damit die Existenz einer Lösung des Problems (1.1).

Es bleibt die Eindeutigkeit der Lösung zu zeigen. Angenommen, x und y seien zwei Lösungen von (1.1), d.h. $Tx = x$ und $Ty = y$. Aufgrund der k-Kontraktivität der Abbildung T folgt dann

$$d(x, y) = d(Tx, Ty) \le k\, d(x, y)\,.$$

Wegen $k < 1$ muss also $d(x, y) = 0$ gelten, d.h. $x = y$. ∎

Bemerkungen. (i) Der Banachsche Fixpunktsatz sagt bildlich gesprochen aus, dass der Graph der Abbildung T über der Menge M einen eindeutig bestimmten Schnittpunkt mit der Diagonale, d.h. der Identitätsabbildung I, besitzt.

(ii) Die folgenden Gegenbeispiele zeigen, dass keine der Voraussetzungen des Banachschen Fixpunktsatzes 1.4 weggelassen werden kann:

(a) $M = \emptyset$, T beliebig
Dann kann T natürlich keinen Fixpunkt haben.

(b) $M = [0,1]$, $\quad N = [2,3]$, $\quad T\colon M \to N$
T bildet M nicht in sich selbst ab und hat deshalb natürlich keinen Fixpunkt.

(c) $M = (0,1)$, $\quad Tx = \frac{x}{2}$
M ist nicht abgeschlossen, die Abbildung besitzt keinen Fixpunkt in M.

(d) $M = \mathbb{R}$, $\quad Tx = \frac{\pi}{2} + x - \arctan x$
Für die Ableitung gilt: $T'(x) = 1 - \frac{1}{1+x^2}$ und somit folgt nach dem Mittelwertsatz $|Tx - Ty| = |1 - \frac{1}{1+\zeta^2}||x - y| < |x - y|$, d.h. T ist kontraktiv, aber nicht k-kontraktiv; T hat in $\mathbb{R}$ keinen Fixpunkt.

In vielen Anwendungen hängt T zusätzlich noch von einem Parameter $p \in P$ ab. Dabei ist P ein metrischer Raum, der so genannte *Parameterraum*. In diesem Fall betrachtet man das von $p \in P$ abhängige Fixpunktproblem:

$$T_p x_p = x_p, \qquad x_p \in M, \; p \in P. \tag{1.7}$$

1.8 Folgerung. *Es gelte:*

(i) *Die Abbildungen $T_p\colon M \subseteq X \to X$ erfüllen für alle $p \in P$ die Voraussetzungen von Satz 1.4, wobei k von p unabhängig ist.*

(ii) *Es existiert ein $p_0 \in P$, so dass für alle $x \in M$ gilt: $T_p x \to T_{p_0} x$ in X $(p \to p_0)$.*

Dann existiert für alle $p \in P$ eine eindeutige Lösung x_p von (1.7) und es gilt:

$$x_p \to x_{p_0} \; in \; X \quad (p \to p_0).$$

Beweis. Sei x_p die eindeutig bestimmte Lösung des Problems (1.7), die aufgrund des Banachschen Fixpunktsatzes 1.4 existiert. Für diese Lösungen gilt, aufgrund der gleichmäßigen k-Kontraktivität von T_p:

$$\begin{aligned}
d(x_p, x_{p_0}) &= d(T_p x_p, T_{p_0} x_{p_0}) \\
&\leq d(T_p x_p, T_p x_{p_0}) + d(T_p x_{p_0}, T_{p_0} x_{p_0}) \\
&\leq k\, d(x_p, x_{p_0}) + d(T_p x_{p_0}, T_{p_0} x_{p_0})
\end{aligned}$$

und somit folgt:

$$d(x_p, x_{p_0}) \leq \frac{1}{1-k}\, d(T_p x_{p_0}, T_{p_0} x_{p_0}) \to 0 \qquad (p \to p_0)$$

nach Voraussetzung (ii), d.h. x_p konvergiert gegen x_{p_0} für $p \to p_0$. ∎

1.1.1 Gewöhnliche Differentialgleichungen

Als Anwendung des Banachschen Fixpunktsatzes betrachten wir folgendes Anfangswertproblem

$$x'(t) = f\big(t, x(t)\big),$$
$$x(t_0) = p_0,$$
$$(1.9)$$

für eine *gewöhnliche Differentialgleichung* auf dem Intervall $[t_0 - c,\ t_0 + c]$. Wenn die reell- oder vektorwertige Funktion f in einer geeigneten Umgebung von (t_0, p_0) stetig ist, dann ist das Anfangswertproblem (1.9) äquivalent zu folgender Integralgleichung

$$x(t) = p_0 + \int_{t_0}^{t} f\big(s, x(s)\big)\, ds, \qquad t \in [t_0 - c,\ t_0 + c], \qquad (1.10)$$

wovon man sich leicht durch Integration von (1.9) bzw. Differentiation von (1.10) überzeugt.

Wir wollen allerdings nicht nur reell- oder vektorwertige Funktionen betrachten, sondern auch Funktionen mit Werten in einem Banachraum X, d.h.

$$f \colon D(f) \subseteq \mathbb{R} \times X \to X.$$

Dann ist insbesondere auch eine Lösung $x \colon I \subseteq \mathbb{R} \to X$ von (1.9) eine Funktion mit Werten im Banachraum X. Dadurch ergibt sich ein Problem, da bisher weder die Ableitung $x'(t)$ noch das Integral $\int f(s)\, ds$ für Funktionen mit Werten in Banachräumen definiert sind. Im Prinzip sind diese Begriffe analog zu den entsprechenden Begriffen aus der Theorie reellwertiger Funktionen definiert und wir werden uns im Kapitel 2 damit beschäftigen. Da der folgende Beweis des Satzes von Picard, Lindelöf die Struktur von $\mathbb{R}$ nicht benutzt, formulieren wir sowohl den Satz als auch den Beweis sofort für Banachräume X. Zunächst kann man sich $X = \mathbb{R}$ in den Rechnungen vorstellen.

1.11 Satz (Picard 1890, Lindelöf 1894). *Sei X ein Banachraum und sei $Q \subseteq \mathbb{R} \times X$ für gegebene $t_0 \in \mathbb{R}$ und $p_0 \in X$, sowie $a, b > 0$, definiert durch*

$$Q := \{(t, y) \in \mathbb{R} \times X \mid |t - t_0| \le a, \|y - p_0\|_X \le b\}.$$

Die Funktion $f \colon Q \to X$ sei stetig in Q und Lipschitz-stetig bzgl. der zweiten Variablen. Insbesondere gibt es also Konstanten $K, L > 0$, so dass für alle $(t, y_1), (t, y_2) \in Q$ gilt:

$$\|f(t, y_1)\|_X \le K,$$
$$\|f(t, y_1) - f(t, y_2)\|_X \le L\, \|y_1 - y_2\|_X. \qquad (1.12)$$

Dann gelten folgende Aussagen:

(i) *Es existiert eine eindeutige stetige Lösung $x(\cdot)$ von* (1.10) *im Intervall $[t_0 - c, t_0 + c]$, mit $c := \min(a, \frac{b}{K})$, die auch die eindeutige Lösung von* (1.9) *ist.*

(ii) *Die Folge von Approximationen $\big(x_n(\cdot)\big)$, gegeben durch $x_0(t) := p_0$ und*

$$x_{n+1}(t) := p_0 + \int\limits_{t_0}^{t} f\big(s, x_n(s)\big)\, ds\,, \qquad n = 0, 1, \ldots$$

konvergiert gleichmäßig auf $[t_0 - c, t_0 + c]$ gegen die Lösung $x(\cdot)$.

(iii) *Sei $0 < d < c$ gegeben. Dann besitzt* (1.10) *für alle p aus einer genügend kleinen Umgebung von p_0 genau eine Lösung $x_p(\cdot)$, die auf dem Intervall $[t_0 - d, t_0 + d]$ definiert ist. Für $p \to p_0$ in X konvergiert $x_p(\cdot)$ gleichmäßig gegen $x_{p_0}(\cdot)$ auf dem Intervall $[t_0 - d, t_0 + d]$.*

Die Beweisidee besteht darin, die Integralgleichung (1.10) als äquivalente Operatorgleichung

$$T_{p_0}\, x = x$$

zu schreiben. Hierbei ist T_{p_0} ein Operator auf dem Raum der stetigen Funktionen auf dem Intervall $I = [t_0 - c, t_0 + c]$ mit Werten im Banachraum X, den wir mit $C(I; X)$ bezeichnen und mit der kanonischen Norm

$$\|f\|_0 := \sup_{t \in I} \|f(t)\|_X$$

versehen. Der Raum $C(I; X)$ mit der Norm $\|\cdot\|_0$ ist ein Banachraum, was man analog zum Fall reellwertiger Funktionen beweist. Die Konvergenz einer Funktionenfolge $(f_n) \subseteq C(I; X)$ bezüglich der Norm $\|\cdot\|_0$ ist nichts anderes als die auf I gleichmäßige Konvergenz von f_n gegen f bzgl. der Norm im Banachraum X.

Beweis (Satz 1.11). 1. Wir wollen die Integralgleichung (1.10) in eine Operatorgleichung in $C([t_0 - c, t_0 + c]; X)$ umschreiben. Um allerdings das im Satz behauptete Existenzintervall zu erhalten, müssen wir den Raum $C([t_0 - c, t_0 + c]; X)$ mit einer äquivalenten Norm versehen. Offensichtlich ist durch

$$\|x\|_1 := \max_{t \in [t_0 - c, t_0 + c]} \exp\big(-L|t - t_0|\big) \|x(t)\|_X$$

eine weitere Norm auf $C([t_0 - c, t_0 + c]; X)$ gegeben, die aufgrund der Ungleichungen

$$\exp(-Lc) \|f\|_0 \leq \|f\|_1 \leq \|f\|_0\,,$$

äquivalent zur Norm $\|\cdot\|_0$ ist. Somit ist auch $B := \big(C([t_0 - c, t_0 + c]; X), \|\cdot\|_1\big)$ ein Banachraum.

2. Wir setzen $M := \{g \in B \mid \|g - p_0\|_0 \leq b\} \subseteq B$ und definieren den Operator $T_{p_0} \colon M \subseteq B \to B$ durch

$$(T_{p_0}x)(t) := p_0 + \int_{t_0}^{t} f\big(s, x(s)\big)\, ds\,.$$

Um den Banachschen Fixpunktsatz 1.4 anwenden zu können, überprüfen wir dessen Voraussetzungen:

(a) M ist in $B = \big(C([t_0 - c, t_0 + c]; X), \|\cdot\|_1\big)$ abgeschlossen. Für eine Folge $(x_n) \subseteq M$ mit $x_n \to x$ in B gilt auch $x_n \to x$ in $\big(C([t_0 - c, t_0 + c]; X),$ $\|\cdot\|_0\big)$ $(n \to \infty)$, da die beiden Normen äquivalent sind. Aufgrund der Definition der Menge M gilt

$$\|x_n - p_0\|_0 \leq b\,.$$

Der Grenzübergang $n \to \infty$ liefert sofort $x \in M$.

(b) Der Operator T_{p_0} bildet die Menge M in sich selbst ab. Nach Definition von M gilt $\|x(t) - p_0\|_X \leq b$ für alle $t \in [t_0 - c, t_0 + c]$, d.h. $(t, x(t)) \in Q$ für alle $t \in [t_0 - c, t_0 + c]$. Also liefern $(1.12)_1$ und die Eigenschaften des Integrals (cf. Folgerung 2.1.16)

$$\|T_{p_0}x - p_0\|_0 = \max_{t \in [t_0 - c, t_0 + c]} \left\| \int_{t_0}^{t} f\big(s, x(s)\big)\, ds \right\|_X$$

$$\leq \max_{t \in [t_0 - c, t_0 + c]} \int_{t_0}^{t} K\, ds \leq c\, K \leq b\,,$$

aufgrund der Definition von c.

(c) Der Operator T_{p_0} ist k-kontraktiv auf M bzgl. $\big(C([t_0 - c, t_0 + c]; X),$ $\|\cdot\|_1\big)$. Aus $(1.12)_2$ und der Definition der Norm $\|\cdot\|_1$ folgt für alle $x, z \in M$:

$$\|T_{p_0}x - T_{p_0}z\|_1$$

$$= \max_{t \in [t_0 - c, t_0 + c]} \exp\big(-L|t - t_0|\big) \left\| \int_{t_0}^{t} f\big(s, x(s)\big) - f\big(s, z(s)\big)\, ds \right\|_X$$

$$\leq \max_{t \in [t_0 - c, t_0 + c]} \exp\big(-L|t - t_0|\big) \int_{t_0}^{t} L\, \|x(s) - z(s)\|_X \exp\big(-L|s - t_0|\big) \times$$

$$\times \exp\big(L|s - t_0|\big)\, ds$$

$$\leq \|x - z\|_1 \max_{t} L \int_{t_0}^{t} \exp\big(L|s - t_0| - L|t - t_0|\big)\, ds$$

$$= \|x - z\|_1 \max_{t} \big(1 - \exp(-L|t - t_0|)\big)$$

$$\leq k\, \|x - z\|_1\,,$$

wobei das letzte Integral separat für $t \geq t_0$ und $t \leq t_0$ berechnet wurde und die Notation $k := 1 - \exp(-Lc) < 1$ benutzt wurde.

Aufgrund des Banachschen Fixpunktsatzes 1.4 folgt dann, dass genau ein Fixpunkt $x \in M$ existiert, d.h. $x = T_{p_0} x$. Somit ist Teil (i) des Satzes bewiesen.

3. Im Beweis des Banachschen Fixpunktsatzes 1.4 wurde gezeigt (cf. (1.6))

$$\|x_n - x\|_1 \leq \frac{k^n}{1-k} \|x_0 - x_1\|_1 \to 0 \qquad (n \to \infty),$$

da $k < 1$. Somit erhalten wir die gleichmäßige Konvergenz $x_n \rightrightarrows x \ (n \to \infty)$, da die Normen $\| \cdot \|_1$ und $\| \cdot \|_0$ äquivalent sind, und Konvergenz bezüglich der Maximumsnorm gleichmäßige Konvergenz bedeutet. Damit ist auch Behauptung (ii) des Satzes bewiesen.

4. Zum Beweis von Behauptung (iii) des Satzes gehen wir wie im Schritt 2 vor, wobei wir das Intervall $[t_0 - c, t_0 + c]$ durch das kleinere Intervall $[t_0 - d, t_0 + d]$ ersetzen, d.h. wir arbeiten im Raum $\left(C([t_0 - d, t_0 + d]; X), \| \cdot \|_1 \right)$. Für $x \in C([t_0 - d, t_0 + d]; X)$ und $p \in X$ betrachten wir den Operator T_p, definiert durch

$$T_p x := p + \int_{t_0}^{t} f\big(s, x(s)\big) \, ds \, ,$$

auf der Menge $M = \{ g \in C([t_0 - d, t_0 + d]; X) \mid \|g - p_0\|_0 \leq b \}$. Wie im Schritt 2 erhalten wir dann, dass für p in einer kleinen Umgebung von p_0 eine eindeutige Lösung x_p der Gleichungen

$$T_p x_p = x_p$$

existiert. Für jede Folge $(p_n) \subseteq X$ mit $p_n \to p_0$ in $X \ (n \to \infty)$ erhalten wir aufgrund der Definition der Operatoren T_{p_0} bzw. T_{p_n}, dass für alle $x \in C([t_0 - d, t_0 + d]; X)$ gilt:

$$\|T_{p_n} x - T_{p_0} x\|_1 \leq \|T_{p_n} x - T_{p_0} x\|_0 = \|p_n - p_0\|_X \to 0 \qquad (n \to \infty),$$

wobei wir die Äquivalenz der Normen $\| \cdot \|_1$ und $\| \cdot \|_0$ benutzt haben. Aufgrund von Folgerung 1.8 folgt $\|x_{p_n} - x_{p_0}\|_1 \to 0 \ (n \to \infty)$ und somit auch die gleichmäßige Konvergenz $x_{p_n} \rightrightarrows x_{p_0} \ (n \to \infty)$. ∎

1.2 Die Fixpunktsätze von Brouwer und Schauder

Der Banachsche Fixpunktsatz 1.4 stellt nur geringe Anforderungen an den zugrundeliegenden Raum, es genügt ein vollständiger, metrischer Raum, aber es werden relativ starke Anforderungen an die Abbildung gestellt, nämlich deren k-Kontraktivität. In den Sätzen von Brouwer (im $\mathbb{R}^d$) und Schauder (in unendlich-dimensionalen Banachräumen) werden nur geringe Anforderungen an die Operatoren, dafür aber stärkere Anforderungen an den zugrundeliegenden Raum gestellt. Beide benutzen ein Analogon des folgenden tiefliegenden topologischen Resultats:

*Sei $\overline{B_1(0)}$ der abgeschlossene Einheitskreis im $\mathbb{R}^2$. Es gibt keine stetige Abbildung (**Retraktion**)*

$$\mathbf{R}\colon \overline{B_1(0)} \subseteq \mathbb{R}^2 \to \partial B_1(0)\,,$$

so dass für alle Randpunkte $x \in \partial B_1(0)$ gilt:

$$\mathbf{R}\,x = x\,.$$

Man kann sich z.B. vorstellen, man versuchte, eine Gummimembran, die den ganzen Kreis bedeckt, an den Rand zu ziehen; sie muss auf jeden Fall zerreißen. Dieses Resultat ist anschaulich klar, aber keineswegs trivial! Wenn man das obige Resultat als gegeben hinnimmt, kann man sich intuitiv klarmachen:

Eine stetige Abbildung $\mathbf{A}\colon \overline{B_1(0)} \subseteq \mathbb{R}^2 \to \overline{B_1(0)}$ besitzt einen Fixpunkt, d.h. es existiert ein $x \in \overline{B_1(0)}$ mit $\mathbf{A}\,x = x$.

„*Beweis.*" Nehmen wir an, dass für alle $x \in \overline{B_1(0)}$ gilt $\mathbf{A}\,x \neq x$.

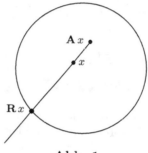

Abb. 1

Mithilfe von Abbildung 1 sieht man sofort, dass es dann eine Retraktion

$$\mathbf{R}\colon \overline{B_1(0)} \to \partial B_1(0)\colon x \mapsto \mathbf{R}\,x$$

mit $\mathbf{R}\,x = x$ für alle $x \in \partial B_1(0)$ gibt, die aufgrund der Stetigkeit von $\mathbf{A}$ selbst stetig ist. Dies ist aber ein Widerspruch zu obiger Aussage (cf. Beweis von Satz 2.14). $\blacksquare$

Die analoge Aussage in $\mathbb{R}$ ist einfach zu beweisen.

2.1 Lemma. *Sei $f\colon [a,b] \to [a,b]$ stetig. Dann besitzt f in $[a,b]$ einen Fixpunkt.*

Beweis. Wir setzen

$$g(x) := f(x) - x\,.$$

Da f das Intervall $[a,b]$ auf sich selbst abbildet, gilt:

$$f(a) \geq a \qquad \text{und} \qquad f(b) \leq b,$$

was übertragen auf g bedeutet:

$$g(a) = f(a) - a \geq 0 \qquad \text{und} \qquad g(b) = f(b) - b \leq 0 \, .$$

Aus dem Zwischenwertsatz folgt dann, dass ein $x_0 \in [a, b]$ existiert mit

$$g(x_0) = 0 = f(x_0) - x_0 \, ,$$

also ist x_0 der gesuchte Fixpunkt.   ∎

1.2.1 Der Satz von Brouwer

Es gibt viele verschiedene Möglichkeiten, den Satz von Brouwer 2.14 zu beweisen. Durch einen kurzen Ausflug in die *Variationsrechnung*, die sich unter anderem mit dem Auffinden von Minima von Energiefunktionalen beschäftigt, erhält man einen einfachen analytischen Beweis.

Sei $E(\cdot)$ ein **Energiefunktional** der Form[1]

$$E(\mathbf{w}) := \int_{\Omega} L\big(\nabla\mathbf{w}(x), \mathbf{w}(x), x\big) \, dx \, , \tag{2.2}$$

wobei Ω ein glattes[2] Gebiet des $\mathbb{R}^d$ ist und

$$L : \mathbb{R}^{m \times d} \times \mathbb{R}^m \times \overline{\Omega} \to \mathbb{R}$$

eine gegebene glatte Funktion. Man nennt L die **Lagrangefunktion** des Energiefunktionals $E(\cdot)$. Wir werden im Folgenden die Bezeichnung

$$L = L(\mathsf{P}, \mathbf{z}, x) = L(p_1^1, \ldots, p_d^m, z^1, \ldots, z^m, x_1, \ldots, x_d)$$

für Matrizen[3] $\mathsf{P} = (p_j^i) \in \mathbb{R}^{m \times d}$, Vektoren $\mathbf{z} = (z^i) \in \mathbb{R}^m$ und Punkte $x = (x_j) \in \Omega$ benutzen.

Sei $\mathbf{g} : \partial\Omega \to \mathbb{R}^m$ eine gegebene glatte Funktion. Man sucht nun das **Minimum** des Energiefunktionals (2.2) unter allen glatten Funktionen $\mathbf{w} : \overline{\Omega} \subseteq \mathbb{R}^d \to \mathbb{R}^m$, $\mathbf{w} = (w^1, \ldots, w^m)^\top$, die auf dem Rand $\partial\Omega$ mit der Funktion $\mathbf{g}$ übereinstimmen, d.h.

$$\mathbf{w} = \mathbf{g} \quad \text{auf} \quad \partial\Omega \, . \tag{2.3}$$

---

[1] Im Weiteren bezeichnen obere Indizes Zeilenindizes und untere Indizes Spaltenindizes. Vektoren sind stets Spaltenvektoren. Der Gradient einer vektorwertigen Funktion $\mathbf{w} = (w^1, \ldots, w^m)^\top : \mathbb{R}^d \to \mathbb{R}^m$ ist gegeben durch $\nabla\mathbf{w} = (\partial_j w^i)_{\substack{i=1,\ldots,m \\ j=1,\ldots,d}}$ (cf. (A.12.4)).

[2] Im Folgendem kann man sich unter „glatt" immer C^∞ vorstellen.

[3] Wir benutzen für die partiellen Ableitungen der Lagrangefunktion L nach den einzelnen Komponenten der Matrizen bzw. Vektoren die Notation $D_{\mathsf{P}} L = (L_{p_1^1}, \ldots, L_{p_d^m})$ bzw. $D_{\mathbf{z}} L = (L_{z^1}, \ldots, L_{z^m})$.

Sei nun $\mathbf{u} = (u^1, \ldots, u^m)^\top$ ein *glattes Minimum* von (2.2) unter allen glatten Funktionen, die (2.3) erfüllen. Dann ist $\mathbf{u}$ notwendigerweise die Lösung eines Systems von partiellen Differentialgleichungen, den so genannten *Euler–Lagrange-Gleichungen* .

Um dies zu beweisen, betrachten wir für $\mathbf{v} = (v^1, \ldots, v^m)^\top \in C_0^\infty(\Omega)$ die reellwertige Funktion

$$i(\tau) := E(\mathbf{u} + \tau\,\mathbf{v}), \qquad \tau \in \mathbb{R}\,.$$

Da auch $\mathbf{u} + \tau\mathbf{v}$ die Randbedingungen (2.3) erfüllt und $\mathbf{u}$ ein Minimum von (2.2) ist, muss i im Punkt 0 ein lokales Minimum haben, d.h. $i'(0) = 0$. Die Ableitung $i'(\tau)$, die man **erste Variation** nennt, kann man explizit berechnen. Es gilt:

$$i(\tau) = \int_\Omega L(\nabla\mathbf{u} + \tau\nabla\mathbf{v}, \mathbf{u} + \tau\mathbf{v}, x)\,dx$$

und somit

$$i'(\tau) = \int_\Omega \sum_{j=1}^d \sum_{k=1}^m L_{p_j^k}(\nabla\mathbf{u} + \tau\nabla\mathbf{v}, \mathbf{u} + \tau\mathbf{v}, x)\,\partial_j v^k$$

$$+ \sum_{k=1}^m L_{z^k}(\nabla\mathbf{u} + \tau\nabla\mathbf{v}, \mathbf{u} + \tau\mathbf{v}, x)\,v^k\,dx\,.$$

Aus $i'(0) = 0$ erhalten wir

$$0 = \int_\Omega \sum_{j=1}^d \sum_{k=1}^m L_{p_j^k}(\nabla\mathbf{u}, \mathbf{u}, x)\,\partial_j v^k + \sum_{k=1}^m L_{z^k}(\nabla\mathbf{u}, \mathbf{u}, x)\,v^k\,dx\,.$$

Da diese Identität für alle $\mathbf{v} \in C_0^\infty(\Omega)$ gilt, erhalten wir nach partieller Integration, dass ein glattes Minimum $\mathbf{u}$ des Energiefunktionals $E(\cdot)$ folgendes nichtlineare System von partiellen Differentialgleichungen erfüllen muss:

$$-\sum_{j=1}^d \partial_j\big(L_{p_j^k}(\nabla\mathbf{u}, \mathbf{u}, x)\big) + L_{z^k}(\nabla\mathbf{u}, \mathbf{u}, x) = 0 \qquad \text{in } \Omega\,, \ \ k = 1, \ldots, m\,, \tag{2.4}$$

$$\mathbf{u} = \mathbf{g} \qquad \text{auf } \partial\Omega\,.$$

Das System (2.4) nennt man die dem Energiefunktional $E(\cdot)$ zugehörigen **Euler–Lagrange-Gleichungen**.

Überraschenderweise ist es interessant, Lagrangefunktionen L zu betrachten, für die *alle* glatten Funktionen eine Lösung von (2.4)$_1$ sind.

2.5 Definition. *Die Funktion L heißt* **Null–Lagrangefunktion,** *wenn die zugehörigen Euler–Lagrange-Gleichungen* (2.4)$_1$ *für alle glatten Funktionen erfüllt sind.*

Null–Lagrangefunktionen spielen eine entscheidende Rolle in der *nichtlinearen Elastizitätstheorie* und bei der Charakterisierung von schwach folgenstetigen Energiefunktionalen E für Lagrangefunktionen der Form $L(\nabla \mathbf{u})$. Für unsere Zwecke besteht die Bedeutung von Null–Lagrangefunktionen darin, dass der Wert des zugehörigen Energiefunktionals $E(\mathbf{w})$ nur von den Randwerten der Funktion $\mathbf{w}$ abhängt.

2.6 Satz. *Sei L eine Null–Lagrangefunktion und seien $\mathbf{u}, \widetilde{\mathbf{u}}$ zwei glatte Funktionen mit*

$$\mathbf{u} = \widetilde{\mathbf{u}} \qquad auf \ \partial\Omega \,. \tag{2.7}$$

Dann gilt

$$E(\mathbf{u}) = E(\widetilde{\mathbf{u}}) \,. \tag{2.8}$$

Beweis. Wir definieren $j : [0,1] \to \mathbb{R}$ durch

$$j(\tau) := E\big(\tau\mathbf{u} + (1-\tau)\widetilde{\mathbf{u}}\big) \,,$$

und erhalten für $\tau \in [0,1]$

$$
\begin{aligned}
j'(\tau) &= \int_\Omega \sum_{i=1}^d \sum_{k=1}^m L_{p_i^k}\big(\tau\nabla\mathbf{u} + (1-\tau)\nabla\widetilde{\mathbf{u}}, \tau\mathbf{u} + (1-\tau)\widetilde{\mathbf{u}}, x\big)(\partial_i u^k - \partial_i \widetilde{u}^k) \\
&\quad + \sum_{k=1}^m L_{z^k}\big(\tau\nabla\mathbf{u} + (1-\tau)\nabla\widetilde{\mathbf{u}}, \tau\mathbf{u} + (1-\tau)\widetilde{\mathbf{u}}, x\big)(u^k - \widetilde{u}^k) \, dx \\
&= \sum_{k=1}^m \int_\Omega \Big(-\sum_{i=1}^d \partial_i\big(L_{p_i^k}(\tau\nabla\mathbf{u} + (1-\tau)\nabla\widetilde{\mathbf{u}}, \tau\mathbf{u} + (1-\tau)\widetilde{\mathbf{u}}, x)\big) \\
&\quad + L_{z^k}\big(\tau\nabla\mathbf{u} + (1-\tau)\nabla\widetilde{\mathbf{u}}, \tau\mathbf{u} + (1-\tau)\widetilde{\mathbf{u}}, x\big)\Big)(u^k - \widetilde{u}^k) \, dx = 0 \,,
\end{aligned}
$$

wobei wir im ersten Integral partiell integriert haben, sowie (2.7) und den Fakt, dass $\tau\mathbf{u} + (1-\tau)\widetilde{\mathbf{u}}$ eine Lösung der Euler–Lagrange–Gleichungen ist, benutzt haben. Somit ist j auf $[0,1]$ konstant und (2.8) folgt sofort. ∎

Wir benötigen noch folgenden Begriff. Sei $\mathsf{A} \in \mathbb{R}^{d\times d}$ eine Matrix. Mit

$$\operatorname{cof}\mathsf{A}$$

bezeichnen wir die **Kofaktormatrix**, deren (k,i)-ter Eintrag aus der Determinante der $(d-1)\times(d-1)$ Matrix A_i^k besteht, die man durch Streichen der k-ten Zeile und der i-ten Spalte erhält, d.h.

$$(\operatorname{cof}\mathsf{A})_i^k := (-1)^{i+k} \det \mathsf{A}_i^k \,.$$

2.9 Lemma. *Sei $\Omega \subseteq \mathbb{R}^d$ eine offene Menge und sei $\mathbf{u} : \Omega \to \mathbb{R}^d$ eine glatte Funktion. Dann gilt*

$$\sum_{i=1}^{d} \partial_i (\text{cof } \nabla\mathbf{u})_i^k = 0\,, \qquad k = 1,\ldots,d\,. \tag{2.10}$$

Beweis. Aus der linearen Algebra wissen wir, dass für Matrizen $\mathsf{P} \in \mathbb{R}^{d \times d}$ gilt:

$$(\det \mathsf{P})\,\delta_{ij} = \sum_{k=1}^{d} p_i^k (\text{cof } \mathsf{P})_j^k\,, \qquad i,j = 1,\ldots,d\,. \tag{2.11}$$

Daraus folgt für $r, s = 1,\ldots,d$ (man wähle $j = i = s$ und nutze die Definition von cof P)

$$\frac{\partial \det \mathsf{P}}{\partial p_s^r} = \sum_{k=1}^{d} \delta_{kr} (\text{cof } \mathsf{P})_s^k + p_s^k\, \frac{\partial (\text{cof } \mathsf{P})_s^k}{\partial p_s^r} \tag{2.12}$$

$$= (\text{cof } \mathsf{P})_s^r\,.$$

Wenn man $\mathsf{P} = \nabla\mathbf{u} = \left(\partial_s u^r \right)_{r,s=1,\ldots,d}$ in (2.11) einsetzt, nach x_j differenziert und dann das Ergebnis über $j = 1,\ldots,d$ aufsummiert, erhält man unter Benutzung von (2.12) für $i = 1,\ldots,d$

$$\sum_{j,r,s=1}^{d} \delta_{ij} (\text{cof } \nabla\mathbf{u})_s^r\, \partial_j \partial_s u^r = \sum_{k,j=1}^{d} \partial_j \partial_i u^k\, (\text{cof } \nabla\mathbf{u})_j^k + \partial_i u^k\, \partial_j (\text{cof } \nabla\mathbf{u})_j^k\,.$$

Dies kann man aber auch als

$$\sum_{k=1}^{d} \partial_i u^k \left(\sum_{j=1}^{d} \partial_j (\text{cof } \nabla\mathbf{u})_j^k \right) = 0\,, \qquad i = 1,\ldots,d\,,$$

schreiben, d.h. der Vektor $\left(\sum_{j=1}^{d} \partial_j (\text{cof } \nabla\mathbf{u})_j^k \right)_{k=1,\ldots,d}$ ist eine Lösung des linearen Gleichungssystems $\mathsf{A}^\top \mathbf{y} = \mathbf{0}$, mit $\mathsf{A} = \nabla\mathbf{u}$. In einem Punkt $x_0 \in \Omega$, für den $\det \nabla\mathbf{u}(x_0) \neq 0$ gilt, erhalten wir sofort

$$\sum_{j=1}^{d} \partial_j \big(\text{cof } \nabla\mathbf{u}(x_0) \big)_j^k = 0\,, \qquad k = 1,\ldots,d\,.$$

Falls allerdings $\det \nabla\mathbf{u}(x_0) = 0$ in einem Punkt $x_0 \in \Omega$ gilt, wählen wir $\varepsilon_0 > 0$, so dass $\det(\nabla\mathbf{u}(x_0) + \varepsilon\,\mathsf{I}_d) \neq 0$ für alle $0 < \varepsilon \leq \varepsilon_0$ gilt[4], und führen die obigen Rechnungen für $\tilde{\mathbf{u}} := \mathbf{u} + \varepsilon x$ aus. Am Ende führen wir den Grenzübergang $\varepsilon \to 0$ durch und die Behauptung folgt. ∎

---

[4] Dies ist in der Tat möglich, da $\det(\nabla\mathbf{u}(x_0) + \varepsilon\,\mathsf{I}_d)$ ein Polynom in ε ist, also nur endlich viele Nullstellen haben kann.

2.13 Satz (Landers 1942, Ball 1976). *Die Determinante*

$$L(\mathsf{P}) = \det \mathsf{P}, \qquad \mathsf{P} \in \mathbb{R}^{d \times d},$$

ist eine Null–Lagrangefunktion.

Beweis. Wir müssen zeigen, dass für jede glatte Funktion $\mathbf{u} : \Omega \to \mathbb{R}^d$ gilt:

$$\sum_{i=1}^{d} \partial_i \big(L_{p_i^k}(\nabla \mathbf{u}) \big) = 0, \qquad k = 1, \ldots, d.$$

Aus (2.12) wissen wir

$$L_{p_i^k}(\nabla \mathbf{u}) = (\mathrm{cof}\, \nabla \mathbf{u})_i^k, \qquad i, k = 1, \ldots, d$$

und somit ist die Behauptung nichts anderes als Lemma 2.9.   ∎

Bemerkung. Man kann zeigen, dass $L(\mathsf{P})$ genau dann eine Null–Lagrangefunktion ist, wenn es Matrizen $\mathsf{B} = (b_j^i), \mathsf{C} = (c_j^i) \in \mathbb{R}^{d \times d}$ und Konstanten $a, d \in \mathbb{R}$ gibt, so dass

$$L(\mathsf{P}) = a + \sum_{i,j=1}^{d} b_j^i p_j^i + \sum_{i,j=1}^{d} c_j^i (\mathrm{cof}\, \mathsf{P})_j^i + d \det \mathsf{P}.$$

Darüber hinaus sind Energiefunktionale E für solche Lagrangefunktionen schwach folgenstetig in entsprechenden Funktionenräumen. Ein weiteres Beispiel für eine Null–Lagrangefunktion ist

$$L(\mathsf{P}) = \mathrm{tr}(\mathsf{P}^2) - \big(\mathrm{tr}(\mathsf{P}) \big)^2.$$

Nun können wir den Brouwerschen Fixpunktsatz beweisen.

2.14 Satz (Brouwer 1912). *Jede stetige Abbildung einer abgeschlossenen Kugel des $\mathbb{R}^d$ in sich selbst besitzt einen Fixpunkt.*

Beweis. Wir betrachten o.B.d.A die abgeschlossene n-dimensionale Einheitskugel $B = \overline{B_1(0)}$.

1. Als erstes zeigen wir, dass es keine glatte Funktion

$$\mathbf{w} : B \to \partial B \tag{2.15}$$

gibt, so dass für alle $x \in \partial B$ gilt

$$\mathbf{w}(x) = x. \tag{2.16}$$

Nehmen wir an, eine solche Funktion $\mathbf{w}$ würde existieren. Sei $\widetilde{\mathbf{w}}$ die identische Funktion auf B, d.h. $\widetilde{\mathbf{w}}(x) = x$ für alle $x \in B$. Dann gilt $\widetilde{\mathbf{w}}(x) = \mathbf{w}(x)$ für alle Randpunkte $x \in \partial B$. Da die Determinante eine Null–Lagrangefunktion ist (cf. Satz 2.13), liefert Satz 2.6

$$\int_B \det \nabla \mathbf{w} \, dx = \int_B \det \nabla \widetilde{\mathbf{w}} \, dx = \text{vol}(B) \neq 0 \,, \tag{2.17}$$

da $\det \nabla \widetilde{\mathbf{w}} = 1$. Aus (2.15) folgt, dass für alle $x \in B$ gilt $|\mathbf{w}(x)|^2 = 1$, und somit erhalten wir durch Differentiation

$$(\nabla \mathbf{w})^\top \mathbf{w} = \mathbf{0} \,. \tag{2.18}$$

Da $|\mathbf{w}| = 1$ gilt, besagt (2.18), dass 0 ein Eigenwert von $(\nabla \mathbf{w}(x))^\top$ für alle $x \in B$ ist. Somit haben wir $\det \nabla \mathbf{w}(x) = 0$ für alle $x \in B$, was ein Widerspruch zu (2.17) ist. Damit ist die Behauptung bewiesen.

2. Als nächstes zeigen wir, dass es keine stetige Funktion $\mathbf{w}$ gibt, die (2.15), (2.16) erfüllt. Falls $\mathbf{w}$ eine solche Funktion ist, setzen wir $\mathbf{w}$ durch $\mathbf{w}(x) = x$, $x \in \mathbb{R}^d \setminus B$, auf ganz $\mathbb{R}^d$ fort. Dies und (2.15) impliziert, dass für alle $x \in \mathbb{R}^d$ gilt, dass $|\mathbf{w}(x)| \geq 1$, insbesondere $\mathbf{w}(x) \neq \mathbf{0}$. Sei nun $\mathbf{w}_\varepsilon := \omega_\varepsilon * \mathbf{w}$, wobei ω_ε, $\varepsilon > 0$, der radialsymmetrische Glättungskern aus Abschnitt A.12.2 ist. Man kann $\varepsilon > 0$ so wählen, dass auch für $\mathbf{w}_\varepsilon$ gilt

$$\mathbf{w}_\varepsilon(x) \neq \mathbf{0} \,, \quad x \in \mathbb{R}^d \,. \tag{2.19}$$

Um dies zu beweisen unterscheiden wir die Fälle $|x| \geq 2$ und $|x| \leq 2$. Für $x \in \mathbb{R}^d \setminus B_2(0)$ und $\varepsilon \in (0, 1/2)$ gilt:

$$\mathbf{w}_\varepsilon(x) = \int_{B_\varepsilon(0)} \omega_\varepsilon(y) \mathbf{w}(x - y) \, dy = \int_{B_\varepsilon(0)} \omega_\varepsilon(y)(x - y) \, dy = x \,,$$

wobei wir benutzt haben, dass $\int_{B_\varepsilon(0)} \omega_\varepsilon(y) \, dy = 1$, sowie dass $\omega_\varepsilon(y) = \omega_\varepsilon(|y|)$ eine radialsymmetrische Funktion und y eine antisymmetrische Funktion ist. Somit gilt (2.19) für $|x| \geq 2$. Sei also $|x| \leq 2$. Aus den Eigenschaften des Glättungskerns ω_ε (cf. Satz A.12.10 (iv)) folgt, dass $\omega_\varepsilon * \mathbf{w} \rightrightarrows \mathbf{w}$ $(\varepsilon \to 0)$ auf $\overline{B_2(0)}$ gilt. Da $|\mathbf{w}(x)| \geq 1$ folgt hieraus, dass für ein genügend kleines $\varepsilon > 0$ und alle $|x| \leq 2$ gilt: $|\mathbf{w}_\varepsilon(x)| \geq 1/2$. Somit ist (2.19) für alle $x \in \mathbb{R}^d$ bewiesen. Dann würde aber die glatte Funktion

$$\widetilde{\mathbf{w}}(x) := \frac{2 \, \mathbf{w}_\varepsilon(x)}{|\mathbf{w}_\varepsilon(x)|}$$

(2.15), (2.16) mit $B = \overline{B_2(0)}$ erfüllen, was aufgrund von 1. nicht möglich ist.

3. Sei nun $\mathbf{A} : B \to B$ eine stetige Funktion, die keinen Fixpunkt besitzt. Wir definieren $\mathbf{w} : B \to \partial B$ dadurch, dass $\mathbf{w}(x)$ der Punkt auf dem Rand ∂B ist, der von dem Strahl, der aus $\mathbf{A}(x)$ startet und durch x geht, getroffen wird (cf. Abb. 1, Seite 9). Diese Funktion ist wohldefiniert, da nach Voraussetzung $\mathbf{A}(x) \neq x$ für alle $x \in B$ gilt. Offensichtlich ist $\mathbf{w}$ stetig und erfüllt (2.15), (2.16). Dies ist ein Widerspruch zu 2. und der Satz ist bewiesen. ∎

2.20 Folgerung. *Jede stetige Abbildung einer zu einer abgeschlossenen Kugel $B \subseteq \mathbb{R}^d$ homöomorphen Menge M in sich selbst besitzt einen Fixpunkt.*

Beweis. Sei $T\colon M \to M$ eine stetige Abbildung und $\mathbf{h}\colon B \subseteq \mathbb{R}^d \to M$ ein Homöomorphismus[5], d.h. $\mathbf{h}$ und $\mathbf{h}^{-1}$ sind stetig, eineindeutig und surjektiv. Die durch

$$\mathbf{A} := \mathbf{h}^{-1} \circ T \circ \mathbf{h}\colon B \to B$$

definierte Abbildung ist stetig. Somit folgt nach dem Satz von Brouwer 2.14 die Existenz eines Fixpunktes x_0 von $\mathbf{A}$, d.h.

$$\mathbf{A}\, x_0 = x_0\,.$$

Dies bedeutet aber, dass $\mathbf{h}^{-1} T \mathbf{h}\, x_0 = x_0$ gilt. Durch Anwendung von $\mathbf{h}$ auf beiden Seiten dieser Gleichung erhalten wir

$$T(\mathbf{h}(x_0)) = \mathbf{h}(x_0)\,,$$

d.h. $\mathbf{h}(x_0)$ ist der gesuchte Fixpunkt von T.   ∎

Beispiel. Beispiele von zu abgeschlossenen Kugeln homöomorphen Mengen sind nichtleere, konvexe, kompakte Mengen im $\mathbb{R}^d$, sowie nichtleere, kompakte Mengen im $\mathbb{R}^d$, die sternförmig bzgl. einer abgeschlossenen Kugel sind.

Nichtlineare Gleichungssysteme

Als erste Anwendung des Brouwerschen Fixpunktsatzes betrachten wir folgendes nichtlineares Gleichungssystem

$$\mathbf{g}(x) = \mathbf{0}\,, \qquad x \in \mathbb{R}^d\,, \tag{2.21}$$

wobei $\mathbf{g} = (g^1, \dots, g^d)^\top \colon \mathbb{R}^d \to \mathbb{R}^d$ eine stetige, nichtlineare Funktion ist, die folgender Bedingung genügt:

$$\exists R > 0: \quad \sum_{i=1}^{d} g^i(x)\, x_i \geq 0 \qquad \forall x \ \text{mit} \ |x| = R\,. \tag{2.22}$$

Solche Gleichungssysteme spielen eine entscheidende Rolle bei der Untersuchung von *monotonen* und *pseudomonotonen* Operatoren (cf. Abschnitte 3.1, 3.2).

2.23 Satz. *Sei $\mathbf{g} = (g^1, \dots, g^d)^\top \colon \mathbb{R}^d \to \mathbb{R}^d$ eine stetige Funktion, die der Bedingung (2.22) genügt. Dann existiert eine Lösung x_0 von (2.21) mit $|x_0| \leq R$.*

---

[5] Wir benutzen hier auch für die Abbildung $\mathbf{h}\colon B \subseteq \mathbb{R}^d \to M$ die Vektorschreibweise, obwohl es keine Abbildung in den $\mathbb{R}^d$ ist, da die inverse Abbildung $\mathbf{h}^{-1}\colon M \to B$ in den $\mathbb{R}^d$ abbildet.

Beweis. Wir führen einen Widerspruchsbeweis und nehmen an, dass das System (2.21) keine Lösung in $\overline{B_R(0)} \subseteq \mathbb{R}^d$ habe. Für $\mathbf{g} := (g^1, \ldots, g^d)^\top$ definieren wir

$$f^i(x) := -R \frac{g^i(x)}{|\mathbf{g}(x)|}, \qquad i = 1, \ldots, n.$$

Da (2.21) keine Lösung besitzt, gilt $|\mathbf{g}(x)| > 0$ für alle $x \in \overline{B_R(0)}$. Somit ist $\mathbf{f} = (f^1, \ldots, f^d)^\top$ wohldefiniert, stetig und bildet die abgeschlossene Kugel $\overline{B_R(0)}$ des $\mathbb{R}^d$ in sich selbst ab. Somit folgt mit dem Satz von Brouwer 2.14 die Existenz eines Fixpunktes $x^\star$ von $\mathbf{f}$ in $\overline{B_R(0)}$, d.h.

$$x^\star = \mathbf{f}(x^\star).$$

Daraus ergibt sich

$$|x^\star| = R,$$

denn $|x^\star| = |\mathbf{f}(x^\star)| = |-R\frac{\mathbf{g}(x^\star)}{|\mathbf{g}(x^\star)|}| = R$. Diese beiden Eigenschaften und Bedingung (2.22) liefern

$$0 \leq \sum_{i=1}^d g^i(x^\star) x_i^\star = -\sum_{i=1}^d f^i(x^\star) x_i^\star \frac{|\mathbf{g}(x^\star)|}{R}$$

$$= -|x^\star|^2 \frac{|\mathbf{g}(x^\star)|}{R} = -R|\mathbf{g}(x^\star)| < 0.$$

Dies ist ein Widerspruch, also muss es eine Lösung des Systems von Gleichungen (2.21) in $\overline{B_R(0)}$ geben. ∎

Bemerkung. Interessanterweise kann man den Satz von Brouwer 2.14 aus Satz 2.23 herleiten. In der Tat, sei $\mathbf{f} \colon B_R(0) \subseteq \mathbb{R}^d \to B_R(0)$ stetig. Dann erfüllt die stetige Funktion $\mathbf{g} \colon B_R(0) \subseteq \mathbb{R}^d \to B_R(0) : x \mapsto x - \mathbf{f}(x)$ für alle x mit $|x| = R$ die Bedingung

$$\sum_{i=1}^d g^i(x)x_i = |x|^2 - \sum_{i=1}^d f^i(x)x_i \geq R^2 - |\mathbf{f}(x)|\,|x| \geq 0.$$

Satz 2.23 liefert somit die Existenz eines $x^\star \in B_R(0)$ mit $\mathbf{0} = \mathbf{g}(x^\star) = x^\star - \mathbf{f}(x^\star)$, d.h. $x^\star$ ist ein Fixpunkt von $\mathbf{f}$.

Wir wollen nun zeigen, dass auch *nichtlineare Ungleichungen*, die bei der Untersuchung von *maximal monotonen* Operatoren (cf. Abschnitt 3.3) auftreten, mithilfe des Brouwerschen Fixpunktsatzes behandelt werden können.

2.24 Lemma (Debrunner, Flor 1964). *Sei X ein Banachraum mit Dualraum X^* und sei $K \subseteq X$ eine konvexe, kompakte, nichtleere Teilmenge von X. Ferner sei $M \subseteq K \times X^*$ eine **monotone Teilmenge**, d.h. für alle $(v, f), (w, g) \in M$ gilt:*

$$\langle f - g, v - w \rangle_X \geq 0. \qquad (2.25)$$

Dann existiert für alle stetigen Operatoren $T \colon K \subseteq X \to X^*$ eine Lösung $u \in K$ von

$$\langle f - Tu, v - u \rangle_X \geq 0, \qquad \forall (v, f) \in M. \qquad (2.26)$$

Beispiel. Wir wollen die Aussage des Lemmas am Beispiel $X = \mathbb{R} = X^*$ zunächst illustrieren. Sei $K = [a, b]$ und $\varphi\colon [a, b] \to \mathbb{R}$ eine monoton wachsende Funktion. Der Graph von φ

$$M = G(\varphi) := \left\{ (x, \varphi(x)) \in \mathbb{R}^2 \mid x \in [a, b] \right\}$$

ist eine monotone Menge, denn für alle $x, y \in [a, b]$ gilt:

$$\big(\varphi(x) - \varphi(y)\big)(x - y) \geq 0 \,.$$

Lemma 2.24 besagt dann, dass für alle stetigen Funktionen $T\colon [a, b] \to \mathbb{R}$ eine Lösung $u \in [a, b]$ von

$$\big(\varphi(x) - T(u)\big)(x - u) \geq 0 \,, \qquad x \in [a, b]$$

existiert. In Abhängigkeit von den konkreten Funktionen φ und T ist die Lösung entweder einer der Randpunkte des Intervalls $[a, b]$ oder ein Schnittpunkt der beiden Graphen. Als konkrete Beispiele kann man $\varphi(x) = x + 2$, $T(x) = x^2$ auf verschiedenen Intervallen $[a, b]$ betrachten.

Beweis (Lemma 2.24).   Angenommen, (2.26) habe keine Lösung. Wir definieren für $v \in X$ und $f \in X^*$

$$U(v, f) := \{ u \in K \subseteq X \mid \langle f - Tu, v - u \rangle_X < 0 \} \,.$$

Die Menge $U(v, f)$ ist offen, denn für gegebene $v \in X$ und $f \in X^*$ ist die Abbildung $u \mapsto \langle f - Tu, v - u \rangle_X$ stetig, und $U(v, f)$ ist das Urbild von $(-\infty, 0)$ dieser Abbildung. Das Problem (2.26) hat aufgrund unserer Annahme keine Lösung und somit gilt:

$$K \subseteq \bigcup_{(v, f) \in M} U(v, f) \,.$$

Da die Menge K kompakt ist, existiert eine endliche Überdeckung, d.h. es existieren $(v_i, f_i) \in M$, $i = 1, \ldots, m$, so dass

$$K \subseteq \bigcup_{i=1}^{m} U(v_i, f_i) \,.$$

Zu dieser Überdeckung gibt es eine *Zerlegung der Eins* (cf. Satz A.1.4, Beweis Satz 2.34), d.h. es existieren stetige Abbildungen $\lambda_i\colon X \to \mathbb{R}$, $0 \leq \lambda_i(u) \leq 1$, mit supp $\lambda_i \subseteq U(v_i, f_i)$, so dass für alle $u \in K$ gilt:

$$\sum_{i=1}^{m} \lambda_i(u) = 1 \,. \tag{2.27}$$

Sei nun K_1 die konvexe Hülle der v_i, $i = 1, \ldots, m$, d.h. $K_1 = co(v_1, \ldots, v_m)$.

Wie man sich leicht überlegt, ist $K_1 \subseteq X$ abgeschlossen. Für $u \in K_1$ definieren wir

$$p(u) := \sum_{i=1}^{m} \lambda_i(u)\, v_i\,, \qquad q(u) := \sum_{i=1}^{m} \lambda_i(u)\, f_i\,.$$

Die Abbildung $p\colon K_1 \to K_1$ ist stetig, $\dim(\mathrm{span}(K_1)) < \infty$ und K_1 ist homöomorph zu einer abgeschlossenen Kugel des $\mathbb{R}^{\dim(\mathrm{span}(K_1))}$. Folgerung 2.20 sichert somit die Existenz eines Fixpunktes der Abbildung p, d.h.

$$\exists\, u^\star \in K_1 \qquad \text{mit} \qquad p(u^\star) = u^\star.$$

Wir definieren für $i,j = 1,\dots,m$

$$\Delta_{ij} := \langle f_i - Tu^\star, v_j - u^\star \rangle_X\,.$$

Dann gilt für $i,j = 1,\dots,m$:

$$
\begin{aligned}
\Delta_{ij} + \Delta_{ji} &= \langle f_i - Tu^\star, v_j - u^\star\rangle_X + \langle f_j - Tu^\star, v_i - u^\star\rangle_X \\
&= \langle f_i - Tu^\star, v_i - u^\star\rangle_X - \langle f_i - Tu^\star, v_i\rangle_X \\
&\quad + \langle f_i - Tu^\star, v_j\rangle_X + \langle f_j - Tu^\star, v_j - u^\star\rangle_X \\
&\quad - \langle f_j - Tu^\star, v_j\rangle_X + \langle f_j - Tu^\star, v_i\rangle_X \\
&= \Delta_{ii} + \Delta_{jj} - \langle f_i - f_j, v_i - v_j\rangle_X \\
&\leq \Delta_{ii} + \Delta_{jj}\,,
\end{aligned}
\tag{2.28}
$$

wobei im letzten Schritt benutzt wurde, dass $(v_i, f_i) \in M$ und M eine monotone Menge ist (cf. (2.25)). Mithilfe von $p(u^\star) = u^\star$, der Definition von p und q und der Eigenschaft (2.27) der Zerlegung der Eins erhalten wir

$$
\begin{aligned}
0 &= \langle q(u^\star) - Tu^\star,\ p(u^\star) - u^\star\rangle_X \\
&= \Big\langle \sum_{i=1}^{m} \lambda_i(u^\star) f_i - Tu^\star,\ \sum_{j=1}^{m} \lambda_j(u^\star) v_j - u^\star \Big\rangle_X \\
&= \sum_{i,j=1}^{m} \lambda_i(u^\star)\lambda_j(u^\star)\, \Delta_{ij} \\
&= \sum_{i,j=1}^{m} \lambda_i(u^\star)\lambda_j(u^\star)\, \frac{1}{2}(\Delta_{ij} + \Delta_{ji}) \\
&\leq \sum_{i,j=1}^{m} \lambda_i(u^\star)\lambda_j(u^\star)\, \frac{1}{2}(\Delta_{ii} + \Delta_{jj})\,,
\end{aligned}
\tag{2.29}
$$

wobei auch die Symmetrie der Matrix mit den Einträgen $\lambda_i(u^\star)\lambda_j(u^\star)$ und (2.28) benutzt wurden. Aufgrund der Eigenschaften der Zerlegung der Eins haben wir $\lambda_i(u^\star)\lambda_j(u^\star) \geq 0$, $i,j = 1,\dots,m$. Für alle Indices i,j mit $\lambda_i(u^\star)\lambda_j(u^\star) > 0$, folgt aus den Eigenschaften der Zerlegung der Eins:

$$u^\star \in U(v_i, f_i) \cap U(v_j, f_j)\,.$$

Aufgrund der Konstruktion von $U(v, f)$ muss dann gelten:

$$\Delta_{ii} < 0 \text{ und } \Delta_{jj} < 0\,,$$

und somit sind die zugehörigen Summanden in (2.29) negativ. Es ergibt sich also aus (2.29) der Widerspruch $0 < 0$, da alle anderen Summanden mit $\lambda_i(u^\star)\lambda_j(u^\star) = 0$ wegfallen. Wir haben also bewiesen:

$$\lambda_i(u^\star) = 0 \qquad i = 1, \ldots, m\,.$$

Da aber $u^\star \in K_1 \subseteq K$ gilt, gibt es aufgrund der Eigenschaften der Zerlegung der Eins einen Index i_0 mit $\lambda_{i_0}(u^\star) > 0$. Dies ist ein Widerspruch, also existiert eine Lösung des Problems (2.26). ∎

1.2.2 Kompakte Operatoren

Wenn wir den Satz von Brouwer 2.14 auf unendlich-dimensionale Banachräume X übertragen wollen, erkennen wir folgendes Problem: Die abgeschlossene Einheitskugel $\overline{B_1(0)}$ in X ist nicht kompakt, was im $\mathbb{R}^d$ gilt und im Beweis des Satzes von Brouwer 2.14 eine wichtige, wenn auch sehr versteckte, Rolle gespielt hat. Das folgende Gegenbeispiel zeigt, dass selbst in separablen Hilberträumen die Analogie des Satzes von Brouwer Satz 2.14 nicht gilt.

2.30 Satz (Kakutani 1943). *Sei H ein unendlich-dimensionaler separabler Hilbertraum. Dann gibt es eine stetige Abbildung $A\colon H \to H$, die die abgeschlossene Einheitskugel in sich selbst abbildet und keinen Fixpunkt besitzt.*

Beweis. Wir schreiben wieder abkürzend $B = \overline{B_1(0)}$. Sei $(y_n)_{n \in \mathbb{Z}}$ eine Orthonormalbasis von H, d.h. für alle $n, m \in \mathbb{Z}$ gilt: $(y_n, y_m) = \delta_{nm}$. Wir definieren die Abbildung U, indem wir die Wirkung auf die Basisvektoren angeben, d.h. wir setzen für alle $n \in \mathbb{Z}$

$$U\colon H \to H\colon y_n \mapsto y_{n+1}\,.$$

Da jedes $x \in H$ bezüglich der Orthonormalbasis eine Darstellung

$$x = \sum_{i=-\infty}^{\infty} \alpha_i y_i\,,$$

mit $\sum_{i=-\infty}^{\infty} |\alpha_i|^2 < \infty$, besitzt, können wir die Abbildung U auf beliebige Elemente $x \in H$ erweitern durch:

$$U(x) = \sum_{i=-\infty}^{\infty} \alpha_i y_{i+1}\,. \tag{2.31}$$

Offensichtlich ist $U\colon H \to H$ linear und beschränkt, d.h. insbesondere stetig, und bildet die Mengen $S_r = \{x \in H \mid \|x\|_H = r\}$, $0 < r < \infty$, in sich selbst ab, wie man mithilfe der Darstellung (2.31) einfach nachrechnen kann. Wir betrachten nun

$$A(x) := \frac{1}{2}\left(1 - \|x\|_H\right)y_0 + U(x).$$

Offensichtlich ist A stetig und bildet die Kugel B in sich selbst ab. In der Tat gilt für $\|x\|_H \leq 1$:

$$\|A(x)\|_H \leq \frac{1}{2}\left(1 - \|x\|_H\right)\|y_0\|_H + \|U(x)\|_H = \frac{1}{2}\left(1 - \|x\|_H\right) + \|x\|_H \leq 1\,,$$

wobei $\|y_0\|_H = 1$ und $\|U(x)\|_H = \|x\|_H$ benutzt wurden. Wir nehmen nun an, dass A in B einen Fixpunkt hat, d.h. es existiert ein $x_0 \in B$ mit $A(x_0) = x_0$. Dies kann man auch schreiben als

$$x_0 - U(x_0) = \frac{1}{2}\left(1 - \|x_0\|_H\right)y_0\,. \tag{2.32}$$

Es sind drei Fälle zu unterscheiden:

1. $x_0 = 0$: Dann folgt aus (2.32)

$$0 = \frac{1}{2}\,y_0\,,$$

was nicht möglich ist, da y_0 ein Basisvektor ist.

2. $\|x_0\|_H = 1$: Aus (2.32) erhalten wir

$$x_0 = U(x_0)\,.$$

Für $x_0 = \sum_{i\in\mathbb{Z}}\alpha_i y_i$ mit $\sum_{i\in\mathbb{Z}}|\alpha_i|^2 = 1$ können wir dies mithilfe von (2.31) umschreiben als:

$$\sum_{i=-\infty}^{\infty}\alpha_i y_i = \sum_{i=-\infty}^{\infty}\alpha_i y_{i+1}\,.$$

Wir bilden nun das Skalarprodukt mit y_j, $j \in \mathbb{Z}$ und erhalten aufgrund der Eigenschaften der Orthonormalbasis

$$\alpha_j = \alpha_{j-1} \qquad \forall j \in \mathbb{Z}\,,$$

d.h. alle α_j sind gleich, und somit ergibt sich der Widerspruch

$$\sum_{j\in\mathbb{Z}}|\alpha_j|^2 = \infty \neq 1\,.$$

3. $0 < \|x_0\|_H < 1$: Sei $x_0 = \sum_{i\in\mathbb{Z}}\alpha_i y_i$, wobei $\sum_{i\in\mathbb{Z}}|\alpha_i|^2 < 1$ gelten muss. Diese Darstellung eingesetzt in (2.32) ergibt aber:

$$\sum_{i\in\mathbb{Z}}(\alpha_i - \alpha_{i-1})\,y_i = \frac{1}{2}\left(1 - \|x_0\|_H\right)y_0\,,$$

woraus folgt

$$\alpha_0 - \alpha_{-1} = \frac{1}{2}(1 - \|x_0\|_H) > 0 \,,$$

$$\alpha_i = \alpha_{i-1} \,, \qquad\qquad i \neq 0 \,.$$

Insgesamt ergibt sich also

$$\ldots \alpha_{-2} = \alpha_{-1} < \alpha_0 = \alpha_1 \ldots$$

und somit $\sum_{i \in \mathbb{Z}} |\alpha_i|^2 = \infty$, was ein Widerspruch ist.

In allen der drei möglichen Fälle tritt ein Widerspruch auf, d.h. die Annahme muss falsch sein. Also hat A keinen Fixpunkt. ∎

Aus diesem Gegenbeispiel lernen wir, dass in unendlich-dimensionalen Banachräumen stetige Abbildungen nicht unbedingt einen Fixpunkt haben müssen. Es ist also notwendig, stärkere Forderungen an die Abbildungen zu stellen. Dazu betrachten wir folgenden Ansatz: Wir untersuchen solche Operatoren, die durch „endlich-dimensionale" Operatoren angenähert werden können und versuchen den Satz von Brouwer 2.14 auf diese anzuwenden. Zur Umsetzung dieser Idee benötigen wir folgende Begriffe:

2.33 Definition. *Seien X und Y normierte Vektorräume, $M \subseteq X$ eine Teilmenge und $T\colon M \subseteq X \to Y$ ein stetiger Operator.*

(i) *Der Operator T heißt **kompakt** genau dann, wenn T beschränkte Mengen $B \subseteq M$ in relativ kompakte Mengen abbildet, d.h. $\overline{T(B)}$ ist kompakt.*

(ii) *Der Operator T hat **endlichen Rang** genau dann, wenn der Bildbereich $R(T)$ von T in einem endlich-dimensionalen Teilraum von Y liegt.*

Beispiel. Das klassische Beispiel eines linearen, kompakten Operators ist ein Integraloperator mit Kern aus L^2. Sei $\Omega \subseteq \mathbb{R}^d$ ein beschränktes Gebiet und $K \in L^2(\Omega \times \Omega)$ ein Integralkern. Der *Integraloperator* $A\colon L^2(\Omega) \to L^2(\Omega)$ ist dann definiert durch

$$Au(x) := \int_\Omega K(x,y)\, u(y)\, dy\,.$$

Mithilfe eines Approximationsargumentes, des Satzes von Arzelà–Ascoli A.12.3 und der Abgeschlossenheit der Menge der kompakten Operatoren bezüglich der Operatornorm kann man zeigen, dass der Operator A kompakt ist (cf. [2, Abschnitte 3.13, 8.15]).

Bemerkungen. (i) Die Definition *kompakter* Mengen und damit zusammenhängende Begriffe und Resultate finden sich im Appendix in den Abschnitten A.1 und A.2. Insbesondere sind die Begriffe kompakt, folgenkompakt und präkompakt in Banachräumen äquivalent (cf. Satz A.2.2).

(ii) Wir erinnern daran, dass in endlich-dimensionalen normierten Vektorräumen eine Menge M genau dann kompakt ist, wenn M abgeschlossen und beschränkt ist. Aufgrund dieser Äquivalenz überlegt man sich leicht folgende Aussage: Seien X, Y normierte Vektorräume. Dann ist ein Operator $T \colon M \subseteq X \to Y$ kompakt, wenn eine der folgenden Bedingungen erfüllt ist:

(a) $\dim Y < \infty$ und T ist stetig und beschränkt.

(b) $\dim X < \infty$, T ist stetig und M ist abgeschlossen.

Beim Beweis von (b) wird benutzt, dass in diesem Fall $\overline{T(B)} = T(\overline{B})$ gilt.

Der folgende Satz zeigt, in welchen Situationen kompakte Operatoren durch „endlich-dimensionale" Operatoren angenähert werden können.

2.34 Satz. *Seien X und Y Banachräume, $M \subseteq X$ eine nichtleere, beschränkte Teilmenge und $T \colon M \subseteq X \to Y$ ein Operator. Dann sind äquivalent:*

(i) *T ist kompakt.*

(ii) *Es existieren kompakte **Schauderoperatoren** $P_n \colon M \subseteq X \to Y$, $n \in \mathbb{N}$, mit endlichem Rang, die den Operator T auf M gleichmäßig approximieren, d.h. für alle $x \in M$ und alle $n \in \mathbb{N}$ gilt:*

$$\|P_n x - T x\|_Y < \frac{1}{n}. \tag{2.35}$$

Beweis. (ii) $\Rightarrow$ (i): Wir zeigen zunächst, dass T stetig ist. Sei $n \in \mathbb{N}$ beliebig, aber fest. Dann gilt für alle $x, y \in M$:

$$
\begin{aligned}
\|T x - T y\|_Y &\leq \|T x - P_n x\|_Y + \|P_n x - P_n y\|_Y + \|P_n y - T y\|_Y \\
&\leq \frac{1}{n} + \|P_n x - P_n y\|_Y + \frac{1}{n} \leq \frac{3}{n},
\end{aligned}
\tag{2.36}
$$

falls $\|x - y\|_X$ klein genug ist. Hierbei wurde benutzt, dass der Operator P_n für festes n stetig ist. Da $n \in \mathbb{N}$ beliebig war, ist der Operator T stetig. Um die relative Kompaktheit von $T(M)$ nachzuweisen, zeigen wir die Existenz eines endlichen $\frac{3}{n}$-Netzes (cf. Satz A.2.2). Aus (2.36) folgt für alle $x, y \in M$

$$\|T x - T y\|_Y \leq \frac{2}{n} + \|P_n x - P_n y\|_Y. \tag{2.37}$$

Da M beschränkt ist und P_n kompakt ist, gibt es $x_1, \ldots, x_N \in M$ mit

$$P_n(M) \subseteq \bigcup_{i=1}^{N} B_{\frac{1}{n}}(P_n x_i),$$

d.h. für alle $y \in M$ existiert ein Index $i \in \{1, \ldots, N\}$, mit

$$\|P_n y - P_n x_i\|_Y < \frac{1}{n}.$$

Zusammen mit (2.37) ergibt sich daraus, dass für alle $y \in M$ ein Index $i \in \{1, \ldots, N\}$ existiert mit

$$\|Tx_i - Ty\|_Y < \frac{3}{n},$$

d.h. $T(M)$ besitzt ein endliches $\frac{3}{n}$-Netz. Also ist der Operator T kompakt.

(i) $\Rightarrow$ (ii): Sei T kompakt und $n \in \mathbb{N}$ gegeben. Da M beschränkt ist, ist $T(M)$ relativ kompakt und es existiert ein endliches $\frac{1}{n}$-Netz (cf. Satz A.2.2), d.h.

$$\exists\, x_i \in M, i = 1, \ldots, N : \qquad T(M) \subseteq \bigcup_{i=1}^{N} B_{\frac{1}{n}}(Tx_i). \qquad (2.38)$$

Wir setzen $y_i := Tx_i, i = 1, \ldots, N$, und konstruieren eine *Zerlegung der Eins* bzgl. der Überdeckung $B_{\frac{1}{n}}(Tx_i)$, $i = 1, \ldots, N$. Für $i = 1, \ldots, N$ definieren wir $a_i : M \to \mathbb{R}$ durch

$$a_i(x) := \max\left(\frac{1}{n} - \|Tx - y_i\|_Y, 0\right). \qquad (2.39)$$

Diese Funktionen haben folgende Eigenschaften:

(a) Die Funktionen a_i, $i = 1, \ldots, N$, sind stetig, denn T ist stetig und das Maximum zweier stetiger Funktionen ist stetig.

(b) Aus (2.39) folgt, dass für alle $x \in M$ gilt: $a_i(x) \geq 0$.

(c) Für alle $x \in M$ gilt wegen der Überdeckungseigenschaft (2.38) der y_i:

$$\sum_{i=1}^{N} a_i(x) > 0.$$

(d) Aus (2.39) folgt, dass $a_i(x) > 0$ die Ungleichung $\|Tx - y_i\|_Y < \frac{1}{n}$ impliziert.

Wegen (c) können wir nun für $i = 1, \ldots, N$ definieren

$$\lambda_i(x) := a_i(x)\left(\sum_{j=1}^{N} a_j(x)\right)^{-1} \qquad (2.40)$$

und erhalten, dass $\lambda_i, i = 1, \ldots, N$, die gewünschte Zerlegung der Eins ist, denn es gilt:

(α) Aufgrund von (a) und (c) sind die Funktionen λ_i, $i = 1, \ldots, N$, stetig.

(β) Offensichtlich gilt aufgrund von (2.40) für alle $x \in M$: $0 \leq \lambda_i \leq 1$.

(γ) Aufgrund von (2.40) haben wir für alle $x \in M$: $\sum_{i=1}^{N} \lambda_i(x) = 1$.

(δ) Aus $\lambda_i(x) > 0$ folgt $\|Tx - y_i\|_Y < \frac{1}{n}$.

Sei M_n die *konvexe Hülle* von y_i, $i = 1, \ldots, N$, d.h. $M_n = \mathrm{co}(y_1, \ldots, y_N) :=$
$\{y \in Y \,|\, y = \sum_{i=1}^{N} \alpha_i y_i$, mit $\alpha_i \in [0,1]$, $\sum_{i=1}^{N} \alpha_i = 1\} \subseteq \mathrm{span}(y_1, \ldots, y_N)$.
Wir definieren den Schauderoperator $P_n \colon M \to M_n$ durch

$$P_n(x) := \sum_{i=1}^{N} \lambda_i(x)\, y_i \,.$$

Wir zeigen, dass P_n die gewünschten Eigenschaften hat. Die Definition von
P_n und (α) implizieren, dass P_n stetig ist und dass für den Bildbereich
$R(P_n) \subseteq \mathrm{span}(y_1, \ldots, y_N)$ gilt, d.h. P_n hat endlichen Rang. Aufgrund von
(γ), der Definition der P_n und (δ) gilt:

$$\begin{aligned}
\|P_n x - T x\|_Y &= \Big\|P_n x - \sum_{i=1}^{N} \lambda_i(x)\, T x\Big\|_Y \\
&\leq \sum_{i=1}^{N} \lambda_i(x)\|y_i - T x\|_Y \leq \frac{1}{n}\,,
\end{aligned} \tag{2.41}$$

d.h. die Operatoren P_n approximieren T auf M gleichmäßig. Die Menge
$P_n(M)$ und somit auch $\overline{P_n(M)}$ ist beschränkt, denn mithilfe von (2.41) folgt

$$\|P_n x\|_Y \leq \|P_n x - T x\|_Y + \|T x\|_Y \leq \frac{1}{n} + c\,,$$

da T kompakt ist und somit $T(M)$ beschränkt ist (cf. Satz A.2.2). Also
erhalten wir, dass die Menge $P_n(M)$ relativ kompakt ist. Somit ist P_n ein
kompakter Operator, da P_n auch stetig ist. $\qquad\blacksquare$

Bemerkung. Im vorherigen Satz war entscheidend, dass wir den Operator
auf einer beschränkten Teilmenge betrachtet haben. Selbst für lineare stetige
Operatoren $A \in L(X, Y)$, die auf dem gesamten Banachraum X definiert
sind, gilt im Allgemeinen nur die folgende Implikation: Sei $(A_n) \subseteq L(X, Y)$
eine Folge von Operatoren mit endlichem Rang, die in $L(X, Y)$ gegen A
konvergiert. Dann ist A kompakt. Die Umkehrung ist im Allgemeinen falsch
(cf. [7, Chapter 6]). Allerdings gilt: Sei H ein Hilbertraum und $A \in K(X, H)$
ein kompakter Operator. Dann existieren Operatoren $A_n \in L(X, H)$ mit
endlichem Rang, so dass $A_n \to A$ in $L(X, H)$.

1.2.3 Der Satz von Schauder

2.42 Satz (Schauder 1930). *Sei $T \colon M \subseteq X \to M$ stetig, wobei X ein
Banachraum ist und M eine nichtleere, konvexe, kompakte Teilmenge. Dann
besitzt T einen Fixpunkt.*

Beweis. Der Operator $T \colon M \to M$ ist kompakt, da $\overline{T(M)} \subseteq \overline{M} \subseteq M$
als abgeschlossene Teilmenge einer kompakten Menge selbst auch kompakt

ist. Aufgrund von Satz 2.34 existieren daher kompakte Schauderoperatoren $P_n : M \to X$ mit endlichem Rang. Im Beweis wurde sogar gezeigt, dass für den Bildbereich gilt: $R(P_n) \subseteq M_n := \mathrm{co}(y_1, \ldots, y_N) \subseteq M$, $N = N(n)$. Wir setzen

$$\widetilde{P}_n := P_n|_{M_n} \, .$$

Die Menge M_n ist abgeschlossen und homöomorph zur abgeschlossenen Kugel $\overline{B_1(0)}$ im $\mathbb{R}^{\widetilde{N}}$, $\widetilde{N} \leq N$. Der Operator $\widetilde{P}_n$ bildet die Menge M_n in sich selbst ab. Also liefert Folgerung 2.20 die Existenz von Fixpunkten $x_n \in M_n$, d.h.

$$\widetilde{P}_n x_n = x_n \, . \tag{2.43}$$

Für die Folge der Fixpunkte (x_n) gilt:

$$x_n \in M_n \subseteq M \, .$$

Da M kompakt ist, gibt es eine konvergente Teilfolge, die wir wieder mit (x_n) bezeichnen, d.h. es existiert $x \in M$ mit $x_n \to x$ $(n \to \infty)$. Wir zeigen nun, dass dieses x der gesuchte Fixpunkt von T ist. Unter Benutzung von (2.43) erhalten wir:

$$\|Tx - x_n\|_X = \|Tx - \widetilde{P}_n x_n\|_X$$
$$\leq \|Tx - Tx_n\|_X + \|Tx_n - \widetilde{P}_n x_n\|_X \to 0 \quad (n \to \infty) \, ,$$

aufgrund der Stetigkeit von T und der gleichmäßigen Approximationseigenschaft (2.35) der Schauderoperatoren P_n. Somit ergibt sich

$$Tx = x \, ,$$

d.h. x ist ein Fixpunkt von T. ∎

Wir wollen eine alternative Version des Satzes von Schauder 2.42 beweisen, die häufiger benutzt wird. In der Praxis ist es nämlich oft leichter, die Kompaktheit eines Operators zu zeigen als die Kompaktheit einer Teilmenge eines unendlich-dimensionalen Banachraumes. Dafür benötigen wir folgendes Lemma.

2.44 Lemma (Mazur 1930). *Sei X ein Banachraum und $M \subseteq X$ relativ kompakt. Dann ist auch die konvexe Hülle $\mathrm{co}(M)$ von M relativ kompakt.*

Beweis. Sei $\varepsilon > 0$ vorgegeben. Da M relativ kompakt ist, existiert ein endliches $\frac{\varepsilon}{2}$-Netz, d.h. es existieren $z_1, \ldots, z_n \in M$, so dass für alle $x \in M$ ein $j \in \{1, \ldots, n\}$ existiert mit

$$\|x - z_j\|_X < \frac{\varepsilon}{2} \, . \tag{2.45}$$

Dies erlaubt es uns, eine Funktion $v : M \to \{1, \ldots, n\}$ durch folgende Vorschrift zu definieren:

$$v(x) := j \, ,$$

wobei j der kleinste Index ist für den (2.45) gilt. Nach Definition von $co(M)$ gibt es für alle $y \in co(M)$ eine Darstellung $y = \sum_{i=1}^{m} \alpha_i y_i$, wobei $m = m(y) \in \mathbb{N}$, $\alpha_i \in [0,1]$, $y_i \in M$, $i = 1, \ldots, m$ und $\sum_{i=1}^{m} \alpha_i = 1$. Aufgrund dieser Darstellung und der Definition von v erhalten wir

$$\left\| y - \sum_{i=1}^{m} \alpha_i z_{v(y_i)} \right\|_X = \left\| \sum_{i=1}^{m} \alpha_i (y_i - z_{v(y_i)}) \right\|_X \leq \sum_{i=1}^{m} \alpha_i \| y_i - z_{v(y_i)} \|_X \leq \frac{\varepsilon}{2}.$$

Da $\sum_{i=1}^{m} \alpha_i z_{v(y_i)} \in K := co(z_1, \ldots, z_n)$ gilt, haben wir gezeigt:

$$co(M) \subseteq \bigcup_{x \in K} B_{\frac{\varepsilon}{2}}(x). \tag{2.46}$$

Die Funktion

$$\psi \colon [0,1]^n \to X : (\alpha_1, \ldots, \alpha_n) \mapsto \sum_{i=1}^{n} \alpha_i z_i$$

ist offensichtlich stetig. Die Menge $A = \left\{ (\alpha_1, \ldots, \alpha_n) \in [0,1]^n \mid \sum_{i=1}^{n} \alpha_i = 1 \right\}$ ist kompakt und es gilt $\psi(A) = K$. Somit ist K das Bild einer kompakten Menge unter einer stetigen Abbildung, also selbst kompakt, d.h.

$$\exists k_1, \ldots, k_N \in K : \quad K \subseteq \bigcup_{i=1}^{N} B_{\frac{\varepsilon}{2}}(k_i). \tag{2.47}$$

Aus (2.46) und (2.47) folgt dann insgesamt

$$co(M) \subseteq \bigcup_{i=1}^{N} B_\varepsilon(k_i),$$

d.h. $co(M)$ besitzt ein endliches ε-Netz. Also ist $co(M)$ relativ kompakt. ∎

2.48 Folgerung (Schauder). *Sei $T \colon M \subseteq X \to M$ ein kompakter Operator, wobei X ein Banachraum und M eine nichtleere, abgeschlossene, beschränkte, konvexe Teilmenge von X ist. Dann besitzt T einen Fixpunkt.*

Beweis. Sei $N = \overline{co(T(M))} \subseteq M$. Wir überprüfen die Voraussetzungen des Satzes von Schauder 2.42. Nach Lemma 2.44 ist die Menge N kompakt, konvex und nichtleer. Der Operator T ist stetig, denn T ist kompakt. Weiter bildet T die Menge N in sich selbst ab, denn es gilt:

$$N \subseteq M \quad \Rightarrow \quad T(N) \subseteq T(M) \quad \Rightarrow \quad T(N) \subseteq \overline{co(T(N))} \subseteq \overline{co(T(M))} = N.$$

Damit folgt mit dem Satz von Schauder 2.42, dass T einen Fixpunkt besitzt.

∎

1.2.4 Anwendung auf Differentialgleichungen

Wir betrachten zuerst noch einmal die gewöhnliche Differentialgleichung

$$x'(t) = f\big(t, x(t)\big)\,,$$
$$x(t_0) = y_0\,,$$

(2.49)

wobei wir diesmal nur voraussetzen, dass $f\colon Q \to \mathbb{R}^d$ stetig ist, und nicht, wie beim Satz von Picard–Lindelöf 1.11, Lipschitz-stetig.

2.50 Satz (Peano 1890). *Seien $t_0 \in \mathbb{R}, y_0 \in \mathbb{R}^d$ und $a, b > 0$ gegeben und sei*

$$Q = \{(t, y) \in \mathbb{R}^{1+d} \mid |t - t_0| \le a, |y - y_0| \le b\}\,.$$

Die Funktion $f\colon Q \to \mathbb{R}^d$ sei stetig. Insbesondere existiert ein $K > 0$, so dass für alle $(t, y) \in Q$ gilt:

$$|f(t, y)| \le K\,.$$

Dann hat das Anfangswertproblem (2.49) eine stetig differenzierbare Lösung $x(\cdot)$, die im Intervall $[t_0 - c, t_0 + c]$, mit $c := \min(a, \frac{b}{K})$, definiert ist.

Beweis. Da f stetig ist, ist die Differentialgleichung (2.49) äquivalent zur Integralgleichung

$$x(t) = y_0 + \int_{t_0}^{t} f\big(s, x(s)\big)\, ds\,.$$

Um diese zu lösen, versehen wir den Raum $X = C([t_0 - c, t_0 + c]; \mathbb{R}^d)$ mit der Norm $\|x\|_0 := \max_{t \in [t_0 - c, t_0 + c]} \|x(t)\|$ und setzen

$$M := \{x \in X \mid \|x - y_0\|_0 \le b\}\,.$$

Wenn wir den Operator $T\colon M \subseteq X \to X$ durch

$$(Tx)(t) := y_0 + \int_{t_0}^{t} f\big(s, x(s)\big)\, ds$$

definieren, ist das Anfangswertproblem (2.49) äquivalent zu folgendem Fixpunktproblem:

$$Tx = x\,, \qquad x \in M\,.$$

Die Menge M ist nichtleer, konvex, abgeschlossen und beschränkt. Analog zum Beweis vom Satz von Picard–Lindelöf 1.11 kann man zeigen, dass der Operator T die Menge M in sich selbst abbildet. Es ist noch zu zeigen, dass T kompakt ist. Dazu verwenden wir den Satz von Arzelà–Ascoli A.12.3.

Für alle $t \in [t_0 - c, t_0 + c]$ und $x \in M$ gilt:

$$|(Tx)(t)| \leq |y_0| + \int_{t_0}^{t} |f(s, x(s))|\, ds$$

$$\leq |y_0| + cK,$$

d.h. $T(M)$ ist gleichmäßig beschränkt. Weiter gilt für alle $t_1, t_2 \in [t_0 - c, t_0 + c]$ und $x \in M$:

$$|(Tx)(t_1) - (Tx)(t_2)| \leq \int_{t_1}^{t_2} |f(s, x(s))|\, ds \leq K|t_2 - t_1|,$$

d.h. $T(M)$ ist gleichgradig stetig. Der Satz von Arzelà–Ascoli A.12.3 liefert also, dass $T(M)$ relativ kompakt in $C([t_0 - c, t_0 + c]; \mathbb{R}^d)$ ist. Es bleibt noch zu zeigen, dass T stetig ist: Konvergiere $x_n \to x$ ($n \to \infty$) bzgl. der Norm in X, d.h. x_n konvergiert gleichmäßig gegen x auf $[t_0 - c, t_0 + c]$. Dann haben wir

$$|(Tx_n)(t) - (Tx)(t)| \leq \int_{t_0}^{t} |f(s, x_n(s)) - f(s, x(s))|\, ds$$

$$\leq c\varepsilon,$$

da f auf Q gleichmäßig stetig ist und $|t - t_0| \leq c$. Aus der Folgerung 2.48 folgt dann die Existenz eines Fixpunktes von T, d.h. einer Lösung von (2.49). Aus der Differentialgleichung (2.49) folgt sofort, dass die Lösung x stetig differenzierbar ist, da f stetig ist. ∎

Wir betrachten nun die nichtlineare partielle Differentialgleichung

$$-\Delta u = f(u) \qquad \text{in } \Omega,$$
$$u = 0 \qquad \text{auf } \partial\Omega. \tag{2.51}$$

Hierbei ist Ω ein beschränktes Gebiet des $\mathbb{R}^d$ mit Lipschitz-stetigem Rand, $f \colon \mathbb{R} \to \mathbb{R}$ eine gegebene Funktion und der *Laplace-Operator* ist definiert durch

$$\Delta u := \sum_{i=1}^{d} \partial_i^2 u.$$

2.52 Satz. *Sei Ω ein beschränktes Gebiet des $\mathbb{R}^d$ mit Lipschitz-stetigem Rand und $f \in C^0(\mathbb{R})$ eine gegebene, beschränkte Funktion. Dann besitzt das Problem (2.51) eine schwache Lösung $u \in W_0^{1,2}(\Omega)$, d.h. für alle $\varphi \in W_0^{1,2}(\Omega)$ gilt die schwache Formulierung*

$$\int_{\Omega} \nabla u \cdot \nabla \varphi\, dx = \int_{\Omega} f(u)\, \varphi\, dx. \tag{2.53}$$

Beweis. 1. Konstruktion eines Lösungsoperators: Durch

$$[u, \varphi] := \int_\Omega \nabla u \cdot \nabla \varphi \, dx \,, \qquad u, \varphi \in W_0^{1,2}(\Omega) \,, \tag{2.54}$$

ist eine *beschränkte, koerzive Bilinearform* auf dem Hilbertraum $W_0^{1,2}(\Omega)$ definiert, d.h. für alle $u, \varphi \in W_0^{1,2}(\Omega)$ gilt:

$$|[u, \varphi]| \leq \|u\|_{1,2} \|\varphi\|_{1,2} \,,$$
$$[u, u] \geq c_1 \|u\|_{1,2}^2 \,.$$

Dies sieht man leicht mithilfe der Hölder–Ungleichung und der Definition der Norm in $W_0^{1,2}(\Omega)$ (cf. Abschnitt A.12.3), bzw. durch Einsetzen von $\varphi = u$ in (2.54) und mithilfe der Äquivalenz der Normen $\|\nabla \cdot\|_2$ und $\|\cdot\|_2 + \|\nabla \cdot\|_2$ auf $W_0^{1,2}(\Omega)$ (cf. (A.12.24)). Für $g \in L^2(\Omega)$ ist offensichtlich durch

$$G(\varphi) := \int_\Omega g \, \varphi \, dx \,,$$

ein beschränktes lineares Funktional auf $W_0^{1,2}(\Omega)$ gegeben. Nach dem Lemma von Lax–Milgram (cf. Lemma A.10.4) besitzt somit für alle $g \in L^2(\Omega)$ das Randwertproblem für die *Laplace-Gleichung*

$$-\Delta v = g \qquad \text{in } \Omega \,,$$
$$v = 0 \qquad \text{auf } \partial\Omega \,,$$

genau eine **schwache Lösung** $v \in W_0^{1,2}(\Omega)$, d.h. für alle $\varphi \in W_0^{1,2}(\Omega)$ gilt die schwache Formulierung:

$$[v, \varphi] = \int_\Omega \nabla v \cdot \nabla \varphi \, dx = \int_\Omega g \, \varphi \, dx = G(\varphi) \,. \tag{2.55}$$

Deshalb können wir einen Lösungsoperator durch

$$B := (-\Delta)^{-1} \colon g \mapsto v$$

definieren. Der Operator B ist stetig, sowohl als Operator von $L^2(\Omega)$ nach $W_0^{1,2}(\Omega)$ als auch Operator von $L^2(\Omega)$ nach $L^2(\Omega)$. In der Tat, wenn wir in (2.55) $\varphi = v$ wählen, erhalten wir mithilfe der Hölder–Ungleichung und der Poincaré–Ungleichung (cf. Satz A.12.23)

$$\|\nabla v\|_2^2 \leq \|g\|_2 \|v\|_2$$
$$\leq c \|g\|_2 \|\nabla v\|_2 \,.$$

Dies liefert die *apriori Abschätzung*

$$\|\nabla v\|_2 \leq c \|g\|_2 \,.$$

Wenn wir nun wieder die obige Äquivalenz der Normen und die Definition des Lösungsoperators benutzen, erhalten wir

$$\|Bg\|_{1,2} \le c \, \|g\|_2 \, ,$$
$$\|Bg\|_2 \le c \, \|g\|_2 \, , \tag{2.56}$$

wobei die zweite Ungleichung sofort aus der ersten folgt. Aus (2.56) erhalten wir, dass sowohl $B \colon L^2(\Omega) \to W_0^{1,2}(\Omega)$ als auch $B \colon L^2(\Omega) \to L^2(\Omega)$ stetig sind, da B linear und beschränkt ist.

2. Lösung eines Fixpunktproblems: Die schwache Formulierung (2.53) des Problems (2.51) ist nun äquivalent zum Fixpunktproblem

$$Tu = u \, , \tag{2.57}$$

wobei $T \colon L^2(\Omega) \to L^2(\Omega)$ definiert ist durch

$$Tw := B\bigl(f(w)\bigr) \, .$$

Der Operator T ist wohldefiniert, da aufgrund der Voraussetzungen an f für alle $w \in L^2(\Omega)$ gilt:

$$\|f(w)\|_{L^2(\Omega)} \le |\Omega|^{\frac{1}{2}} \|f\|_{L^\infty(\mathbb{R})} \, .$$

Dies und (2.56) liefern

$$\|Tw\|_{L^2(\Omega)} \le \|Tw\|_{W_0^{1,2}(\Omega)} \le c \, \|f\|_{L^\infty(\mathbb{R})} =: c_2 \, . \tag{2.58}$$

Also bildet T die abgeschlossene Kugel $\overline{B_{c_2}(0)}$ des $L^2(\Omega)$ sowohl in die abgeschlossene Kugel $\overline{B_{c_2}(0)}$ des $L^2(\Omega)$ als auch in die abgeschlossene Kugel $\overline{B_{c_2}(0)}$ des $W_0^{1,2}(\Omega)$ ab. Letztere Aussage impliziert, dass der Bildbereich $R(T)$ relativ kompakt in $L^2(\Omega)$ ist, aufgrund der kompakten Einbettung $W_0^{1,2}(\Omega) \hookrightarrow\hookrightarrow L^2(\Omega)$ (cf. Satz A.12.22). Der Operator T ist auch stetig. In der Tat, aus $w_n \to w$ in $L^2(\Omega)$ $(n \to \infty)$ folgt für eine Teilfolge $w_{n_k}(x) \to w(x)$ fast überall in Ω $(k \to \infty)$. Da B linear ist, erhalten wir aus (2.56)

$$\|Tw_{n_k} - Tw\|_2 = \|B\bigl(f(w_{n_k}) - f(w)\bigr)\|_2 \le c \, \|f(w_{n_k}) - f(w)\|_2 \, .$$

Die rechte Seite konvergiert gegen Null aufgrund des Satzes von Lebesgue über die majorisierte Konvergenz A.11.10. Dies gilt jedoch für jede fast überall konvergente Teilfolge von (w_n) und somit auch für die gesamte Folge (cf. Lemma 3.0.3). Insgesamt ist also $\underline{T \colon L^2(\Omega) \to L^2(\Omega)}$ ein kompakter Operator, der die abgeschlossene Kugel $\overline{B_{c_2}(0)}$ des $L^2(\Omega)$ in sich selbst abbildet. Folgerung 2.48 liefert sofort die Existenz eines Fixpunktes $u \in \overline{B_{c_2}(0)} \subseteq L^2(\Omega)$ von T. Aufgrund von (2.57) und (2.58) erhalten wir, dass der Fixpunkt u in $W_0^{1,2}(\Omega)$ liegt und, aufgrund der Definition von T bzw. B, die schwache Formulierung (2.53) erfüllt. ∎

Bemerkung. Die Behauptung des Satzes kann leicht auf den Fall einer stetigen Funktion $f\colon \mathbb{R} \to \mathbb{R}$ mit

$$|f(x)| \leq c\left(1 + |x|^{\alpha}\right),$$

mit $0 \leq \alpha < 1$, erweitert werden. Um eine Analogie von (2.58) zu erhalten, muss man $0 \leq \alpha < 1$ und die Young–Ungleichung (cf. Abschnitt A.12.2) benutzen. Man erhält, dass T die abgeschlossene Kugel $\overline{B_R(0)}$ des $L^2(\Omega)$ in die abgeschlossene Kugel $\overline{B_R(0)}$ des $W_0^{1,2}(\Omega)$ abbildet, falls R, in Abhängigkeit von $|\Omega|$ und α, groß genug gewählt wird.

2 Integration und Differentiation in Banachräumen

Ziel dieses Kapitels ist es, die *Integrations-* und *Differentiationstheorie* reeller vektorwertiger Funktionen $\mathbf{f}\colon \Omega \subseteq \mathbb{R}^d \to \mathbb{R}^n$ auf Funktionen

$$f\colon \Omega \subseteq \mathbb{R}^d \to X\,,$$

mit Werten in einem Banachraum X zu erweitern. Insbesondere werden das *Lebesgue–Integral* $\int_\Omega f^i(x)\,dx$, $i = 1,\dots,n$, mit $\mathbf{f} = (f^1,\dots,f^n)^\top$, die *partiellen Ableitungen* $\partial_j f^i(x)$, $i = 1,\dots,n$, $j = 1,\dots,d$, und das *Differential* $D\mathbf{f}(x)$ verallgemeinert. Das Vorgehen in Falle von Funktionen mit Werten in Banachräumen ist analog zum Fall reeller vektorwertiger Funktionen. Alle Sätze und Resultate, die wir kennenlernen werden, haben eine Entsprechung in der Theorie reeller Funktionen, aber an manchen Stellen muss man aufpassen!

2.1 Bochner–Integrale

Der Einfachheit halber und in Hinblick auf die Anwendung auf Evolutionsprobleme betrachten wir nur Funktionen

$$f\colon S \to X\,,$$

mit Lebesgue-messbarem eindimensionalem Definitionsbereich

$$S \subseteq \mathbb{R}\,,$$

und beschränken uns auf den Fall, dass X ein reflexiver Banachraum ist. Diese Voraussetzungen gelten für den gesamten Abschnitt. Im Folgenden bezeichnen wir das *Lebesgue–Maß* einer Lebesgue-messbaren Menge $A \subseteq \mathbb{R}$ mit $\mu(A)$ (cf. Abschnitt A.11).

1.1 Definition. *Eine Funktion $f\colon S \to X$ heißt* **Treppenfunktion***, wenn sie sich schreiben lässt als*

$$f(s) = \sum_{i=1}^n \chi_{B_i}(s)\,x_i\,,$$

© Springer-Verlag GmbH Deutschland, ein Teil von Springer Nature 2020
M. Růžička, *Nichtlineare Funktionalanalysis*, Masterclass,
https://doi.org/10.1007/978-3-662-62191-2_2

*wobei $x_i \in X$, $i = 1, \ldots, n$, und $B_i \subseteq S \subseteq \mathbb{R}$, $i = 1, \ldots, n$, Lebesgue-messbare Mengen sind, für die gilt: $\mu(B_i) < \infty$, $B_i \cap B_j = \emptyset$ für $i \neq j$. Die **charakteristische Funktion** χ_B ist definiert durch*

$$\chi_B(s) := \begin{cases} 0, & s \notin B, \\ 1, & s \in B. \end{cases}$$

1.2 Definition. *Für eine Treppenfunktion f definieren wir das **Bochner–Integral** durch*

$$\int\limits_S f(s)\, ds := \sum_{i=1}^{n} \mu(B_i)\, x_i.$$

Bemerkung. Man beachte, dass das Bochner–Integral $\int_S f(s)\, ds$ ein Element des Banachraumes X ist.

In der Lebesgue Theorie reellwertiger Funktionen kann man zeigen, dass eine Funktion genau dann messbar ist, wenn sie der punktweise Grenzwert einer Folge von Treppenfunktionen ist. Weiterhin kann man das Lebesgue Integral einer nichtnegativen reellen Funktion als den Grenzwert von Integralen einer geeigneten Folge von Treppenfunktionen charakterisieren (cf. Abschnitt A.11, [2, Anhang 1], [13, Kapitel 1]). Im Falle von Funktionen mit Werten in Banachräumen werden Modifizierungen dieser Charakterisierungen als Definitionen benutzt.

1.3 Definition. *Eine Funktion $f\colon S \to X$ heißt **Bochner-messbar**, falls eine Folge (f_n) von Treppenfunktionen $f_n\colon S \to X$ existiert, so dass für fast alle $s \in S$ gilt:*

$$\lim_{n\to\infty} \|f_n(s) - f(s)\|_X = 0. \tag{1.4}$$

Genügt eine solche Folge der Bedingung

$$\lim_{n\to\infty} \int\limits_S \|f_n(s) - f(s)\|_X\, ds = 0, \tag{1.5}$$

*so heißt f **Bochner-integrierbar**, und wir definieren das **Bochner–Integral** als*

$$\int\limits_S f(s)\, ds := \lim_{n\to\infty} \int\limits_S f_n(s)\, ds. \tag{1.6}$$

Wir bezeichnen den Raum der Bochner-messbaren Funktionen mit $\mathcal{M}(S; X)$ und den Raum der Bochner-integrierbaren Funktionen mit $\mathcal{L}(S; X)$.

Zum besseren Verständnis und zur Rechtfertigung dieser Definition müssen wir folgende Überlegungen anstellen:

(a) Die Bedingung (1.5) ist sinnvoll, wie aus folgendem Lemma, angewendet auf $f_n - f$, folgt.

1.7 Lemma. *Wenn $f\colon S \to X$ Bochner-messbar ist, dann ist die Funktion $\|f(\cdot)\|_X\colon S \to \mathbb{R}$ Lebesgue-messbar.*

Beweis. Sei $f\colon S \to X$ eine Bochner-messbare Funktion. Dann gibt es eine Folge $f_n\colon S \to X$ von Treppenfunktionen für die (1.4) gilt. Offensichtlich sind $\|f_n(\cdot)\|_X\colon S \to \mathbb{R}$ Treppenfunktionen mit Werten in $\mathbb{R}$. Aufgrund von (1.4) haben wir für fast alle $s \in S$

$$\lim_{n\to\infty} \|f_n(s)\|_X = \|f(s)\|_X \,,$$

und somit ist die Funktion $\|f(\cdot)\|_X$ als Grenzwert einer Folge Lebesgue-messbarer Funktionen selbst Lebesgue-messbar (cf. Satz A.11.4). ∎

(b) Der Grenzwert in (1.6) existiert. In der Tat haben wir für $n, k \in \mathbb{N}$

$$\left\| \int\limits_S f_n \, ds - \int\limits_S f_k \, ds \right\|_X = \left\| \int\limits_S f_n - f_k \, ds \right\|_X \leq \int\limits_S \|f_n - f_k\|_X \, ds \,,$$

da (f_n) Treppenfunktionen sind und es sich somit um endliche Summen von Elementen aus X handelt. Die rechte Seite können wir abschätzen durch

$$\int\limits_S \|f_n - f\|_X + \|f - f_k\|_X \, ds \to 0 \qquad (n, k \to \infty)\,,$$

wobei wir die Bedingung (1.5) benutzt haben. Somit haben wir gezeigt, dass $\left(\int_S f_n \, ds \right)$ eine Cauchy–Folge in X bildet. Aufgrund der Vollständigkeit von X existiert also der Grenzwert in (1.6).

(c) Der Grenzwert in (1.6) ist von der gewählten Folge unabhängig, da zwei Folgen zu einer kombiniert werden können und der Grenzwert existiert.

Der folgende Satz stellt den Zusammenhang zwischen Bochner-messbaren Funktionen und Lebesgue-messbaren Funktionen her.

1.8 Satz (Pettis 1938). *Sei X ein separabler, reflexiver Banachraum. Dann ist $f\colon S \to X$ genau dann Bochner-messbar, wenn für alle $F \in X^*$ die Funktion $\langle F, f(\cdot) \rangle_X\colon S \to \mathbb{R}$ Lebesgue-messbar ist.*

Beweis. 1. Sei f Bochner-messbar. Aufgrund von Definition 1.3 gibt es eine Folge (f_n) von Treppenfunktionen, so dass für fast alle $s \in S$ gilt:

$$f_n(s) \to f(s) \quad \text{in } X \quad (n \to \infty)\,.$$

Da starke Konvergenz in X schwache Konvergenz in X impliziert (cf. Lemma A.8.6 (ii)), folgt damit auch, dass für alle $F \in X^*$ und fast alle $s \in S$ gilt:

$$\langle F, f_n(s) \rangle_X \to \langle F, f(s) \rangle_X \quad (n \to \infty)\,. \tag{1.9}$$

Offensichtlich sind $\langle F, f_n(\cdot) \rangle_X\colon S \to \mathbb{R}$ Treppenfunktionen mit Werten in $\mathbb{R}$. Dies zusammen mit (1.9) impliziert, dass $\langle F, f(\cdot) \rangle_X\colon S \to \mathbb{R}$ Lebesgue-messbar ist.

2. Der Beweis dieser Richtung ist sehr technisch und kann in [29, Satz V.4], [28, Satz 24.1] nachgelesen werden. Die Voraussetzung der Separabilität von X kann man abschwächen. ∎

1.10 Bemerkung. *Der Satz von Pettis 1.8 liefert, dass eine stetige Funktion $f : S \to X$ Bochner-messbar ist, da die Komposition stetiger Funktionen stetig ist und stetige reellwertige Funktionen Lebesgue-messbar sind.*

1.11 Folgerung. *Sei X ein separabler, reflexiver Banachraum. Ferner sei $f : S \to X$ eine Funktion und seien $f_n : S \to X, n \in \mathbb{N}$, Bochner-messbare Funktionen, so dass für fast alle $s \in S$ gilt:*

$$f_n(s) \rightharpoonup f(s) \qquad (n \to \infty). \tag{1.12}$$

Dann ist f Bochner-messbar.

Beweis. Da die Funktionen f_n, $n \in \mathbb{N}$, Bochner-messbar sind, folgt aufgrund des Satzes von Pettis 1.8, dass für alle $F \in X^*$ auch die reellwertigen Funktionen $\langle F, f_n(\cdot) \rangle_X$, $n \in \mathbb{N}$, Lebesgue-messbar sind. Aus (1.12) folgern wir für alle $F \in X^*$ und fast alle $s \in S$

$$\langle F, f_n(s) \rangle_X \to \langle F, f(s) \rangle_X \qquad (n \to \infty).$$

Somit ist auch der Grenzwert $\langle F, f(\cdot) \rangle_X$ Lebesgue-messbar. Nochmalige Anwendung des Satzes von Pettis 1.8 liefert dann, dass f Bochner-messbar ist. ∎

1.13 Satz (Bochner 1933). *Eine Bochner-messbare Funktion $f : S \to X$ ist genau dann Bochner-integrierbar, wenn die Funktion $\|f(\cdot)\|_X : S \to \mathbb{R}$ Lebesgue-integrierbar ist.*

Beweis. 1. Sei $f : S \to X$ Bochner-integrierbar und sei (f_n) eine Folge von Treppenfunktionen, so dass für fast alle $s \in S$ gilt:

$$f_n(s) \to f(s) \text{ in } X \qquad (n \to \infty). \tag{1.14}$$

Nach Lemma 1.7 sind $\|f_n(\cdot)\|_X : S \to \mathbb{R}$, $n \in \mathbb{N}$, Lebesgue-messbar, was zusammen mit (1.14) liefert, dass auch $\|f(\cdot)\|_X$ Lebesgue-messbar ist. Weiter gilt folgende punktweise Abschätzung:

$$\|f(s)\|_X \le \|f_n(s)\|_X + \|f(s) - f_n(s)\|_X.$$

Wenn (f_n) nun zusätzlich die Bedingung (1.5) erfüllt, ergibt sich für ein festes $n_0 \in \mathbb{N}$

$$\int_S \|f(s)\|_X \, ds \le \int_S \|f_{n_0}(s)\|_X \, ds + \int_S \|f(s) - f_{n_0}(s)\|_X \, ds < \infty,$$

da f_{n_0} eine Treppenfunktion ist und der Grenzwert in (1.5) existiert. Also ist $\|f(\cdot)\|_X$ Lebesgue-integrierbar.

2. Sei f Bochner-messbar und sei $\|f(\cdot)\|_X \colon S \to \mathbb{R}$ Lebesgue-integrierbar. Aus der Bochner–Messbarkeit folgt die Existenz einer Folge von Treppenfunktionen (f_n), die (1.14) erfüllt. Wir definieren

$$g_n(s) := \begin{cases} f_n(s), & \text{falls } \|f_n(s)\|_X \le \frac{3}{2}\|f(s)\|_X, \\ 0, & \text{falls } \|f_n(s)\|_X > \frac{3}{2}\|f(s)\|_X. \end{cases}$$

Offensichtlich sind auch g_n, $n \in \mathbb{N}$, Treppenfunktionen und für fast alle $s \in S$ gilt:

$$\lim_{n\to\infty} \|g_n(s) - f(s)\|_X = 0.$$

Aufgrund der Konstruktion von g_n haben wir für alle $s \in S$ und alle $n \in \mathbb{N}$:

$$\|g_n(s)\|_X \le \frac{3}{2}\,\|f(s)\|_X$$

und erhalten somit

$$\|g_n(s) - f(s)\|_X \le \|g_n(s)\|_X + \|f(s)\|_X \le \frac{5}{2}\,\|f(s)\|_X,$$

d.h. die Folge reellwertiger Funktionen $\big(\|g_n(\cdot) - f(\cdot)\|_X\big)$ besitzt punktweise eine Lebesgue-integrierbare Majorante. Nach dem Satz von Lebesgue über majorisierte Konvergenz A.11.10 folgt damit

$$\lim_{n\to\infty} \int_S \|g_n(s) - f(s)\|_X \, ds = 0, \tag{1.15}$$

d.h. f ist nach Definition Bochner-integrierbar. ∎

Bemerkung. In (1.15) wurde gezeigt, dass Treppenfunktionen dicht in $L^1(S; X)$ (cf. Definition 1.23) liegen.

1.16 Folgerung. *Sei $f\colon S \to X$ Bochner-integrierbar. Dann gilt:*

$$\left\| \int_S f(s)\, ds \right\|_X \le \int_S \|f(s)\|_X \, ds, \tag{1.17}$$

und für alle $F \in X^*$

$$\left\langle F, \int_S f(s)\, ds \right\rangle_X = \int_S \langle F, f(s)\rangle_X \, ds. \tag{1.18}$$

Beweis. 1. Nach der Definition des Bochner–Integrals gilt für geeignete Treppenfunktionen (f_n):

$$\left\| \int_S f(s)\,ds \right\|_X = \lim_{n\to\infty} \left\| \int_S f_n(s)\,ds \right\|_X$$

$$\leq \lim_{n\to\infty} \int_S \|f_n(s)\|_X\,ds$$

$$\leq \lim_{n\to\infty} \left(\int_S \|f_n(s) - f(s)\|_X\,ds + \int_S \|f(s)\|_X\,ds \right)$$

$$= \int_S \|f(s)\|_X\,ds\,,$$

wobei wir die Definition des Integrals von Treppenfunktionen und (1.5) benutzt haben.

2. Nach dem Beweis des Satzes von Bochner 1.13 gibt es eine Folge (f_n) von Treppenfunktionen, die fast überall gegen f konvergiert und für die

$$\|f_n(s)\|_X \leq \tfrac{3}{2}\|f(s)\|_X\,. \tag{1.19}$$

gilt. Aufgrund der Definition des Bochner–Integrals haben wir für alle $F \in X^*$

$$\left\langle F, \int_S f(s)\,ds \right\rangle_X = \lim_{n\to\infty} \left\langle F, \int_S f_n(s)\,ds \right\rangle_X$$

$$= \lim_{n\to\infty} \int_S \langle F, f_n(s)\rangle_X\,ds \tag{1.20}$$

$$= \int_S \langle F, f(s)\rangle_X\,ds\,,$$

wobei im 2. Schritt benutzt wurde, dass das Integral von Treppenfunktionen eine endliche Linearkombination von Elementen aus X ist und F ein lineares stetiges Funktional ist. In der Tat gilt für festes $n \in \mathbb{N}$:

$$\left\langle F, \int_S f_n(s)\,ds \right\rangle_X = \left\langle F, \sum_{i=1}^{N} \mu(B_i^n)\,x_i^n \right\rangle_X$$

$$= \sum_{i=1}^{N} \mu(B_i^n)\langle F, x_i^n \rangle_X = \int_S \langle F, f_n(s)\rangle_X\,ds\,.$$

Im letzten Schritt in (1.20) wurde (1.19) und der Satz von der majorisierten Konvergenz A.11.10 von reellwertigen Funktionen benutzt.   ∎

Bemerkung. Für ein beschränktes Intervall I sind Funktionen $f \in C(\bar{I}; X)$ Bochner-integrierbar und das Bochner–Integral ergibt sich als Grenzwert Riemannscher Summen.

Funktionen $f \in C(\bar{I}; X)$ sind aufgrund der Bemerkung 1.10 Bochner-messbar. Somit existiert das Bochner–Integral nach dem Satz von Bochner 1.13, da die stetige Funktion $\|f(\cdot)\|_X \colon \bar{I} \to \mathbb{R}$ Lebesgue-integrierbar ist. Weiterhin ist f auf $\bar{I}$ gleichmäßig stetig und offensichtlich gilt

$$f_n(s) := \sum_{j=0}^{n} f(\widehat{t_j^n}) \chi_{(t_j^n, t_{j+1}^n]}(s) \rightrightarrows f(s) \qquad (n \to \infty), \qquad (1.21)$$

wobei $\widehat{t_j^n} \in (t_j^n, t_{j+1}^n]$. Also ergibt sich das Integral von f als Grenzwert *Riemannscher Summen*, d.h.

$$\int_I f(s)\, ds = \lim_{n \to \infty} \sum_{j=0}^{n} f(\widehat{t_j^n})(t_{j+1}^n - t_j^n)\,. \qquad (1.22)$$

In der Tat, ist einerseits das Bochner–Integral der Treppenfunktionen (f_n) gleich der Summe auf der rechten Seite in (1.22) und andererseits ergibt sich aus (1.21) mithilfe des Satzes von der majorisierten Konvergenz A.11.10, angewendet auf $(\|f_n(\cdot) - f(\cdot)\|_X)$, dass (f_n) die Bedingung (1.5) erfüllt.

2.1.1 Bochner–Räume

Das Bochner–Integral ist analog zum Lebesgue–Integral definiert. Man kann deshalb viele Resultate für Lebesgue–Integrale auf Bochner–Integrale übertragen, wobei die obigen Sätze, die einen Zusammenhang zwischen dem Bochner– und dem Lebesgue–Integral herstellen, nützlich sind. Wir wollen dies an einigen Beispielen illustrieren.

1.23 Definition. *Wir bezeichnen mit*

$$L^p(S; X)\,, \qquad 1 \le p < \infty\,,$$

die Menge aller Bochner-messbaren Funktionen $f \colon S \to X$, für die gilt:

$$\int_S \|f(s)\|_X^p\, ds < \infty\,.$$

Die Menge aller Bochner-messbaren Funktionen $f \colon S \to X$, für die eine Konstante M existiert, so dass für fast alle $s \in S$ gilt:

$$\|f(s)\|_X \le M\,,$$

bezeichnen wir mit $L^\infty(S; X)$.

1.24 Satz. *Die Menge $L^p(S;X), 1 \leq p \leq \infty$, bildet einen Banachraum bezüglich der Norm*

$$\|f\|_{L^p(S;X)} := \left(\int\limits_S \|f(s)\|_X^p \, ds \right)^{\frac{1}{p}}, \quad 1 \leq p < \infty,$$

bzw.

$$\|f\|_{L^\infty(S;X)} := \operatorname*{ess\,sup}_{s \in S} \|f(s)\|_X.$$

Die Banachräume $L^p(S;X)$, $1 \leq p \leq \infty$, werden als **Bochner–Räume** *bezeichnet.*

Beweis. Die Eigenschaften der Norm sind leicht nachzurechnen. Die Vollständigkeit der Räume $L^p(S;X)$ kann wie folgt auf die Vollständigkeit der Räume $L^p(S;\mathbb{R})$ zurückgeführt werden: Für eine Cauchy–Folge (f_n) in $L^p(S;X)$, d.h.

$$\|f_n - f_k\|_{L^p(S;X)}^p = \int\limits_S \|f_n(s) - f_k(s)\|_X^p \, ds \to 0 \qquad (n, k \to \infty),$$

impliziert die Dreiecksungleichung in X, dass die Folge der Funktionen $\big(\|f_n(\cdot)\|_X\big)$ eine Cauchy–Folge in $L^p(S;\mathbb{R})$ ist. Nun kann man dem Beweis im Falle von $L^p(S;\mathbb{R})$ folgen (cf. [2, Satz 1.16], [15, Satz IV.1.11]). ∎

1.25 Lemma. *Für $1 \leq p < \infty$ gilt:*

(i) *Die Menge der Treppenfunktionen (cf. Definition 1.1) ist dicht in $L^p(S;X)$.*

(ii) *Sei $I \subseteq \mathbb{R}$ ein beschränktes Intervall. Dann ist der Raum $C(\overline{I};X)$ (cf. Abschnitt 2.2) dicht in $L^p(I;X)$.*

Beweis. ad (i): Dies haben wir im Falle von $p = 1$ bereits im Teil 2 des Beweises des Satzes von Bochner 1.13 gezeigt. Der allgemeine Fall folgt völlig analog.

ad (ii): Für jedes $f \in L^p(I;X)$ existieren nach (i) Treppenfunktionen

$$g(s) = \sum_{i=1}^{M} \chi_{B_i}(s)\, x_i \,,$$

mit B_i paarweise disjunkt und $x_i \in X$, $i = 1, \ldots, M$, die f in $L^p(I;X)$ beliebig genau approximieren. Aufgrund der Eigenschaften des Lebesgue–Maßes (cf. A.11.2) kann man jede der Mengen B_i, $i = 1, \ldots, M$, beliebig genau durch kompakte Teilmengen $K_i \subseteq B_i$ im Maß approximieren. Somit approximiert

$$h(s) := \sum_{i=1}^{M} \chi_{K_i}(s)\, x_i$$

die Funktion g in $L^p(I; X)$ beliebig genau. Da die Mengen K_i paarweise disjunkt und abgeschlossen sind, kann man sie durch paarweise disjunkte Gitterfiguren $F(K_i) \supset K_i$ im Maß approximieren. Somit approximiert die Funktion $w(s) := \sum_{i=1}^{M} \chi_{F(K_i)}(s) x_i$ die Funktion h in $L^p(I; X)$ beliebig genau. Aufgrund der Konstruktion der Gitterfiguren haben wir also gezeigt, dass Treppenfunktionen der Form

$$\sum_{i=1}^{N} \chi_{I_i}(s) x_i \,,$$

wobei I_i, $i = 1, \ldots, N$, paarweise disjunkte, endliche, abgeschlossene Intervalle sind, dicht in $L^p(I; X)$ sind. Solche Treppenfunktionen wiederum sind bzgl. der $L^p(I; X)$–Norm beliebig genau durch stückweise lineare, stetige Funktionen approximierbar. Somit ist $C(\overline{I}; X)$ dicht in $L^p(I; X)$.   ∎

1.26 Beispiel. Zur Illustration wollen wir für ein beschränktes Gebiet $\Omega \subseteq \mathbb{R}^d$ und ein beschränktes Intervall $I = [0, T]$ den Raum $L^p(Q_T)$ betrachten, wobei $Q_T := I \times \Omega$ und $1 \leq p < \infty$. Für $f \in L^p(Q_T)$ erhalten wir mithilfe des Satzes von Fubini A.11.16, dass für fast alle $t \in I$ die Funktion

$$f(t) \colon \Omega \to \mathbb{R} \colon x \mapsto f(t, x) \,,$$

zum Raum $L^p(\Omega)$ gehört und die Formel

$$\|f\|_{L^p(Q_T)}^p = \int_0^T \int_\Omega |f(t, x)|^p \, dx \, dt = \int_0^T \|f(t)\|_{L^p(\Omega)}^p \, dt \,, \qquad (1.27)$$

gilt. Aus dem Satz von Bochner 1.13 folgt dann insbesondere, dass die Funktion

$$f \colon I \to L^p(\Omega) \colon t \mapsto f(t)$$

zum Raum $L^p(I; L^p(\Omega))$ gehört, falls $f \colon I \to L^p(\Omega)$ Bochner-messbar ist. Da $f \in L^p(Q_T)$, existieren Treppenfunktionen $f_n(t, x) = \sum_{i=1}^{K(n)} \alpha_i^n \chi_{A_i^n}(t, x)$, mit $A_i^n \subseteq Q_T$, die in $L^p(Q_T)$ gegen f konvergieren. Analog zur Konstruktion im Beweis von Lemma 1.25 (ii) zeigt man, dass man $f \in L^p(Q_T)$ auch durch Treppenfunktionen $g_n(t, x) = \sum_{j=1}^{N(n)} \sum_{k=1}^{M(n)} \chi_{I_j^n}(t) \, \alpha_{j,k}^n \, \chi_{B_k^n}(x)$ in $L^p(Q_T)$ approximieren kann. Die Funktionen g_n definieren offensichtlich Treppenfunktionen $\tilde{g}_n(t) := \sum_{j=1}^{N(n)} \chi_{I_j^n}(t) \, u_j^n$, wobei $u_j^n := \sum_{k=1}^{M(n)} \alpha_{j,k}^n \chi_{B_k^n} \in L^p(\Omega)$. Da die Folge (g_n) in $L^p(Q_T)$ gegen f konvergiert, folgt aus (1.27) und den Eigenschaften des Lebesgue–Integrals, dass es eine Teilfolge gibt mit $\tilde{g}_n(s) \to f(s)$ in $L^p(\Omega)$ für fast alle $s \in I$. Somit ist $f \colon I \to L^p(\Omega)$ Bochner-messbar und wir haben gezeigt: $L^p(Q_T) \subseteq L^p(I; L^p(\Omega))$.

Umgekehrt, sei $f \in L^p(I; L^p(\Omega))$. Lemma 1.25 (i) liefert die Existenz einer Folge von Treppenfunktionen (f_n) der Form

$$f_n(t, x) = \sum_{i=1}^{N(n)} \chi_{B_i^n}(t) \, u_i^n(x) \,,$$

wobei $B_i^n \subseteq I$, $i = 1, \ldots, N(n)$, paarweise disjunkte Lebesgue-messbare Mengen und u_i^n, $i = 1, \ldots, N(n)$, Elemente aus $L^p(\Omega)$ sind, so dass

$$f_n \to f \text{ in } L^p(I; L^p(\Omega)) \qquad (n \to \infty). \tag{1.28}$$

Die so definierten Funktionen $f_n \colon Q_T \to \mathbb{R}$, sind offensichtlich Lebesgue-messbar und gehören zum Raum $L^p(Q_T)$. Aufgrund von (1.28) und der Gleichheit der Normen in $L^p(Q_T)$ und in $L^p(I; L^p(\Omega))$ (cf. (1.27)) erhalten wir, dass (f_n) eine Cauchy–Folge in $L^p(Q_T)$ ist. Da der Raum $L^p(Q_T)$ vollständig ist (cf. Abschnitt A.12.2), besitzt die Folge (f_n) einen Grenzwert in $L^p(Q_T)$, der, aufgrund von (1.28) und $L^p(Q_T) \subseteq L^p(I; L^p(\Omega))$, mit f übereinstimmen muss. Somit gilt auch: $L^p(I; L^p(\Omega)) \subseteq L^p(Q_T)$.

Insgesamt haben wir somit

$$L^p(Q_T) = L^p(I; L^p(\Omega))$$

gezeigt.

Weitere Beispiele für Bochner–Räume werden wir kennenlernen, wenn wir uns mit Evolutionsproblemen beschäftigen (cf. Abschnitte 3.2.4, 3.2.5).

1.29 Satz (Hölder–Ungleichung). *Sei $f \in L^p(S; X)$, $g \in L^{p'}(S; X^*)$, wobei X^* der Dualraum von X ist, $1 \leq p \leq \infty$ und p' der duale Exponent ist, d.h. $\frac{1}{p} + \frac{1}{p'} = 1$.[1] Dann ist $\langle g(\cdot), f(\cdot) \rangle_X \in L^1(S; \mathbb{R})$ und es gilt:*

$$\left| \int_S \langle g(s), f(s) \rangle_X \, ds \right| \leq \|g\|_{L^{p'}(S; X^*)} \|f\|_{L^p(S; X)}.$$

Beweis. Seien (f_n), (g_n) Folgen von Treppenfunktionen, so dass für fast alle $s \in S$ gilt:

$$f_n(s) \to f(s) \text{ in } X, \quad g_n(s) \to g(s) \text{ in } X^* \qquad (n \to \infty).$$

Somit gilt für fast alle $s \in S$:

$$\langle g_n(s), f_n(s) \rangle_X \to \langle g(s), f(s) \rangle_X \qquad (n \to \infty),$$

d.h. auch die Funktion $\langle g(\cdot), f(\cdot) \rangle_X$ ist Lebesgue-messbar. Aus Lemma 1.7 und den Voraussetzungen an f und g folgt $\|f(\cdot)\|_X \in L^p(S; \mathbb{R})$ und $\|g(\cdot)\|_{X^*} \in L^{p'}(S; \mathbb{R})$. Die Hölder–Ungleichung für Funktionen mit Werten in $\mathbb{R}$ (cf. Lemma A.12.7) liefert also $\|g(\cdot)\|_{X^*} \|f(\cdot)\|_X \in L^1(S; \mathbb{R})$ und somit auch $\langle g(\cdot), f(\cdot) \rangle_X \in L^1(S; \mathbb{R})$. Weiterhin gilt

$$\left| \int_S \langle g(s), f(s) \rangle_X \, ds \right| \leq \int_S \|g(s)\|_{X^*} \|f(s)\|_X \, ds$$

$$\leq \|g\|_{L^{p'}(S; X^*)} \|f\|_{L^p(S; X)},$$

---

[1] Wir benutzen die Konvention, dass sowohl $p = 1, p' = \infty$ als auch $p = \infty, p' = 1$ in der Identität $\frac{1}{p} + \frac{1}{p'} = 1$ enthalten sind.

wiederum aufgrund der Hölder–Ungleichung für Funktionen mit Werten in $\mathbb{R}$ (cf. Lemma A.12.7). ∎

1.30 Satz (Rieszscher Darstellungssatz). *Sei X ein reflexiver, separabler Banachraum und $1 \leq p < \infty$. Dann besitzt jedes Funktional $F \in \left(L^p(S;X)\right)^*$ genau eine Darstellung der Form*

$$\langle F, u \rangle_{L^p(S;X)} = \int_S \langle v(s), u(s) \rangle_X \, ds =: \langle Rv, u \rangle_{L^p(S;X)} \ \forall u \in L^p(S;X), \quad (1.31)$$

wobei $v \in L^{p'}(S;X^*)$, $\frac{1}{p} + \frac{1}{p'} = 1$, und es gilt:

$$\|F\|_{(L^p(S;X))^*} = \|v\|_{L^{p'}(S;X^*)}.$$

Umgekehrt definiert jedes $v \in L^{p'}(S;X^*)$ durch obige Darstellung (1.31) ein stetiges lineares Funktional Rv auf $L^p(S;X)$. Somit ist der Rieszoperator $R: L^{p'}(S;X^*) \to \left(L^p(S;X)\right)^*$ ein isometrischer Isomorphismus.

Beweis. Der sehr technische Beweis verläuft analog zum Beweis reellwertiger Funktionen $f: S \to \mathbb{R}$ (cf. [15, Kapitel 4]). ∎

1.32 Satz. *Sei X ein reflexiver, separabler Banachraum und $1 < p < \infty$. Dann ist der Bochner-Raum $L^p(S;X)$ reflexiv.*

Beweis. Es ist zu zeigen, dass die kanonische Isometrie $i : L^p(S;X) \to L^p(S;X)^{**}$: $u \mapsto iu$, gegeben durch

$$\langle iu, f \rangle_{(L^p(S;X))^*} := \langle f, u \rangle_{L^p(S;X)},$$

surjektiv ist. Da X reflexiv ist, ist die kanonische Isometrie $i_X : X \to X^{**}$ surjektiv und lässt sich zu einer surjektiven Isometrie

$$i_X : L^p(S;X) \to L^p(S;X^{**}): u \mapsto i_X u,$$

wobei $(i_X u)(t) := i_X(u(t))$, $t \in S$, fortsetzen. Diese letzte Behauptung (insbesondere die Bochner-Messbarkeit der induzierten Funktionen $i_X u$ (cf. Diskussion in Abschnitt 3.2.4 und Lemma 3.2.51)) folgt aus der Identität

$$\|u(t)\|_X = \|i_X(u(t))\|_{X^{**}} = \|(i_X u)(t)\|_{X^{**}}.$$

Der Rieszsche Darstellungssatz 1.30 besagt, dass der Rieszoperator $R_X: L^{p'}(S;X^*) \to \left(L^p(S;X)\right)^*$: $v \mapsto R_X v$, definiert in (1.31), ein Isomorphismus ist, d.h. R_X ist linear, stetig und bijektiv mit stetiger Inverse. Insbesondere sind also auch die Inverse $R_X^{-1} : \left(L^p(S;X)\right)^* \to L^{p'}(S;X^*)$ und der zu R_X^{-1} adjungierte Operator $(R_X^{-1})^* : \left(L^{p'}(S;X^*)\right)^* \to \left(L^p(S;X)\right)^{**}$ Isomorphismen. Der Rieszsche Darstellungssatz 1.30, angewendet mit p' und X^*, sowie $L^{(p')'}(S;(X^*)^*) = L^p(S;X^{**})$ liefern, dass der Rieszoperator

$R_{X^*} : L^{(p')'}(S; (X^*)^*) \to \left(L^{p'}(S; X^*)\right)^*$ ein Isomorphismus ist. Wir können nun zeigen, dass $\hat{\imath}$ surjektiv ist. Sei $F \in \left(L^p(S; X)\right)^*$ und $u \in L^p(S; X)$. Da R_X surjektiv ist, existiert $f \in L^{p'}(S; X^*)$ mit $F = R_X f$ und es gilt

$$\langle \hat{\imath}u, F \rangle_{(L^p(S;X))^*} = \langle F, u \rangle_{L^p(S;X)} = \langle R_X f, u \rangle_{L^p(S;X)}$$

$$= \int_S \langle f(t), u(t) \rangle_X \, dt$$

$$= \int_S \langle (\hat{\imath}_X u)(t), f(t) \rangle_{X^*} \, dt$$

$$= \langle R_{X^*}(\hat{\imath}_X u), R_X^{-1} F \rangle_{L^{p'}(S;X^*)}$$

$$= \left\langle \left((R_X^{-1})^* \circ R_{X^*} \circ \hat{\imath}_X\right) u, F \right\rangle_{(L^p(S;X))^*}.$$

Damit ist $\hat{\imath} = (R_X^{-1})^* \circ R_{X^*} \circ \hat{\imath}_X$ als Verkettung von Isomorphismen selbst ein Isomorphismus. Insbesondere ist $\hat{\imath}$ also surjektiv.   ∎

1.33 Satz. *Sei X ein separabler, reflexiver Banachraum und $1 \leq p < \infty$. Dann ist der Bochner–Raum $L^p(S; X)$ separabel.*

Beweis. Der Beweis verläuft ähnlich wie im Fall klassischer Lebesguéräume (cf. [15]).   ∎

2.2 Differentiation von Funktionen mit Werten in Banachräumen

Bevor wir uns mit Ableitungen von Funktionen mit Werten in Banachräumen beschäftigen, wollen wir an die Definition des Raumes stetiger Funktionen erinnern. Seien X, Y Banachräume und sei $U \subseteq X$. Die Menge aller stetigen Funktionen $f \colon U \to Y$ (cf. Abschnitt A.1) bezeichnen wir mit $C(U; Y)$, welche in natürlicher Weise einen Vektorraum bildet. Man beachte, dass z.B. für offene Mengen U eine stetige Funktion $f \colon U \to Y$ *nicht* beschränkt sein muss. Falls man die Menge der beschränkten, stetigen Funktionen $C_b(U; Y)$ mit der kanonischen Norm

$$\|f\|_0 := \sup_{x \in U} \|f(x)\|_Y$$

versieht, ist

$$(C_b(U; Y), \| \cdot \|_0) := (\{f \in C(U; Y) \mid \|f\|_0 < \infty\}, \| \cdot \|_0)$$

ein Banachraum. Dies beweist man analog zum Fall reellwertiger Funktionen. Im Falle einer *kompakten* Menge $U \subseteq X$ haben wir $C_b(U; Y) = C(U; Y)$.

Die Konvergenz einer Folge (f_n) von Funktionen aus $C_b(U; Y)$ bezüglich der Norm $\| \cdot \|_0$ ist nichts anderes als die auf U gleichmäßige Konvergenz von f_n gegen f im Banachraum Y.

Im Folgenden werden wir die Bezeichnung $f\colon U \subseteq X \to Y$ benutzen, um anzuzeigen, dass der *Definitionsbereich* $D(f) := U$ der Abbildung $f\colon U \to Y$ eine Teilmenge der Menge X ist.

2.1 Definition. *Seien X, Y Banachräume, sei $V(x_0)$ eine Umgebung von $x_0 \in X$ und seien $f\colon V(x_0) \subseteq X \to Y$ und $h \in X$ gegeben. Falls die Abbildung $\varphi\colon (-\delta, \delta) \subseteq \mathbb{R} \to Y$, wobei $\delta > 0$ geeignet gewählt ist, definiert durch*

$$\varphi(t) := f(x_0 + th)\,,$$

in $t = 0$ differenzierbar ist, d.h.

$$\varphi'(0) = \lim_{t \to 0} \frac{f(x_0 + th) - f(x_0)}{t} \in Y\,, \qquad (2.2)$$

sagen wir, dass f im Punkt x_0 eine **Ableitung in Richtung** *h besitzt. In diesem Fall setzen wir $\delta f(x_0, h) := \varphi'(0)$. Falls $\delta f(x_0, h)$ für alle $h \in X$ existiert und die Abbildung*

$$Df(x_0)\colon X \to Y : h \mapsto \delta f(x_0, h)$$

stetig und linear ist, sagen wir, dass f im Punkt x_0 **Gâteaux-differenzierbar** *ist und nennen $Df(x_0)$ die* **Gâteaux–Ableitung** *von f im Punkt x_0.*

Bemerkung. (i) Die Definition 2.1 stimmt im Fall von $X = \mathbb{R}^d$, $Y = \mathbb{R}^m$ mit der Definition der Richtungsableitung reeller vektorwertiger Funktionen überein. Insbesondere gilt im Falle $m = 1$:

$$\delta f(x_0, \mathbf{e}_i) = \partial_i f(x_0)\,,$$

wobei $\mathbf{e}_i$, $i = 1, \ldots, d$, die kanonische Orthonormalbasis des $\mathbb{R}^d$ ist.

(ii) Falls $\delta f(x_0, h)$ existiert, ist f im Punkt x_0 stetig in Richtung h, d.h.

$$\lim_{t \to 0} f(x_0 + th) = f(x_0)\,.$$

Indem wir die Bezeichnung $r(x) = o(\|x\|_X)$ einführen, können wir die Definition der Gâteaux–Ableitung umschreiben. Wir definieren für eine Funktion $r\colon X \to Y$:

$$r(x) = o(\|x\|_X) \qquad \Longleftrightarrow \qquad \frac{\|r(x)\|_Y}{\|x\|_X} \to 0 \qquad (x \to 0 \text{ in } X)$$

$$r(x) = o(1) \qquad \Longleftrightarrow \qquad \frac{\|r(x)\|_Y}{1} \to 0 \qquad (x \to 0 \text{ in } X)\,.$$

Damit schreibt sich die Bedingung (2.2) in Definition 2.1 wie folgt:

$$f(x_0 + th) - f(x_0) = \varphi'(0)\, t + o(t)\,.$$

2.3 Satz (Mittelwertsatz). *Seien X, Y Banachräume und seien $x_0, h \in X$ gegeben. Ferner sei $f \colon X \to Y$ für $0 \leq t \leq 1$ in $f(x_0 + th)$ Gâteaux-differenzierbar. Dann gilt:*

$$\|f(x_0 + h) - f(x_0)\|_Y \leq \sup_{t \in [0,1]} \|Df(x_0 + th)h\|_Y , \qquad (2.4)$$

$$\|f(x_0 + h) - f(x_0) - Df(x_0)h\|_Y \leq \sup_{t \in [0,1]} \|Df(x_0 + th)h - Df(x_0)h\|_Y . \quad (2.5)$$

Beweis. Für gegebene Elemente $y^* \in Y^*$ und $h \in X$ definieren wir Funktionen $g \colon [0,1] \to Y$ und $\ell \colon [0,1] \to \mathbb{R}$ durch

$$g(t) := f(x_0 + th), \qquad \ell(t) := \langle y^*, g(t) \rangle_Y .$$

Aufgrund der Voraussetzungen sind beide Funktionen für $t \in (0,1)$ differenzierbar und es gilt:

$$g'(t) = Df(x_0 + th)h, \qquad \ell'(t) = \langle y^*, g'(t) \rangle_Y .$$

Der Mittelwertsatz in $\mathbb{R}$, angewendet auf die Funktion ℓ, liefert, dass es ein $t_0 = t_0(y^*) \in (0,1)$ gibt mit

$$\ell(1) - \ell(0) = \ell'(t_0) .$$

Unter Benutzung der Definitionen von ℓ und g erhalten wir

$$\begin{aligned}
\langle y^*, f(x_0 + h) - f(x_0) \rangle_Y &= \langle y^*, Df(x_0 + t_0 h)h \rangle_Y \\
&\leq \|y^*\|_{Y^*} \sup_{t \in [0,1]} \|Df(x_0 + th)h\|_Y .
\end{aligned}$$

Mithilfe der Normformel (cf. Lemma A.7.3 (ii)) folgt daraus (2.4). Wenn man (2.4) auf die Funktion $x \mapsto f(x) - Df(x_0)(x - x_0)$ anwendet und die Linearität der Gâteaux–Ableitung beachtet, erhält man (2.5). $\blacksquare$

2.6 Definition. *Seien X, Y Banachräume und sei $f \colon B_r(x_0) \subseteq X \to Y$ eine Funktion. Dann ist f **Fréchet-differenzierbar** im Punkt $x_0 \in X$ genau dann, wenn eine stetige lineare Abbildung $A \colon X \to Y$ existiert, so dass*

$$f(x_0 + h) - f(x_0) = Ah + o(\|h\|_X), \qquad (h \to 0) .$$

*Wenn diese Abbildung existiert, nennen wir sie **Fréchet–Ableitung** von f in x_0 und bezeichnen sie mit $f'(x_0) := A$.*

Bemerkung. Wenn die Funktion $f \colon B_r(x_0) \subseteq X \to Y$ an der Stelle x_0 eine Fréchet–Ableitung besitzt, dann ist f an der Stelle x_0 stetig.

Die Funktion $f\colon U \subseteq X \to Y$ heißt **stetig differenzierbar** im Punkt $x_0 \in U$, falls in einer Umgebung $V(x_0) \subseteq U$ von x_0 die Fréchet–Ableitung

$$f'\colon V(x_0) \subseteq X \to L(X,Y)\colon x \mapsto f'(x)$$

existiert und im Punkt x_0 stetig ist. Hierbei bezeichnet $L(X,Y)$ den Raum der stetigen linearen Abbildungen $A\colon X \to Y$, der, mit der kanonischen Operatornorm

$$\|A\|_{L(X,Y)} := \sup_{\|x\|_X \leq 1} \|Ax\|_Y$$

versehen, einen Banachraum bildet (cf. Abschnitt A.6). Wenn f in jedem Punkt einer *offenen* Menge $U \subseteq X$ stetig differenzierbar ist, schreiben wir $f \in C^1(U;Y)$.

Seien $U \subseteq X$ und $V \subseteq Y$ offene Teilmengen der Banachräume X und Y. Eine Funktion $f\colon U \to V$ heißt **Diffeomorphismus** von U auf V genau dann, wenn f bijektiv ist und sowohl $f \in C^1(U;Y)$ als auch $f^{-1} \in C^1(V;X)$ gelten.

2.7 Satz. *Seien X,Y Banachräume. Dann gilt für $f\colon X \to Y$:*

(i) *Ist f im Punkt x_0 Fréchet-differenzierbar, dann ist f in x_0 Gâteaux-differenzierbar und für alle $h \in X$ gilt*

$$f'(x_0)h = Df(x_0)h = \delta f(x_0,h)\,.$$

(ii) *Ist f Gâteaux-differenzierbar in einer Umgebung $U(x_0)$ und $Df(x)$ stetig in x_0, dann ist f Fréchet-differenzierbar in x_0.*

Beweis. ad (i): Wenn wir in der Definition der Fréchet–Ableitung h als $t\tilde{h}$, $\tilde{h}$ fest, aber beliebig, wählen erhalten wir

$$\frac{f(x_0 + t\tilde{h}) - f(x_0)}{t} = f'(x_0)\tilde{h} + o(1) \qquad (t \to 0)\,.$$

Der Grenzübergang $t \to 0$ liefert die Behauptungen.

ad (ii): Mithilfe von (2.5) ergibt sich für genügend kleine $h \in X$

$$
\begin{aligned}
\|f(x_0+h)-f(x_0) - Df(x_0)h\|_Y &\leq \sup_{t\in[0,1]} \big\|Df(x_0 + th)h - Df(x_0)h\big\|_Y \\
&\leq \sup_{t\in[0,1]} \big\|Df(x_0 + th) - Df(x_0)\big\|_{L(X,Y)} \|h\|_X \\
&= o(\|h\|_X)\,,
\end{aligned}
$$

da Df stetig in x_0 ist. Also ist f im Punkt x_0 Fréchet-differenzierbar. ■

Auch das Analogon der Ketten- und Produktregel reeller vektorwertiger Funktionen gilt für Funktionen mit Werten in Banachräumen. Doch wir müssen zunächst einmal klären, was ein Produkt ist.

2.8 Definition. *Seien X, Y und W Banachräume. Wir nennen eine Abbildung $B\colon X \times Y \to W$ ein **Produkt**, wenn B folgende Bedingungen erfüllt:*

(i) *B ist bilinear, d.h. $B(\cdot, \cdot)$ ist linear in beiden Komponenten,*

(ii) *B ist stetig, d.h. es existiert eine Konstante $c > 0$, so dass für alle $x \in X$ und alle $y \in Y$ gilt:*

$$\|B(x,y)\|_W \le c \, \|x\|_X \|y\|_Y \,.$$

2.9 Satz (Ketten– und Produktregel). *Seien X, Y, W, Z Banachräume.*

(i) *Seien $U \subseteq X$, $V \subseteq Y$ offene Mengen und seien $f \in C^1(U; Y)$ und $g \in C^1(V; Z)$ derart, dass $f(U) \subseteq V$. Dann ist $g \circ f \in C^1(U; Z)$ und es gilt:*

$$(g \circ f)'(x) = g'\big(f(x)\big) \circ f'(x) \,. \tag{2.10}$$

(ii) *Sei $U \subseteq X$ offen. Die Funktionen $f\colon U \to Y$ und $g\colon U \to Z$ seien in U Fréchet-differenzierbar und $B\colon Y \times Z \to W$ sei ein Produkt. Dann ist die Funktion $p\colon U \to W\colon x \mapsto B(f(x), g(x))$ Fréchet-differenzierbar und es gilt für alle $h \in X$:*

$$p'(x)h = B(f'(x)h, g(x)) + B(f(x), g'(x)h) \,.$$

Beweis. ad (i): Nach Voraussetzung ist g in $y := f(x)$ Fréchet-differenzierbar, d.h.

$$g(y + k) = g(y) + g'(y)k + \|k\|_Y \, r_1(k) \,,$$

wobei $r_1(k) \to 0$ in Z für $k \to 0$ in Y. Wir wählen

$$k = k(h) = f(x + h) - f(x) = f'(x)h + \|h\|_X \, r_2(h) \,,$$

wobei $r_2(h) \to 0$ in Y für $h \to 0$ in X, was aufgrund der Fréchet–Differenzierbarkeit von f in x gilt. Insgesamt erhalten wir dann

$$g(f(x + h)) = g(f(x)) + g'(f(x))f'(x)h + r(h) \,,$$

wobei für $r(h) := g'(f(x))\|h\|_X \, r_2(h) + \big\|f'(x)h + \|h\|_X \, r_2(h)\big\|_Y \, r_1(k(h))$ gilt:

$$
\frac{\|r(h)\|_Z}{\|h\|_X} \le \big\|g'(f(x)) \, r_2(h)\big\|_Z + \frac{\big\|f'(x)h + \|h\|_X \, r_2(h)\big\|_Y \|r_1(k(h))\|_Z}{\|h\|_X}
$$

$$
\le \big\|g'(f(x))\big\|_{L(Y,Z)} \big\|r_2(h)\big\|_Y
$$

$$
+ \big(\|f'(x)\|_{L(X,Y)} + \|r_2(h)\|_Y\big)\|r_1(k(h))\|_Z \,.
$$

Unter Beachtung von $k(h) \to 0$ in Y für $h \to 0$ in X und $r_1(k) \to 0$ in Z für $k \to 0$ in Y sowie $r_2(h) \to 0$ in Y für $h \to 0$ in X erhalten wir $r(h) = o(\|h\|_X)$ für $h \to 0$ in X. Somit ist die Kettenregel (2.10) bewiesen. Aufgrund der Eigenschaften von f, g folgt sofort, dass $g \circ f \in C^1(U; Z)$.

ad (ii): Sei $h \in X$. Dann gilt nach Voraussetzung:

$$f(x + h) = f(x) + f'(x)h + \|h\|_X \, r_1(h) \,,$$
$$g(x + h) = g(x) + g'(x)h + \|h\|_X \, r_2(h) \,,$$

wobei $r_1(h) \to 0$ in Y, $r_2(h) \to 0$ in Z für $h \to 0$ in X. Wir betrachten nun

$$
\begin{aligned}
p(x + h) - p(x) &= B(f(x + h), g(x + h)) - B(f(x), g(x)) \\
&= B\big(f(x) + f'(x)h + \|h\|_X \, r_1(h), g(x) + g'(x)h + \|h\|_X \, r_2(h)\big) \\
&\quad - B(f(x), g(x)) \\
&= B(f(x), g'(x)h) + B(f(x), r_2(h))\|h\|_X \\
&\quad + B(f'(x)h, g(x)) + B\big(f'(x)h, g'(x)h + \|h\|_X \, r_2(h)\big) \\
&\quad + \|h\|_X B\big(r_1(h), g(x) + g'(x)h + \|h\|_X \, r_2(h)\big) \\
&=: B\big(f(x), g'(x)h\big) + B\big(f'(x)h, g(x)\big) + r(h) \,,
\end{aligned}
$$

wobei die Bilinearität von B benutzt wurde. Aufgrund der Stetigkeit von B und den Eigenschaften von r_1 und r_2 erhalten wir $r(h) = o(\|h\|_X)$ für $h \to 0$ in X. Es gilt z.B.

$$\big\|B\big(f(x), r_2(h)\big)\big\|_W \le c \, \|f(x)\|_Y \, \|r_2(h)\|_Z \to 0 \qquad \text{für } h \to 0 \text{ in } X \,.$$

Somit ist auch die Produktregel bewiesen.   ■

Bemerkungen. (i) Wenn die Funktion f in Behauptung (i) von Satz 2.9 nur Gâteaux-differenzierbar ist, dann ist die Komposition $g \circ f$ auch nur Gâteaux-differenzierbar und es gilt die Kettenregel:

$$D(g \circ f)(x) = Dg\big(f(x)\big) \circ Df(x) \,.$$

(ii) Wenn die Funktionen f, g in Behauptung (ii) von Satz 2.9 nur Gâteaux-differenzierbar sind, dann ist auch das Produkt $p = B(f, g)$ nur Gâteaux-differenzierbar und es gilt die Produktregel:

$$Dp(x)h = B(Df(x)h, g(x)) + B(f(x), Dg(x)h) \,.$$

• **Ableitungen höherer Ordnung:** Für eine Fréchet-differenzierbare Funktion $f \colon D(f) \subseteq X \to Y$ haben wir

$$f' \colon D(f') \subseteq X \to L(X, Y) \,.$$

Höhere Ableitungen erhalten wir, indem wir die Definition 2.6 iterieren, z.B. ist f'' dann eine Abbildung

$$f'' \colon D(f'') \subseteq X \to L\big(X, L(X, Y)\big) \,.$$

Wir sehen, dass die Bildräume der Ableitungen eine immer kompliziertere Struktur annehmen. Im Weiteren benutzen wir für die **n-te Ableitung** folgende Notation:

$$f^{(n)} \colon D(f^{(n)}) \times \underbrace{X \times \cdots \times X}_{n\text{-mal}} \to Y \colon (x, h_1, \ldots, h_n) \mapsto f^{(n)}(x, h_1, \ldots, h_n).$$

Wenn $h_i = h$ für alle $i = 1, \ldots, n$ ist, dann schreiben wir

$$f^{(n)}(x)h^n := f^{(n)}(x, \underbrace{h, \ldots, h}_{n\text{-mal}}).$$

Eine Funktion $f \colon X \to Y$ heißt **n-mal stetig differenzierbar** im Punkt x_0, falls die n-te Ableitung $f^{(n)}$ in einer Umgebung von x_0 definiert ist und im Punkt x_0 stetig ist. Wir schreiben $f \in C^n(U; Y)$, falls f in jedem Punkt der *offenen* Menge U n-mal stetig differenzierbar ist.

2.11 Satz (Taylor). *Sei $U \subseteq X$ offen, $f \in C^n(U; Y)$ und $x \in U$. Seien $x, h \in X$ so, dass $x + th \in U$ für alle $t \in [0,1]$ und existiere $f^{(n+1)}(x + th)$ für diese $x, h \in X$ und für alle $t \in [0,1]$. Dann gilt:*

$$f(x + h) = f(x) + f'(x)h + \ldots + \frac{1}{n!}f^{(n)}(x)h^n + R_{n+1}(x, h),$$

wobei $\|R_{n+1}(x, h)\|_Y \leq \sup_{\tau \in [0,1]} \|\frac{1}{(n+1)!}f^{(n+1)}(x + \tau h)h^{n+1}\|_Y$.

Beweis. Für beliebige $x, h \in X$, die die Voraussetzungen erfüllen, setzen wir $R_{n+1}(x, h) := f(x + h) - f(x) - f'(x)h - \ldots - \frac{1}{n!}f^{(n)}(x)h^n$. Für beliebige $y^* \in Y^*$ setzen wir $g(t) := \langle y^*, f(x + th)\rangle_Y \colon [0,1] \to \mathbb{R}$. Der Satz von Taylor in $\mathbb{R}$ liefert für ein $t_1 = t_1(y^*) \in [0,1]$ und $F_{n+1} := \frac{1}{(n+1)!}f^{(n+1)}(x + t_1 h)h^{n+1}$

$$\left\langle y^*, f(x + h) - f(x) - f'(x)h - \ldots - \frac{1}{n!}f^{(n)}(x)h^n \right\rangle_Y = \langle y^*, F_{n+1}\rangle_Y.$$

Mithilfe der Normformel (cf. Lemma A.7.3 (ii)) und der Definition von $R_{n+1}(x, h)$ folgt also

$$\|R_{n+1}(x, h)\|_Y = \sup_{\|y^*\|_{Y^*} \leq 1} \left\langle y^*, f(x + h) - f(x) - \sum_{k=1}^{n} \frac{1}{k!}f^{(k)}(x)h^k \right\rangle_Y$$

$$= \sup_{\|y^*\|_{Y^*} \leq 1} \left\langle y^*, \frac{1}{(n+1)!}f^{(n+1)}(x + t_1 h)h^{n+1} \right\rangle_Y$$

$$\leq \sup_{\tau \in [0,1]} \left\| \frac{1}{(n+1)!}f^{(n+1)}(x + \tau h)h^{n+1} \right\|_Y. \qquad \blacksquare$$

• **Partielle Ableitungen:** Für Banachräume X, Y und Z betrachten wir eine Funktion

$$f\colon X \times Y \to Z\colon (x,y) \mapsto f(x,y)\,.$$

Die **partiellen Ableitungen** von f sind analog zu den partiellen Ableitungen von Funktionen im $\mathbb{R}^d$ definiert. Wenn wir $y_0 \in Y$ festhalten, ist $F(\cdot) := f(\cdot, y_0)\colon X \to Z$ eine Funktion in einer Variablen $x \in X$. Falls F in x_0 eine Fréchet–Ableitung besitzt, definieren wir die partielle (Fréchet–) Ableitung von f nach x durch:

$$(\partial_1 f)(x_0, y_0) := F'(x_0)\,.$$

Analog kann man $x_0 \in X$ festhalten und mithilfe von $G(\cdot) := f(x_0, \cdot)\colon Y \to Z$ die partielle (Fréchet-) Ableitung von f nach y definieren:

$$(\partial_2 f)(x_0, y_0) := G'(y_0)\,.$$

Falls nur Gâteaux–Ableitungen von F bzw. G existieren, definieren wir die partiellen Ableitungen von f analog als partielle (Gâteaux–) Ableitungen.

2.12 Satz. *Seien X, Y und Z Banachräume und $f\colon X \times Y \to Z$ eine Funktion.*

(i) *Falls die Fréchet–Ableitung $f'(x,y)$ existiert, so existieren auch die partiellen Fréchet–Ableitungen $\partial_1 f(x,y)$, $\partial_2 f(x,y)$ und es gilt für alle $h \in X$, $k \in Y$:*

$$f'(x,y)(h,k) = \partial_1 f(x,y)h + \partial_2 f(x,y)k\,. \tag{2.13}$$

(ii) *Falls f in einer Umgebung von (x,y) partielle Fréchet–Ableitungen $\partial_1 f$, $\partial_2 f$ besitzt und diese stetig in (x,y) sind, so existiert die Fréchet–Ableitung $f'(x,y)$ und es gilt (2.13).*

(iii) *Die Funktion f ist in einer Umgebung von (x,y) stetig differenzierbar genau dann, wenn alle partiellen Fréchet–Ableitungen in einer Umgebung von (x,y) stetig sind.*

Beweis. ad (i): Da f in (x,y) Fréchet-differenzierbar ist, gilt für alle hinreichend kleinen $h \in X$, $k \in Y$:

$$f(x+h, y+k) = f(x,y) + f'(x,y)(h,k) + o(\|h\|_X + \|k\|_Y)\,.$$

Wenn man $h = 0$ bzw. $k = 0$ wählt, erhält man, aufgrund der Definition der Fréchet–Ableitung, sofort $\partial_1 f(x,y)h = f'(x,y)(h,0)$ und $\partial_2 f(x,y)k = f'(x,y)(0,k)$. Daraus folgt sofort (2.13).

ad (ii): Aus (2.5) folgt für alle hinreichend kleinen $h \in X$, $k \in Y$

$$\|f(x+h,y+k) - f(x,y) - \partial_1 f(x,y)h - \partial_2 f(x,y)k\|_Z$$

$$\leq \|f(x+h,y+k) - f(x,y+k) - \partial_1 f(x,y+k)h\|_Z$$

$$+ \|\partial_1 f(x,y+k)h - \partial_1 f(x,y)h\|_Z + \|f(x,y+k) - f(x,y) - \partial_2 f(x,y)k\|_Z$$

$$\leq \sup_{t \in [0,1]} \|\partial_1 f(x+th,y+k) - \partial_1 f(x,y+k)\|_{L(X,Z)} \|h\|_X$$

$$+ \|\partial_1 f(x,y+k) - \partial_1 f(x,y)\|_{L(X,Z)} \|h\|_X$$

$$+ \sup_{s \in [0,1]} \|\partial_2 f(x,y+sk) - \partial_2 f(x,y)\|_{L(Y,Z)} \|k\|_Y$$

$$\leq o(\|h\|_X + \|k\|_Y) \,,$$

wobei wir in der letzten Abschätzung die Stetigkeit der partiellen Ableitungen ausgenutzt haben. Also ist f in (x,y) Fréchet-differenzierbar.

ad (iii): Dies folgt sofort aus (i), (ii) und (2.13).   ∎

2.2.1 Satz über implizite Funktionen

Unser Ziel ist es, eine Verallgemeinerung des Satzes über implizite Funktionen, den wir für reellwertige Funktionen kennen, zu beweisen.

Für eine Funktion $F \colon X \times Y \to Z$ wollen wir die Gleichung

$$F(x,y) = 0$$

in einer Umgebung $U(x_0,y_0)$ lösen, wobei für (x_0,y_0) gilt $F(x_0,y_0) = 0$. Wir suchen also eine Abbildung $y \colon x \mapsto y(x)$, die in einer Umgebung von x_0 definiert ist, mit

$$F(x,y(x)) = 0 \,,$$

$$y(x_0) = y_0 \,.$$

2.14 Satz (über implizite Funktionen, Hildebrandt, Graves 1927). *Seien X, Y und Z Banachräume, $U(x_0,y_0) \subseteq X \times Y$ eine offene Umgebung von (x_0,y_0) und $F \colon U(x_0,y_0) \subseteq X \times Y \to Z$ eine Funktion mit $F(x_0,y_0) = 0$. Ferner existiere $\partial_2 F$ als Fréchet–Ableitung in $U(x_0,y_0)$, und es sei $(\partial_2 F)(x_0,y_0) \colon Y \to Z$ ein Isomorphismus. Außerdem seien F und $\partial_2 F$ in (x_0,y_0) stetig. Dann existieren $r_0, r > 0$ so, dass für alle $x \in X$, mit $\|x - x_0\|_X \leq r_0$, genau ein $y(x) \in Y$ existiert mit*

$$\|y(x) - y_0\|_Y \leq r \quad und \quad F(x,y(x)) = 0 \,.$$

Beweis. O.B.d.A. seien $x_0 = y_0 = 0$. Für jedes x mit hinreichend kleiner Norm formulieren wir ein zur Behauptung äquivalentes Fixpunktproblem, das mithilfe des Banachschen Fixpunktsatzes gelöst wird. Dazu setzen wir

$$g(x,y) := (\partial_2 F)(0,0)\, y - F(x,y) \,. \tag{2.15}$$

Die Abbildung $g(\cdot,\cdot)$ ist stetig in $(0,0)$, da F in $(0,0)$ stetig ist und $(\partial_2 F)(0,0)$ existiert. Weiterhin ist, für $\|x\|_X$ klein genug, die Abbildung $g(x,\cdot)$ stetig in einer Umgebung von 0, da $\partial_2 F$ als Fréchet–Ableitung in einer Umgebung von $(0,0)$ existiert. Die Gleichung $F(x,y(x)) = 0$ ist äquivalent zu folgender Gleichung:

$$y = \left((\partial_2 F)(0,0)\right)^{-1} g(x,y) =: T_x y\,. \tag{2.16}$$

In der Tat ist Gleichung (2.16) nichts anderes als

$$\begin{aligned}
y(x) &= \left(\partial_2 F(0,0)\right)^{-1}\left((\partial_2 F)(0,0)\, y(x) - F(x,y(x))\right)\\
&= y(x) - \left(\partial_2 F(0,0)\right)^{-1} F(x,y(x))\,.
\end{aligned}$$

Dies kann man offensichtlich als $F(x,y(x)) = 0$ schreiben, wobei die Bijektivität von $\partial_2 F(0,0)$ benutzt wird.

Für alle $\|x\|_X \le r_0$ und $\|y\|_Y \le r$, wobei $r, r_0 > 0$ klein genug sind, gilt:

$$(\partial_2 g)(x,y) = (\partial_2 F)(0,0) - (\partial_2 F)(x,y)\,,$$

insbesondere haben wir also:

$$(\partial_2 g)(0,0) = 0\,. \tag{2.17}$$

Da F und $\partial_2 F$ stetig in $(0,0)$ sind und $\partial_2 F$ in einer Umgebung von $(0,0)$ existiert, folgt mit der Taylor–Formel für $n = 0$ und $h = y - z$, mit $\|z\|_Y \le r$, sowie aus (2.17):

$$\begin{aligned}
\|g(x,y) - g(x,z)\|_Z &\le \sup_{0 \le \tau \le 1} \|(\partial_2 g)(x, z + \tau(y-z))\|_{L(Y,Z)}\, \|y - z\|_Y\\
&= o(1)\|y - z\|_Y\,, \qquad r \to 0, r_0 \to 0\,. \tag{2.18}
\end{aligned}$$

Dies, zusammen mit der Stetigkeit von g in $(0,0)$ und $g(0,0) = 0$, liefert:

$$\begin{aligned}
\|g(x,y)\|_Z &\le \|g(x,y) - g(x,0)\|_Z + \|g(x,0)\|_Z\\
&= o(1)\|y\|_Y + o(1)\,, \qquad r \to 0, r_0 \to 0\,. \tag{2.19}
\end{aligned}$$

Wir setzen $B_Y := \overline{B_r^Y(0)} = \{y \in Y \mid \|y\|_Y \le r\}$. Aus (2.19) erhalten wir für alle $y \in B_Y$ und alle $x \in \overline{B_{r_0}^X(0)} := \{x \in X \mid \|x\|_X \le r_0\}$

$$\begin{aligned}
\|T_x y\|_Y &\le \left\|\left((\partial_2 F)(0,0)\right)^{-1}\right\|_{L(Y,Z)} \|g(x,y)\|_Z\\
&\le c\left(o(1)\|y\|_Y + o(1)\right)\\
&\le r\,,
\end{aligned}$$

falls r_0 und r klein genug gewählt wurden. Deshalb bildet T_x die Menge B_Y in sich selbst ab, d.h. es gilt für alle $x \in \overline{B_{r_0}(0)}$:

$$T_x \colon B_Y \to B_Y\,.$$

Mithilfe von (2.18) erhalten wir

$$\|T_x y - T_x z\|_Y \leq \left\| \left(\partial_2 F(0,0) \right)^{-1} \right\|_{L(Y,Z)} \|g(x,y) - g(x,z)\|_Z$$
$$\leq c\, o(1) \|y - z\|_Y$$
$$\leq \frac{1}{2} \|y - z\|_Y \,,$$

wobei wir r eventuell noch kleiner wählen, d.h. T_x ist eine k-Kontraktion. Aufgrund des Banachschen Fixpunktsatzes 1.1.4 gilt dann für alle $x \in X$ mit $\|x\|_X \leq r_0$:

$$\exists!\, y \in Y \text{ mit } \|y\|_Y \leq r \text{ und } y = T_x y \,.$$

Dies ist äquivalent dazu, dass die Gleichung

$$F(x, y(x)) = 0$$

eine eindeutige Lösung $y(x) \in Y$ besitzt.   ∎

2.20 Folgerung. *Die Voraussetzungen von Satz 2.14 seien erfüllt.*

(i) *Falls die Funktion F in einer Umgebung von (x_0, y_0) stetig ist, dann ist die Funktion $y(\cdot)$ in einer Umgebung von x_0 stetig.*

(ii) *Falls $F \in C^1(U; Z)$, wobei U eine Umgebung von (x_0, y_0) ist, dann existiert eine Umgebung V von x_0, so dass $y \in C^1(V; Y)$ und es gilt in V:*

$$y'(x) = -\left((\partial_2 F)(x, y(x)) \right)^{-1} \left((\partial_1 F)(x, y(x)) \right) \,.$$

Beweis. O.B.d.A. seien $x_0 = y_0 = 0$.

ad (i): Falls F in einer Umgebung U von $(0,0)$ stetig ist, erhalten wir sofort, dass die Abbildung g (cf. (2.15)) in der Umgebung U von $(0,0)$ stetig ist. Aufgrund der Bijektivität und der Stetigkeit von $\partial_2 F(0,0)$ ist somit auch die Abbildung $(x,y) \mapsto T_x y$ in der Umgebung U von $(0,0)$ stetig. Also sind die Voraussetzungen von Folgerung 1.1.8 erfüllt und wir erhalten, dass $y(\cdot)$ in der Umgebung $U \cap B_{r_0}^X(0)$ von 0 stetig ist.

ad (ii): Aus der Voraussetzung folgt mit (i), dass y in einer Umgebung der 0 stetig ist. Somit ist F insbesondere in allen Punkten $(\tilde{x}, y(\tilde{x}))$, mit $\tilde{x}$ aus einer genügend kleinen Umgebung der 0, Fréchet-differenzierbar. Dies und Satz 2.12 (i) liefern

$$F(x, y(x)) = F(\tilde{x}, y(\tilde{x})) + (\partial_1 F)(\tilde{x}, y(\tilde{x}))(x - \tilde{x})$$
$$+ (\partial_2 F)(\tilde{x}, y(\tilde{x}))(y(x) - y(\tilde{x})) + o(\|x - \tilde{x}\|_X + \|y(x) - y(\tilde{x})\|_Y)$$

für $(x, y(x)) \to (\tilde{x}, y(\tilde{x}))$ in $X \times Y$. Wegen $F(\tilde{x}, y(\tilde{x})) = 0$ und $F(x, y(x)) = 0$ ergibt sich

$$0 = (\partial_1 F)(\tilde{x}, y(\tilde{x}))(x - \tilde{x}) + \partial_2 F(\tilde{x}, y(\tilde{x}))(y(x) - y(\tilde{x}))$$
$$+ r(x - \tilde{x}, y(x) - y(\tilde{x}))\big(\|x - \tilde{x}\|_X + \|y(x) - y(\tilde{x})\|_Y \big) \,,$$

(2.21)

mit $r(x - \tilde{x}, y(x) - y(\tilde{x})) \to 0$ in Z für $(x, y(x)) \to (\tilde{x}, y(\tilde{x}))$ in $X \times Y$. Da $\partial_2 F(0, 0)$ ein Isomorphismus ist und $\partial_2 F$ stetig in einer Umgebung von $(0, 0)$ ist (cf. Satz 2.12 (iii)), folgt für alle $\tilde{x}$ aus einer hinreichend kleinen Umgebung der 0, dass $\|\partial_2 F(\tilde{x}, y(\tilde{x})) - \partial_2 F(0, 0)\|_{L(Y,Z)} \| ((\partial_2 F)(0, 0))^{-1} \|_{L(Z,Y)} < 1$. Lemma A.6.1 liefert somit, dass $((\partial_2 F)(\tilde{x}, y(\tilde{x})))^{-1}$ für alle $\tilde{x}$ aus einer Umgebung W der 0 existiert und stetig ist. Aufgrund dieser Überlegungen können wir (2.21) für festes, aber beliebiges, $\tilde{x}$ nach $y(x) - y(\tilde{x})$ auflösen und erhalten

$$
\begin{aligned}
y(x) - y(\tilde{x}) &= -((\partial_2 F)(\tilde{x}, y(\tilde{x})))^{-1}((\partial_1 F)(\tilde{x}, y(\tilde{x}))(x - \tilde{x})) \\
&\quad + \tilde{r}(x - \tilde{x}, y(x) - y(\tilde{x}))(\|x - \tilde{x}\|_X + \|y(x) - y(\tilde{x})\|_Y),
\end{aligned}
\tag{2.22}
$$

mit geeignetem $\tilde{r}(x - \tilde{x}, y(x) - y(\tilde{x})) \to 0$ in Y für $(x, y(x)) \to (\tilde{x}, y(\tilde{x}))$ in $X \times Y$. Da y stetig im Punkt $\tilde{x}$ ist, ergibt sich $y(x) \to y(\tilde{x})$ für $x \to \tilde{x}$. Somit folgt aus (2.22), für genügend kleine $\|x - \tilde{x}\|_X$,

$$
\|y(x) - y(\tilde{x})\|_Y \le C \|x - \tilde{x}\|_X + \tfrac{1}{2}(\|x - \tilde{x}\|_X + \|y(x) - y(\tilde{x})\|_Y),
$$

mit $C := \sup_{\tilde{x} \in W} \|((\partial_2 F)(\tilde{x}, y(\tilde{x})))^{-1}((\partial_1 F)(\tilde{x}, y(\tilde{x})))\|_{L(X,Y)} < \infty$. Dies impliziert

$$
o(\|x - \tilde{x}\|_X + \|y(x) - y(\tilde{x})\|_Y) = o(\|x - \tilde{x}\|_X)
$$

und wir erhalten insgesamt

$$
y(x) = y(\tilde{x}) - ((\partial_2 F)(\tilde{x}, y(\tilde{x})))^{-1}((\partial_1 F)(\tilde{x}, y(\tilde{x}))(x - \tilde{x})) + o(\|x - \tilde{x}\|_X).
$$

Also ist y in allen Punkten $\tilde{x}$ aus einer kleinen Umgebung V der 0 Fréchet-differenzierbar und es gilt aufgrund der Definition der Fréchet–Ableitung:

$$
y'(\tilde{x}) = -((\partial_2 F)(\tilde{x}, y(\tilde{x})))^{-1}((\partial_1 F)(\tilde{x}, y(\tilde{x}))). \qquad \blacksquare
$$

Wenn man die Gleichung

$$
f(g(y)) = y
$$

nach g auflöst, bestimmt man die Inverse von f, d.h.

$$
g(y) = f^{-1}(y).
$$

Unter welchen Bedingungen dies möglich ist, zeigt der Satz über die inverse Funktion. In der Tat ist er eine Folgerung des Satzes über implizite Funktionen 2.14.

2.23 Satz (über die inverse Funktion). *Seien X, Y Banachräume und sei $U(x_0) \subseteq X$ eine offene Umgebung von $x_0 \in X$ und $f\colon U(x_0) \to Y$. Sei $f \in C^1(U(x_0); Y)$ und $f'(x_0)\colon X \to Y$ ein Isomorphismus. Dann ist f ein Homöomorphismus einer Umgebung $V(x_0) \subseteq U(x_0)$ auf eine Umgebung $W(f(x_0))$, und für die inverse Abbildung gilt $f^{-1} \in C^1(W; X)$ in einer Umgebung $W \subseteq W(f(x_0))$, sowie*

$$
(f^{-1})'(f(x)) = (f'(x))^{-1}, \quad x \in f^{-1}(W). \tag{2.24}
$$

Beweis. Für $s > 0$ setzen wir $U(f(x_0), x_0) := B_s^Y(f(x_0)) \times U(x_0) \subseteq Y \times X$ und betrachten die Abbildung $F \colon U(f(x_0), x_0) \subseteq Y \times X \to Y$ definiert durch

$$F(y, x) := y - f(x).$$

Auf diese Abbildung wollen wir den Satz über implizite Funktionen 2.14 und dessen Folgerung 2.20 anwenden. Offenbar ist $U(f(x_0), x_0)$ offen und $F(f(x_0), x_0) = 0$. Aufgrund der Voraussetzungen an f existiert für alle $(y, x) \in U(f(x_0), x_0)$

$$(\partial_2 F)(y, x) = -f'(x)$$

als Frechét–Ableitung, ist $(\partial_2 F)(f(x_0), x_0)$ ein Isomorphismus, und sind F und $\partial_2 F$ in $(f(x_0), x_0)$ stetig. Der Satz über implizite Funktionen 2.14 liefert dann die Existenz von $r, r_0 > 0$ so, dass für alle $y \in B_{r_0}^Y(f(x_0))$ genau ein $x = x(y) \in B_r^X(x_0)$ existiert mit

$$0 = F(y, x(y)) = y - f(x(y)),$$

d.h. $x(y) := f^{-1}(y)$ ist die gesuchte Inverse. Offenbar ist somit f eine Bijektion von $V(x_0) := f^{-1}(B_{r_0}^Y(f(x_0)))$ auf $W(f(x_0)) := B_{r_0}^Y(f(x_0))$. Da die Frechét–Ableitung f' in $V(x_0) \subseteq U(x_0)$ existiert, ist f dort auch stetig, und somit ist F in $B_{r_0}^Y(f(x_0)) \times V(x_0)$ stetig. Aus dem Beweis von Folgerung 2.20 (i) folgt, dass dann auch f^{-1} in $B_{r_0}^Y(f(x_0))$ stetig ist. Somit ist f ein Homöomorphismus von $V(x_0)$ auf $W(f(x_0))$.

Offenbar ist $F \in C^1(U(f(x_0), x_0), Y)$. Folgerung 2.20 (ii) liefert also, dass $f^{-1}(y) = x(y)$ in einer Umgebung von $f(x_0)$ stetig Fréchet-differenzierbar ist und dort

$$(f^{-1})'(y) = x'(y) = -\big((\partial_2 F)(y, x(y))\big)^{-1}\big((\partial_1 F)(y, x(y))\big) = \big(f'(x(y))\big)^{-1}.$$

gilt. Dies liefert für $y = f(x)$ sofort (2.24). ∎

3 Die Theorie monotoner Operatoren

In diesem Kapitel wollen wir folgendes elementare Resultat verallgemeinern:

Die Funktion $F\colon \mathbb{R} \to \mathbb{R}$ erfülle folgende Bedingungen:

(a) *F ist monoton wachsend,*

(b) *F ist stetig,*

(c) *F ist koerziv, d.h. $F(u) \to \pm\infty$ falls $u \to \pm\infty$.*

Dann besitzt die Gleichung

$$F(u) = b$$

für alle $b \in \mathbb{R}$ eine Lösung $u \in \mathbb{R}$.

Falls F strikt monoton ist, so ist die Lösung u eindeutig bestimmt. Dieser klassische Existenzsatz folgt aus dem Zwischenwertsatz für stetige Funktionen.

Die *Theorie monotoner Operatoren*, die dieses Resultat auf Gleichungen der Form

$$Au = b \tag{0.1}$$

in einem reflexiven Banachraum X verallgemeinert, beruht auf einigen grundlegenden Prinzipien und Tricks, die wir kurz veranschaulichen wollen. Da man sich hierbei leicht in technischen Details verlieren kann, gehen wir vorerst nicht auf diese ein.

Sei X ein separabler, reflexiver Banachraum, und sei der Operator $A\colon X \to X^*$

(a) ***monoton***, *d.h. für alle $u, v \in X$ gilt:*

$$\langle Au - Av, u - v\rangle_X \geq 0\,,$$

(b) ***hemistetig***, *d.h. die Abbildung*

$$t \to \langle A(u + tv), w\rangle_X$$

ist stetig im Intervall $[0, 1]$, für alle $u, v, w \in X$,

© Springer-Verlag GmbH Deutschland, ein Teil von Springer Nature 2020
M. Růžička, *Nichtlineare Funktionalanalysis*, Masterclass,
https://doi.org/10.1007/978-3-662-62191-2_3

(c) **koerziv**, d.h.

$$\lim_{\|u\|_X \to \infty} \frac{\langle Au, u \rangle_X}{\|u\|_X} = \infty \,,$$

dann besagt der Hauptsatz über monotone Operatoren, dass A surjektiv ist, d.h.

$$\forall \, b \in X^* \quad \exists \, u \in X : \qquad Au = b \,.$$

Der Beweis dieses Resultats besteht im Wesentlichen aus folgenden Schritten:

1. *Galerkin–Approximation*: Da X separabel ist, gibt es eine Basis $(w_i)_{i \in \mathbb{N}}$ von X, d.h. für $X_n := \mathrm{span}(w_1, \ldots, w_n)$ gilt:

$$X = \overline{\bigcup_{n=1}^{\infty} X_n} \,.$$

Wir approximieren (0.1) durch Probleme in den endlich-dimensionalen Räumen X_n, auf welche der Satz von Brouwer 2.14 anwendbar ist, der die Existenz einer Lösung u_n für jedes dieser Probleme sichert.

2. *Apriori Abschätzung*: Wir zeigen dann, dass die Folge der Lösungen (u_n) beschränkt ist. Dies geschieht auf Grundlage folgenden Arguments: Wenn $A : X \to X^*$ koerziv ist, dann existiert ein $R_0 > 0$, so dass für alle u mit $\|u\|_X > R_0$ gilt:

$$\langle Au, u \rangle_X \geq (1 + \|b\|_{X^*}) \|u\|_X \,.$$

Daraus folgt

$$\langle Au, u \rangle_X - \langle b, u \rangle_X \geq (1 + \|b\|_{X^*}) \|u\|_X - \|b\|_{X^*} \|u\|_X$$
$$\geq \|u\|_X > R_0 \,.$$

Wenn $u \in X$, mit $\|u\|_X > R_0$, eine Lösung von $Au = b$ wäre, dann würde aufgrund dieser Rechnung $0 \geq R_0 > 0$ gelten. Dies ist aber ein Widerspruch. Daher erhalten wir, dass jede Lösung $u \in X$ von $Au = b$ der *apriori Abschätzung*

$$\|u\|_X \leq R_0$$

genügt.

3. *Schwache Konvergenz*: Da X ein reflexiver Banachraum ist, folgt aus dem Satz von Eberlein–Šmuljan A.8.15, dass aus der beschränkten Folge (u_n) eine schwach konvergente Teilfolge (u_{n_k}) ausgewählt werden kann, d.h.

$$u_{n_k} \rightharpoonup u \ \text{ in } X \quad (k \to \infty) \,.$$

4. *Existenz einer Lösung*: Der so gefundene Grenzwert u ist eine Lösung der Gleichung $Au = b$. Diese Aussage beweisen wir mithilfe des *Minty–Tricks*.

0.2 Lemma (Minty 1962). *Sei X ein Banachraum und sei $A: X \to X^*$ ein hemistetiger, monotoner Operator. Dann gilt:*

(i) *Der Operator A ist maximal monoton, d.h. falls für gegebene $u \in X$, $b \in X^*$ die Ungleichung*

$$\langle b - Av, u - v \rangle_X \geq 0$$

für alle $v \in X$ gilt, dann gilt $Au = b$.

(ii) *A genügt der Bedingung (M), d.h. aus*

$$u_n \rightharpoonup u \qquad in\ X \qquad (n \to \infty),$$
$$Au_n \rightharpoonup b \qquad in\ X^* \qquad (n \to \infty),$$
$$\limsup_{n \to \infty} \langle Au_n, u_n \rangle_X \leq \langle b, u \rangle_X,$$

folgt $Au = b$.

(iii) *Aus*

$$u_n \rightharpoonup u \ \ in\ X, \quad Au_n \to b \ \ in\ X^* \quad (n \to \infty),$$

oder alternativ

$$u_n \to u \ \ in\ X, \quad Au_n \rightharpoonup b \ \ in\ X^* \quad (n \to \infty)$$

folgt $Au = b$.

Beweis. ad (i): Seien $u \in X$ und $b \in X^*$ gegeben, so dass die obige Annahme erfüllt ist. Für beliebige $w \in X$ setzen wir $v := u - tw$, $t > 0$, und erhalten aufgrund der Voraussetzung folgende Implikation:

$$\langle b - Av, u - v \rangle_X \geq 0 \qquad \Rightarrow \qquad \langle b - A(u + t(-w)), w \rangle_X \geq 0.$$

Da A hemistetig ist, folgt durch den Grenzübergang $t \searrow 0^+$, dass für alle $w \in X$ gilt:

$$\langle b - Au, w \rangle_X \geq 0.$$

Wir ersetzen w durch $-w$ und erhalten die umgekehrte Ungleichung. Insgesamt gilt also $\langle b - Au, w \rangle_X = 0$ für alle $w \in X$, d.h. $b = Au$.

ad (ii): Da A monoton ist, folgt für alle $v \in X$, $n \in \mathbb{N}$

$$0 \leq \langle Au_n - Av, u_n - v \rangle_X = \langle Au_n, u_n \rangle_X - \langle Av, u_n \rangle_X - \langle Au_n - Av, v \rangle_X.$$

Nach Anwendung des Limes superior erhalten wir aufgrund der Voraussetzungen für alle $v \in X$

$$0 \leq \langle b, u \rangle_X - \langle Av, u \rangle_X - \langle b - Av, v \rangle_X = \langle b - Av, u - v \rangle_X.$$

Somit folgt $Au = b$ aufgrund von (i).

ad (iii): Die Behauptung ist eine Konsequenz von (ii), wenn wir wissen, dass aus

$$x_n \rightharpoonup x \text{ in } X, \qquad f_n \to f \text{ in } X^* \quad (n \to \infty)$$

bzw.

$$x_n \to x \text{ in } X, \qquad f_n \rightharpoonup f \text{ in } X^* \quad (n \to \infty)$$

folgt, dass

$$\langle f_n, x_n \rangle_X \to \langle f, x \rangle_X \quad (n \to \infty).$$

In unserer Situation folgt somit $\langle Au_n, u_n \rangle_X \to \langle b, u \rangle_X$ $(n \to \infty)$. Die Behauptungen (ii) und (iii) des folgenden Lemmas liefern aber diese Aussagen. ∎

0.3 Lemma (Konvergenzprinzipien). *Sei X ein Banachraum. Dann gilt:*

(i) *Wenn $x_n \rightharpoonup x$ schwach in X $(n \to \infty)$, dann gibt es eine Konstante c, so dass $\|x_n\|_X \le c$ für alle $n \in \mathbb{N}$.*

(ii) *Wenn*

$$\begin{aligned} x_n &\rightharpoonup x \quad in \ X \quad (n \to \infty), \\ f_n &\to f \quad in \ X^* \quad (n \to \infty), \end{aligned}$$

dann folgt

$$\langle f_n, x_n \rangle_X \to \langle f, x \rangle_X \quad (n \to \infty).$$

(iii) *Wenn*

$$\begin{aligned} x_n &\to x \quad in \ X \quad (n \to \infty), \\ f_n &\rightharpoonup f \quad in \ X^* \quad (n \to \infty), \end{aligned}$$

dann folgt

$$\langle f_n, x_n \rangle_X \to \langle f, x \rangle_X \quad (n \to \infty).$$

(iv) *Sei X zusätzlich reflexiv. Die Folge (x_n) sei beschränkt. Wenn alle schwach konvergenten Teilfolgen von (x_n) gegen denselben Grenzwert x konvergieren, dann konvergiert die gesamte Folge (x_n) schwach gegen x.*

Beweis. ad (i): Dies ist eine Konsequenz des Prinzips der gleichmäßigen Beschränktheit. Für alle $f \in X^*$ ist die Folge $(\langle f, x_n \rangle_X)$ beschränkt, da aufgrund der schwachen Konvergenz von (x_n) die Folge reeller Zahlen $(\langle f, x_n \rangle_X)$ gegen $\langle f, x \rangle_X$ konvergiert. Somit haben wir

$$\sup_n |\langle f, x_n \rangle_X| \le c(f). \tag{0.4}$$

Mithilfe der *kanonische Isometrie* $\hat{\imath} \colon X \to X^{**}$, die gegeben ist durch (cf. Abschnitt A.7)

$$\langle \hat{\imath}x, f \rangle_{X^*} = \langle f, x \rangle_X,$$

folgt somit aus (0.4), dass die Folge $(\hat{\imath}x_n) \subseteq X^{**}$ punktweise beschränkt ist. Das Prinzip der gleichmäßigen Beschränktheit A.10.5 liefert also

$$\sup_n \|\hat{\imath}x_n\|_{X^{**}} \le c.$$

Mithilfe von $\|\hat{\imath} x_n\|_{X^{**}} = \|x_n\|_X$ folgt also die Behauptung.

ad (ii): Es gilt:

$$
\begin{aligned}
|\langle f_n, x_n \rangle_X - \langle f, x \rangle_X| &\le |\langle f_n, x_n \rangle_X - \langle f, x_n \rangle_X| + |\langle f, x_n - x \rangle_X| \\
&= |\langle f_n - f, x_n \rangle_X| + |\langle f, x_n - x \rangle_X| \\
&\le \|f_n - f\|_{X^*} \|x_n\|_X + |\langle f, x_n - x \rangle_X|.
\end{aligned}
$$

Nun haben wir aufgrund der Voraussetzungen $\|f_n - f\|_{X^*} \to 0$ $(n \to \infty)$, $|\langle f, x_n - x \rangle_X| \to 0$ $(n \to \infty)$, sowie $\|x_n\|_X \le c$ nach (i). Demzufolge erhalten wir $|\langle f_n, x_n \rangle_X - \langle f, x \rangle_X| \to 0$ $(n \to \infty)$.

ad (iii): Der Beweis verläuft analog zum Beweis von Behauptung (ii).

ad (iv): Beweis durch Widerspruch. Konvergiere (x_n) nicht schwach gegen x, d.h.

$$
\exists f \in X^*, \exists \varepsilon > 0, \exists (x_{n_k}): \quad |\langle f, x_{n_k} \rangle_X - \langle f, x \rangle_X| \ge \varepsilon \quad \forall k \in \mathbb{N}.
$$

Nach Voraussetzung ist die Teilfolge (x_{n_k}) beschränkt. Daher gibt es nach dem Satz von Eberlein–Šmuljan A.8.15 eine Teilfolge $(x_{n_{k_\ell}})$, die schwach konvergiert und zwar nach Voraussetzung gegen x. Dies ist ein Widerspruch. Also gilt die Behauptung. ∎

3.1 Monotone Operatoren

1.1 Definition. *Sei X ein Banachraum und $A\colon X \to X^*$ ein Operator. Dann heißt A*

(i) **monoton** *genau dann, wenn für alle $u, v \in X$ gilt:*

$$
\langle Au - Av, u - v \rangle_X \ge 0.
$$

(ii) **strikt monoton** *genau dann, wenn für alle $u, v \in X, u \ne v$ gilt:*

$$
\langle Au - Av, u - v \rangle_X > 0.
$$

(iii) **stark monoton** *genau dann, wenn es ein $c > 0$ gibt, so dass für alle $u, v \in X$ gilt:*

$$
\langle Au - Av, u - v \rangle_X \ge c \|u - v\|_X^2.
$$

(iv) **koerziv** *genau dann, wenn*

$$
\lim_{\|u\|_X \to \infty} \frac{\langle Au, u \rangle_X}{\|u\|_X} = \infty.
$$

Bemerkungen. (i) Offensichtlich gelten folgende Implikationen:

A ist stark monoton $\Rightarrow$ A ist strikt monoton $\Rightarrow$ A ist monoton.

(ii) Wenn A stark monoton ist, dann ist A auch koerziv. In der Tat gilt:

$$\langle Au, u \rangle_X = \langle Au - A(0), u \rangle_X + \langle A(0), u \rangle_X$$
$$\geq c \|u\|_X^2 - \|A(0)\|_{X^*} \|u\|_X \,,$$

also folgt

$$\frac{\langle Au, u \rangle_X}{\|u\|_X} \geq c \|u\|_X - \|A(0)\|_{X^*} \to \infty \qquad \text{für } \|u\|_X \to \infty \,.$$

Beispiele. 1. Gegeben sei eine Funktion $f : \mathbb{R} \to \mathbb{R}$. Wir betrachten die Funktion f als Operator von X nach X^* mit $X = \mathbb{R} = X^*$. In $\mathbb{R}$ ist das Dualitätsprodukt gerade die Multiplikation, d.h.

$$\langle f(u) - f(v), u - v \rangle_X = \big(f(u) - f(v)\big)(u - v) \,.$$

Somit gelten folgende Aussagen:

(i) $f : X \to X^*$ (strikt) monoton $\Leftrightarrow$ $f : \mathbb{R} \to \mathbb{R}$ (strikt) monoton wachsend.

(ii) f koerziv $\Leftrightarrow$ $\lim\limits_{u \to \pm\infty} f(u) = \pm\infty$.

2. Für die Funktion $g : \mathbb{R} \to \mathbb{R}$

$$g(u) = \begin{cases} |u|^{p-2}u & \text{für } u \neq 0 \,, \\ 0 & \text{für } u = 0 \,, \end{cases}$$

kann man zeigen, dass gilt:

(i) Für $p > 1$ ist g strikt monoton.

(ii) Für $p \geq 2$ gilt:

$$\langle g(u) - g(v), u - v \rangle_X \geq c \, |u - v|^p \,.$$

(iii) Für $p = 2$ ist g stark monoton.

1.2 Definition. *Seien X, Y Banachräume und sei $A \colon X \to Y$ ein Operator. Dann heißt A*

(i) ***vollstetig*** *genau dann, wenn*

$$u_n \rightharpoonup u \ \text{in } X \ (n \to \infty) \qquad \Rightarrow \qquad Au_n \to Au \ \text{in } Y \ (n \to \infty) \,.$$

(ii) ***demistetig*** *genau dann, wenn*

$$u_n \to u \ \text{in } X \ (n \to \infty) \qquad \Rightarrow \qquad Au_n \rightharpoonup Au \ \text{in } Y \ (n \to \infty) \,.$$

(iii) **hemistetig** *genau dann, wenn* $Y = X^*$ *und für alle* $u, v, w \in X$ *die Funktion*

$$t \mapsto \langle A(u + tv), w \rangle_X$$

im Intervall $[0, 1]$ *stetig ist.*

(iv) **beschränkt** *genau dann, wenn* A *beschränkte Mengen in* X *in beschränkte Mengen in* Y *abbildet.*

(v) **lokal beschränkt** *genau dann, wenn es für alle* $u \in X$ *ein* $\varepsilon(u) > 0$ *und eine Konstante* $K(u)$ *gibt, so dass für alle* $v \in X$ *mit* $\|u - v\|_X \leq \varepsilon$ *gilt* $\|Av\|_Y \leq K$.

Bemerkung. Offensichtlich gelten folgende Implikationen:

A ist vollstetig $\Rightarrow$ A ist stetig $\Rightarrow$ A ist demistetig $\Rightarrow$ A ist hemistetig.

A ist beschränkt $\Rightarrow$ A ist lokal beschränkt.

Wir wollen nun einfache Konsequenzen obiger Definitionen beweisen.

1.3 Lemma. *Sei* X *ein reflexiver Banachraum und* $A : X \to X^*$ *ein Operator. Dann gilt:*

(i)   *Falls* A *vollstetig ist, so ist* A *kompakt.*

(ii) *Falls* A *demistetig ist, so ist* A *lokal beschränkt.*

(iii) *Falls* A *monoton ist, so ist* A *lokal beschränkt.*

(iv) *Falls* A *monoton und hemistetig ist, so ist* A *demistetig.*

Beweis. ad (i): Wir wollen zeigen, dass für alle beschränkten Teilmengen $M \subseteq X$ die Bildmenge $A(M)$ relativ folgenkompakt ist. Sei also (Au_n) eine beliebige Folge aus $A(M)$. Da M beschränkt ist, ist somit auch (u_n) beschränkt. Aufgrund der Reflexivität des Raumes X existiert eine schwach konvergente Teilfolge (u_{n_k}), d.h. $u_{n_k} \rightharpoonup u$ in X ($k \to \infty$). Daraus folgt $Au_{n_k} \to Au$ in X^* ($k \to \infty$), da A vollstetig ist. Also ist $A(M)$ relativ folgenkompakt, was in Banachräumen äquivalent zur relativen Kompaktheit der Menge $A(M)$ ist (cf. Satz A.2.2).

ad (ii): Beweis durch Widerspruch: Sei A nicht lokal beschränkt, d.h. es gibt ein $u \in X$ und eine Folge $(u_n) \subseteq X$ mit $u_n \to u$ in X ($n \to \infty$), so dass $\|Au_n\|_{X^*} \to \infty$ ($n \to \infty$). Da A demistetig ist, folgt $Au_n \rightharpoonup Au$ in X^* ($n \to \infty$). Aufgrund von Lemma 0.3 (i) ist (Au_n) beschränkt. Dies ist aber ein Widerspruch. Also ist A lokal beschränkt.

ad (iii): Beweis durch Widerspruch: Sei A nicht lokal beschränkt, dann gibt es ein $u \in X$ und eine Folge $(u_n) \subseteq X$ mit $u_n \to u$ in X ($n \to \infty$), so dass $\|Au_n\|_{X^*} \to \infty$ ($n \to \infty$). Wir setzen

$$a_n := (1 + \|Au_n\|_{X^*} \|u_n - u\|_X)^{-1}.$$

Die Monotonie von A liefert, dass für alle $v \in X$ gilt:

$$0 \leq \langle Au_n - Av, u_n - v \rangle_X$$
$$= \langle Au_n - Av, (u_n - u) + (u - v) \rangle_X.$$

Mit obiger Bezeichnung ist dies äquivalent zu

$$a_n \langle Au_n, v - u \rangle_X \leq a_n \big(\langle Au_n, u_n - u \rangle_X - \langle Av, u_n - v \rangle_X \big)$$
$$\leq a_n \Big(\|Au_n\|_{X^*} \|u_n - u\|_X + \|Av\|_{X^*} \big(\|u_n\|_X + \|v\|_X \big) \Big)$$
$$\leq 1 + c(v, u),$$

wobei wir $a_n \leq 1$ und die Beschränktheit der Folge (u_n) benutzt haben. Wenn wir in dieser Rechnung v durch $2u - v$ ersetzen, erhalten wir auch

$$-a_n \langle Au_n, v - u \rangle_X \leq 1 + c(v, u).$$

Da $v \in X$ beliebig ist, ist auch $w := v - u$ ein beliebiger Punkt von X und wir erhalten für alle $w \in X$

$$\sup_n |\langle a_n Au_n, w \rangle_X| \leq \tilde{c}(w, u) < \infty.$$

Die stetigen, linearen Abbildungen $a_n Au_n \colon X \to \mathbb{R}$ sind nach obiger Rechnung punktweise beschränkt. Das Prinzip der gleichmäßigen Beschränktheit A.10.5 liefert also

$$\sup_n \|a_n Au_n\|_{X^*} \leq c(u).$$

Daraus und aus der Definition von a_n erhalten wir

$$\|Au_n\|_{X^*} \leq \frac{c(u)}{a_n} = c(u) \big(1 + \|Au_n\|_{X^*} \|u_n - u\|_X \big). \tag{1.4}$$

Wegen $\|u_n - u\|_X \to 0$ $(n \to \infty)$ gibt es ein $n_0 \in \mathbb{N}$, so dass für alle $n \geq n_0$ gilt $c(u) \|u_n - u\|_X < \frac{1}{2}$ und wir erhalten aus (1.4)

$$\|Au_n\|_{X^*} \leq 2\, c(u).$$

Somit ist die Folge $\big(\|Au_n\|_{X^*} \big)$ beschränkt, was ein Widerspruch zur Annahme $\|Au_n\|_{X^*} \to \infty$ $(n \to \infty)$ ist. Also gilt die Behauptung.

ad (iv): Sei $(u_n) \subseteq X$ eine Folge mit $u_n \to u$ in X $(n \to \infty)$. Da A monoton ist, impliziert (iii), dass A lokal beschränkt ist und somit (Au_n) beschränkt. Aufgrund der Reflexivität von X gibt es eine Teilfolge (u_{n_k}) und ein Element $b \in X^*$, so dass $Au_{n_k} \rightharpoonup b$ in X^* $(k \to \infty)$. Nach Lemma 0.2 (iii) erhalten wir somit $Au = b$, d.h. $Au_{n_k} \rightharpoonup Au$ in X^* $(k \to \infty)$. Aber alle schwach konvergenten Teilfolgen von (Au_n) konvergieren schwach gegen Au, denn sonst gäbe es eine Teilfolge mit $Au_{n_l} \rightharpoonup c \neq b$, $(l \to \infty)$ in X^*. Lemma 0.2 (iii) impliziert wiederum $Au = c$, was ein Widerspruch zu $Au = b$ ist. Somit liefert Lemma 0.3 (iv), dass die gesamte Folge (Au_n) schwach gegen $b = Au$ konvergiert, d.h. A ist demistetig. $\blacksquare$

3.1.1 Der Satz von Browder und Minty

Wir haben nun alle Hilfsmittel bereitgestellt, um den *Hauptsatz* der Theorie monotoner Operatoren beweisen zu können.

1.5 Satz (Browder, Minty 1963). *Sei X ein separabler, reflexiver Banachraum. Ferner sei $A\colon X \to X^*$ ein monotoner, koerziver, hemistetiger Operator. Dann existiert für alle $b \in X^*$ eine Lösung $u \in X$ von*

$$Au = b\,. \tag{1.6}$$

Die Lösungsmenge ist abgeschlossen, beschränkt und konvex. Falls A strikt monoton ist, ist die Lösung von (1.6) eindeutig.

Beweis. Aufgrund der Separabiltät von X gibt es eine Basis $(w_i)_{i\in\mathbb{N}}$ von X. Wir beweisen den Satz mithilfe des *Galerkin Verfahrens*: Dazu setzen wir

$$X_n := \mathrm{span}(w_1, \ldots, w_n)$$

und suchen *approximative Lösungen* $u_n \in X_n$ der Form

$$u_n = \sum_{k=1}^{n} c_n^k w_k\,, \tag{1.7}$$

die das *Galerkin–System*

$$\langle Au_n - b, w_k\rangle_X = 0\,, \qquad k = 1, \ldots, n\,, \tag{1.8}$$

lösen.

1. Lösbarkeit von (1.8): Aufgrund von (1.7) können wir Elemente $u_n \in X_n$ mit Vektoren $\mathbf{c}_n := (c_n^1, \ldots, c_n^n)^\top \in \mathbb{R}^n$ identifizieren. Insbesondere ist für $\mathbf{c} := (c^1, \ldots, c^n)^\top$ durch $|\mathbf{c}| := \|\sum_{k=1}^{n} c^k w_k\|_X$ auf $\mathbb{R}^n$ eine äquivalente Norm gegeben, die wir im Weiterem benutzen werden. Somit kann man (1.8) als ein nichtlineares System von Gleichungen für die Vektoren $\mathbf{c}_n \in \mathbb{R}^n$ betrachten. Dieses können wir mithilfe der Abbildung $\mathbf{g}_n := (g_n^1, \ldots, g_n^n)^\top \colon \mathbb{R}^n \to \mathbb{R}^n$ gegeben durch

$$g_n^k\colon \mathbb{R}^n \to \mathbb{R}\colon \mathbf{c} \mapsto g_n^k(\mathbf{c}) := \Big\langle A\Big(\sum_{j=1}^{n} c^j w_j\Big) - b, w_k\Big\rangle_X\,, \qquad k = 1, \ldots, n\,,$$

umschreiben in

$$\mathbf{g}_n(\mathbf{c}_n) = \mathbf{0}\,.$$

Nach Lemma 1.3 (iv) ist A demistetig, da A monoton und hemistetig ist. Also ist die Abbildung $\mathbf{g}_n\colon \mathbb{R}^n \to \mathbb{R}^n$ stetig, da aus $\mathbf{c}_l \to \mathbf{c}$ $(l \to \infty)$ bzgl. $|\cdot|$ in $\mathbb{R}^n$ folgt, dass $\sum_{j=1}^{n} c_l^j w_j$ gegen $\sum_{j=1}^{n} c^j w_j$ in X konvergiert. Daraus folgt sofort, dass $\mathbf{g}_n(\mathbf{c}_l)$ gegen $\mathbf{g}_n(\mathbf{c})$ in der Euklidischen Norm und somit auch bzgl. der $|\cdot|$-Norm konvergiert.

Weiter gilt für $\mathbf{c} = (c^1, \ldots, c^n)^\top$ und $v := \sum_{j=1}^n c^j w_j$

$$\sum_{k=1}^n g_n^k(\mathbf{c})\, c^k = \langle Av, v \rangle_X - \langle b, v \rangle_X \,. \tag{1.9}$$

Da A koerziv ist, d.h. $\frac{\langle Aw, w \rangle_X}{\|w\|_X} \to \infty$ ($\|w\|_X \to \infty$), gibt es ein $R_0 > 0$, so dass für alle $\|w\|_X \geq R_0$ gilt $\langle Aw, w \rangle_X \geq \|b\|_{X^*}\|w\|_X$. Insbesondere gilt für $\mathbf{c}$ mit $|\mathbf{c}| = \|v\|_X = R_0$

$$\langle Av, v \rangle_X \geq \|b\|_{X^*}\|v\|_X \,,$$

und somit folgt

$$\sum_{k=1}^n g_n^k(\mathbf{c})\, c^k \geq \|b\|_{X^*}\|v\|_X - \|b\|_{X^*}\|v\|_X = 0 \,. \tag{1.10}$$

Nach Satz 1.2.23, einer Folgerung aus dem Satz von Brouwer 1.2.14, gibt es also eine Lösung u_n des Galerkin–Systems (1.8) mit

$$\|u_n\|_X \leq R_0 \,. \tag{1.11}$$

Insbesondere ist die Konstante R_0 unabhängig von n, d.h. (1.11) ist eine *apriori Abschätzung*.

2. Beschränktheit von (Au_n): Da A monoton ist, folgt aus Lemma 1.3 (iii), dass A lokal beschränkt ist. Insbesondere gibt es Konstanten $r, M > 0$, so dass die Implikation

$$\|w\|_X \leq r \quad \Rightarrow \quad \|Aw\|_{X^*} \leq M \tag{1.12}$$

gilt. Da u_n eine Lösung des Systems (1.8) ist, d.h. es gilt insbesondere $\langle Au_n, u_n \rangle_X = \langle b, u_n \rangle_X$, erhalten wir mithilfe von (1.11) für alle $n \in \mathbb{N}$

$$|\langle Au_n, u_n \rangle_X| \leq \|b\|_{X^*}\|u_n\|_X \leq \|b\|_{X^*}\, R_0 \,. \tag{1.13}$$

Aufgrund der Monotonie von A gilt für alle $w \in X$:

$$\langle Au_n - Aw, u_n - w \rangle_X \geq 0 \,. \tag{1.14}$$

Eine skalierte Variante der Definition der Norm in X^* (cf. (A.7.1)) liefert zusammen mit (1.14), (1.12), (1.13) und (1.11)

$$\begin{aligned} \|Au_n\|_{X^*} &= \sup_{\|w\|_X \leq r} \tfrac{1}{r}\langle Au_n, w \rangle_X \\ &\leq \sup_{\|w\|_X \leq r} \tfrac{1}{r}\big(\langle Aw, w \rangle_X + \langle Au_n, u_n \rangle_X - \langle Aw, u_n \rangle_X\big) \tag{1.15} \\ &\leq \tfrac{1}{r}\big(M\,r + \|b\|_{X^*} R_0 + M\,R_0\big) < \infty \,. \end{aligned}$$

Also ist die Folge $(Au_n) \subseteq X^*$ beschränkt.

3. Konvergenz des Galerkin–Verfahrens: Da X und X^* reflexiv sind und die Folgen (u_n) und (Au_n) beschränkt sind, wie in (1.11) und (1.15) gezeigt wurde, gibt es eine Teilfolge (u_{n_k}) mit

$$u_{n_k} \rightharpoonup u \ \text{ in } X$$
$$Au_{n_k} \rightharpoonup c \ \text{ in } X^* \qquad (k \to \infty). \qquad (1.16)$$

Andererseits gibt es für alle $w \in \bigcup_{l=1}^{\infty} X_l$ ein $n_0 \in \mathbb{N}$ mit $w \in X_{n_0}$. Da u_n eine Lösung von (1.8) ist, erhalten wir für alle $n \geq n_0$

$$\langle Au_n, w \rangle_X = \langle b, w \rangle_X,$$

woraus folgt

$$\lim_{n \to \infty} \langle Au_n, w \rangle_X = \langle b, w \rangle_X \qquad \forall w \in \bigcup_{l=1}^{\infty} X_l. \qquad (1.17)$$

Aus (1.16) und (1.17) folgt, dass für alle $w \in \bigcup_{l=1}^{\infty} X_l$ gilt $\langle c - b, w \rangle_X = 0$. Da $\bigcup_{l=1}^{\infty} X_l$ dicht in X liegt, liefert Lemma A.7.3 (iv), dass $b = c$ gilt und somit

$$Au_{n_k} \rightharpoonup b \ \text{ in } X^* \qquad (n \to \infty).$$

Für die Lösung u_{n_k} von (1.8) gilt insbesondere $\langle Au_{n_k}, u_{n_k} \rangle_X = \langle b, u_{n_k} \rangle_X$, woraus folgt:

$$\lim_{k \to \infty} \langle Au_{n_k}, u_{n_k} \rangle_X = \lim_{k \to \infty} \langle b, u_{n_k} \rangle_X = \langle b, u \rangle_X.$$

Die Voraussetzungen des Minty–Tricks, Lemma 0.2 (ii), sind demnach erfüllt, und wir erhalten $Au = b$, d.h. u ist eine Lösung der ursprünglichen Operatorgleichung (1.6).

4. Eigenschaften der Lösungsmenge: Für gegebenes $b \in X^*$ setzen wir $S := \{u \in X \mid Au = b\}$. Dann hat S folgende Eigenschaften:

(a) $S \neq \emptyset$: Dies wurde gerade bewiesen.

(b) S ist konvex: Seien $u_1, u_2 \in S$, d.h. $Au_i = b$ für $i = 1, 2$. Für die Konvexkombination $w = tu_1 + (1-t)u_2$, $t \in [0,1]$, und beliebige $v \in X$ gilt:

$$\begin{aligned}
\langle b - Av, w - v \rangle_X &= \langle b - Av, tu_1 + (1-t)u_2 - (t + 1 - t)v \rangle_X \\
&= \langle b - Av, t(u_1 - v) \rangle_X + \langle b - Av, (1-t)(u_2 - v) \rangle_X \\
&= t\langle Au_1 - Av, u_1 - v \rangle_X + (1-t)\langle Au_2 - Av, u_2 - v \rangle_X \\
&\geq 0,
\end{aligned}$$

aufgrund der Monotonie von A. Eine Anwendung des Minty–Tricks (cf. Lemma 0.2 (i)) liefert $Aw = b$, d.h. $w \in S$. Also ist S konvex.

(c) S ist beschränkt: Dies folgt aus der Koerzivität von A. Falls S nicht beschränkt wäre, gäbe es für alle $R > 0$ ein $u \in S$ mit $\|u\|_X \geq R > 0$. Aber analog zur Argumentation in Schritt 1 haben wir (cf. (1.9), (1.10))

$$0 = \langle Au, u \rangle_X - \langle b, u \rangle_X \geq \|u\|_X > 0 \,.$$

Dies ist aber ein Widerspruch und somit gibt es ein $R_0 > 0$, so dass für alle $u \in S$ gilt $\|u\|_X \leq R_0$.

(d) S ist abgeschlossen: Für eine Folge $(u_n) \subseteq S$, d.h. $Au_n = b$, mit $u_n \to u$ in X ($n \to \infty$), und für alle $v \in X$ haben wir:

$$\langle b - Av, u - v \rangle_X = \lim_{n \to \infty} \langle b - Av, u_n - v \rangle_X$$
$$= \lim_{n \to \infty} \langle Au_n - Av, u_n - v \rangle_X \geq 0 \,,$$

aufgrund der Monotonie von A. Mit dem Minty–Trick (cf. Lemma 0.2 (i)) folgt $Au = b$, d.h. $u \in S$.

5. Eindeutigkeit: Sei A strikt monoton. Falls es zwei Lösungen $u \neq v$ von (1.6) gibt, dann haben wir einerseits $Au = b = Av$ und andererseits folgt aus der strikten Monotonie von A

$$0 < \langle Au - Av, u - v \rangle_X = \langle b - b, u - v \rangle_X = 0 \,.$$

Dies ist ein Widerspruch. Also kann die Gleichung höchstens eine Lösung haben. ∎

Bemerkung. Die Behauptungen des Satzes von Browder–Minty 1.5 bleiben auch in nicht separablen Räumen richtig (cf. [34, S. 560–561] und Abschnitt 3.3.2).

1.18 Folgerung. *Sei X ein separabler, reflexiver Banachraum und sei $A \colon X \to X^*$ ein strikt monotoner, koerziver, hemistetiger Operator. Dann existiert der Operator $A^{-1} \colon X^* \to X$ und ist strikt monoton[1] und demistetig.*

Beweis. Dies ist eine einfache Übungsaufgabe. ∎

3.1.2 Der Nemyckii–Operator

Um Satz 1.5 von Browder und Minty auf Differentialgleichungen anwenden zu können, benötigen wir den so genannten **Nemyckii–Operator**

$$(F\mathbf{u})(x) := f(x, \mathbf{u}(x)) \,, \tag{1.19}$$

wobei $\mathbf{u} = (u^1, \ldots, u^n)^\top$, $\mathbf{u} \colon G \subseteq \mathbb{R}^N \to \mathbb{R}^n$, mit einem Gebiet $G \subseteq \mathbb{R}^N$.

---

[1] Wir erweitern den Monotoniebegriff in kanonischer Weise auf Operatoren $B \colon X^* \to X$ und nennen B strikt monoton, falls $\langle f - g, Bf - Bg \rangle_X > 0$ für alle $f \neq g \in X^*$ gilt.

2. Mithilfe der Hölder–Ungleichung und der Definition der dualen Norm ergibt sich

$$\|b\|_{X^*} = \sup_{\|\varphi\|_X \leq 1} |\langle b, \varphi \rangle_X| \leq \sup_{\|\varphi\|_X \leq 1} \|f\|_{p'} \|\varphi\|_p$$
$$\leq c \|f\|_{p'},$$

für $p \geq 1$, da $X = W_0^{1,p}(\Omega) \hookrightarrow L^p(\Omega)$, d.h. $\|\varphi\|_p \leq c \|\varphi\|_X$.

3. Aus den Schritten 1 und 2, sowie den Definitionen von A und b folgt, dass die schwache Formulierung (1.25) von (1.24) gerade

$$\langle Au, \varphi \rangle_X = \langle b, \varphi \rangle_X \qquad \forall \varphi \in X$$

ist. Dies ist aber die Operatorgleichung $Au = b$ in X^*. ∎

1.33 Bemerkung. Für $s = 0$ ist im vorherigen Lemma die Einschränkung $p \geq \frac{2d}{d+2}$ nicht nötig. Falls man für $s > 0$ mit $X = W_0^{1,p}(\Omega) \cap L^2(\Omega)$ versehen mit der Norm $\|u\|_X := \|\nabla u\|_p + \|u\|_2$ arbeitet, fällt die Einschränkung $p \geq \frac{2d}{d+2}$ ebenfalls weg.

1.34 Lemma. *Unter den Voraussetzungen von Lemma 1.30 ist der durch (1.26) gegebene Operator $A\colon X \to X^*$ strikt monoton, koerziv und stetig.*

Beweis. 1. A ist strikt monoton: Wie in Bemerkung 1.28 ausgeführt, ist der Operator A mithilfe der Funktion $\mathbf{g}$, definiert in (1.29), zu verstehen. Für $i, j = 1, \ldots, d$ und $\boldsymbol{\zeta} \neq \mathbf{0}$ haben wir

$$\partial_j g^i(\boldsymbol{\zeta}) = |\boldsymbol{\zeta}|^{p-2} \delta_{ij} + (p-2) |\boldsymbol{\zeta}|^{p-4} \zeta^i \zeta^j$$

und somit gilt für alle $\boldsymbol{\zeta} \in \mathbb{R}^d \setminus \{\mathbf{0}\}$, $\boldsymbol{\eta} \in \mathbb{R}^d, 1 < p < \infty$,

$$\sum_{i,j=1}^d \partial_j g^i(\boldsymbol{\zeta}) \eta^i \eta^j = |\boldsymbol{\zeta}|^{p-2} \left(|\boldsymbol{\eta}|^2 + (p-2) \frac{(\boldsymbol{\zeta} \cdot \boldsymbol{\eta})^2}{|\boldsymbol{\zeta}|^2} \right) \qquad (1.35)$$
$$\geq \min(1, p-1) |\boldsymbol{\zeta}|^{p-2} |\boldsymbol{\eta}|^2.$$

Zum Beweis der strikten Monotonie von A wollen wir den Hauptsatz der Differential- und Integralrechnung benutzen. Da $\mathbf{g}$ nur zum Raum $C^0(\mathbb{R}^d) \cap C^1(\mathbb{R}^d \setminus \{\mathbf{0}\})$ gehört, approximieren wir $\mathbf{g}$ durch $\mathbf{g}_\varepsilon(\boldsymbol{\zeta}) := (\varepsilon^2 + |\boldsymbol{\zeta}|^2)^{\frac{p-2}{2}} \boldsymbol{\zeta}$, $\boldsymbol{\zeta} \in \mathbb{R}^d, \varepsilon > 0$. Offenbar gilt $\mathbf{g}_\varepsilon \in C^1(\mathbb{R}^d)$, sowie $\mathbf{g}_\varepsilon(\boldsymbol{\zeta}) \to \mathbf{g}(\boldsymbol{\zeta})$ für alle $\boldsymbol{\zeta} \in \mathbb{R}^d$, $\nabla \mathbf{g}_\varepsilon(\boldsymbol{\zeta}) \to \nabla \mathbf{g}(\boldsymbol{\zeta})$ für alle $\boldsymbol{\zeta} \in \mathbb{R}^d \setminus \{\mathbf{0}\}$ und $|\nabla \mathbf{g}_\varepsilon(\boldsymbol{\zeta})| \leq c(p,d)|\boldsymbol{\zeta}|^{p-2}$ für alle $\boldsymbol{\zeta} \in \mathbb{R}^d$. Man kann zeigen (Übung), dass es Konstanten gibt, die nur von p abhängen, so dass für alle $|\boldsymbol{\zeta}| + |\boldsymbol{\eta}| > 0$, $p \in (1, \infty)$, gilt

$$c \left(|\boldsymbol{\zeta}| + |\boldsymbol{\eta}| \right)^{p-2} \leq \int_0^1 |\boldsymbol{\zeta} + \tau(\boldsymbol{\eta} - \boldsymbol{\zeta})|^{p-2} \, d\tau \leq C \left(|\boldsymbol{\zeta}| + |\boldsymbol{\eta}| \right)^{p-2}. \qquad (1.36)$$

Der Hauptsatz liefert nun für alle $\zeta \neq \eta$

$$\mathbf{g}_\varepsilon(\zeta) - \mathbf{g}_\varepsilon(\eta) = \int_0^1 \frac{d}{d\tau} \mathbf{g}_\varepsilon(\eta + \tau(\zeta - \eta)) \, d\tau$$

$$= \int_0^1 \nabla \mathbf{g}_\varepsilon(\eta + \tau(\zeta - \eta)) \cdot (\zeta - \eta) \, d\tau \,.$$

Die obigen Eigenschaften von $\mathbf{g}$ und $\mathbf{g}_\varepsilon$, sowie der Satz über majorisierte Konvergenz A.11.10 liefern für $\varepsilon \to 0$

$$\mathbf{g}(\zeta) - \mathbf{g}(\eta) = \int_0^1 \nabla \mathbf{g}(\eta + \tau(\zeta - \eta)) \cdot (\zeta - \eta) \, d\tau \,. \tag{1.37}$$

Für beliebige $u \neq v \in X$ ergibt sich, mithilfe von (1.37), $s \geq 0$, (1.35) und (1.36),

$$\langle Au - Av, u - v \rangle_X$$

$$= \int_\Omega \sum_{i=1}^d \left(g^i(\nabla u) - g^i(\nabla v) \right) (\partial_i u - \partial_i v) \, dx \; + \; s \int_\Omega |u - v|^2 \, dx$$

$$\geq \int_\Omega \int_0^1 \sum_{i,j=1}^d \partial_j g^i(\nabla v + \tau(\nabla u - \nabla v)) \, (\partial_j u - \partial_j v)(\partial_i u - \partial_i v) \, d\tau \, dx$$

$$\geq c \int_\Omega |\nabla u - \nabla v|^2 \int_0^1 |\nabla v + \tau(\nabla u - \nabla v)|^{p-2} \, d\tau \, dx$$

$$\geq c \int_\Omega |\nabla u - \nabla v|^2 (|\nabla u| + |\nabla v|)^{p-2} \, dx > 0 \,,$$

d.h. A ist strikt monoton.

2. A ist koerziv: Wir haben für $u \in X$

$$\langle Au, u \rangle_X = \int_\Omega |\nabla u|^p + s \, |u|^2 \, dx = \|\nabla u\|_p^p + s\|u\|_2^2 \geq \|\nabla u\|_p^p \,, \tag{1.38}$$

also folgt

$$\frac{\langle Au, u \rangle_X}{\|u\|_X} \geq \|\nabla u\|_p^{p-1} \to \infty \qquad (\|u\|_X \to \infty) \,,$$

falls $p > 1$.

3. A ist stetig: Sei $(u_n) \subseteq X$ eine Folge mit $u_n \to u$ in X $(n \to \infty)$, d.h. insbesondere $\nabla u_n \to \nabla u$ in $L^p(\Omega; \mathbb{R}^d)$ $(n \to \infty)$. Wir setzen

$$\mathbf{F}(\nabla u)(x) := \mathbf{g}(\nabla u(x)) \,,$$

wobei **g** in (1.29) definiert ist. Da **g** komponentenweise die Abschätzung

$$|g^i(\zeta)| \le |\zeta|^{p-1} = |\zeta|^{\frac{p}{q}}, \quad i = 1, \ldots, d,$$

mit $q = \frac{p}{p-1}$ erfüllt, ist **F** ein vektorwertiger Nemyckii–Operator. Aus Lemma 1.20 folgt daher, dass $\mathbf{F} : L^p(\Omega; \mathbb{R}^d) \to L^{p'}(\Omega; \mathbb{R}^d)$ stetig ist, d.h. für unsere Folge (u_n) gilt:

$$\mathbf{F}(\nabla u_n) \to \mathbf{F}(\nabla u) \text{ in } L^{p'}(\Omega; \mathbb{R}^d) \quad (n \to \infty).$$

Somit erhalten wir

$$\langle Au_n - Au, \varphi \rangle_X = \int_\Omega \left(\mathbf{F}(\nabla u_n) - \mathbf{F}(\nabla u) \right) \cdot \nabla\varphi \, dx + s \int_\Omega (u_n - u)\varphi \, dx$$

$$\le \|\mathbf{F}(\nabla u_n) - \mathbf{F}(\nabla u)\|_{p'} \|\nabla\varphi\|_p + s\|u_n - u\|_2 \|\varphi\|_2$$

$$\le c \left(\|\mathbf{F}(\nabla u_n) - \mathbf{F}(\nabla u)\|_{p'} + \|u_n - u\|_X \right) \|\varphi\|_X,$$

da $X = W_0^{1,p}(\Omega) \hookrightarrow L^2(\Omega)$ für $p \ge \frac{2d}{d+2}$. Aufgrund der Definition der Norm im Dualraum folgt somit

$$\|Au_n - Au\|_{X^*} \le c \left(\|\mathbf{F}(\nabla u_n) - \mathbf{F}(\nabla u)\|_{p'} + \|u_n - u\|_X \right).$$

Für $n \to \infty$ konvergiert die rechte Seite gegen 0, da $u_n \to u$ in X $(n \to \infty)$ und $\mathbf{F}(\nabla u_n) \to \mathbf{F}(\nabla u)$ in $L^{p'}(\Omega; \mathbb{R}^d)$ $(n \to \infty)$, d.h. der Operator A ist stetig. ∎

1.39 Satz. *Sei Ω ein beschränktes Gebiet des $\mathbb{R}^d$ mit Lipschitz-stetigem Rand $\partial\Omega$ und sei $s \ge 0$. Für $p \ge \frac{2d}{d+2}$, $p \in (1, \infty)$ und alle $f \in L^{p'}(\Omega)$, $p' = \frac{p}{p-1}$, existiert genau eine schwache Lösung u des Randwertproblems (1.24), d.h. (1.25) bzw. (1.31) gelten.*

Beweis. Der Raum $X = W_0^{1,p}(\Omega)$ ist ein separabler und reflexiver Banachraum (cf. Abschnitt A.12.3). Somit folgt aus den Lemmata 1.30 und 1.34, dass wir den Satz von Browder–Minty 1.5 anwenden können, der sofort die Behauptung liefert. ∎

1.40 Bemerkungen. (i) Die Einschränkung $p \ge \frac{2d}{d+2}$ ist nicht nötig. Für $s = 0$ tritt sie nicht auf (cf. Bemerkung 1.33) und für $s > 0$ arbeitet man mit dem Raum $X = W_0^{1,p}(\Omega) \cap L^2(\Omega)$. Man kann zeigen, dass sowohl X als auch der Operator $A : X \to X^*$ die Voraussetzungen des Satzes von Browder–Minty 1.5 erfüllen.

(ii) Man kann Satz 1.39 auch auf die Gleichung

$$-\operatorname{div}(\mathbf{A}(x, \nabla u)) = f \quad \text{in } \Omega,$$
$$u = 0 \quad \text{auf } \partial\Omega,$$

anwenden, falls $\mathbf{A} \colon \Omega \times \mathbb{R}^d \to \mathbb{R}^d$ folgende Bedingungen erfüllt:

(α) $\mathbf{A}$ ist eine Carathéodory–Funktion,

(β) $|\mathbf{A}(x, \boldsymbol{\eta})| \leq C\big(g(x) + |\boldsymbol{\eta}|^{p-1}\big)$, $g \in L^{p'}(\Omega)$ (Wachstumsbedingung),

(γ) $(\mathbf{A}(x, \boldsymbol{\eta}) - \mathbf{A}(x, \boldsymbol{\zeta})) \cdot (\boldsymbol{\eta} - \boldsymbol{\zeta})) > 0$, für fast alle x (strikte Monotonie),

(δ) $\mathbf{A}(x, \boldsymbol{\eta}) \cdot \boldsymbol{\eta} \geq c\,|\boldsymbol{\eta}|^p - h(x)$, $h \in L^1(\Omega)$ (Koerzivität).

(iii) Satz 1.39 gilt auch für beliebige $f \in (W_0^{1,p}(\Omega))^*$. Man kann zeigen, dass solche f eine Darstellung der Form

$$f = \sum_{i=1}^d \partial_i f_i + f_0 \,,$$

mit $f_i \in L^{p'}(\Omega)$, $i = 0, \ldots, d$, besitzen (cf. Abschnitt A.12.3).

3.2 Pseudomonotone Operatoren

3.2.1 Der Satz von Brezis

Ziel dieses Abschnittes ist es, eine Theorie zu entwickeln, die es ermöglicht, auch solche quasilinearen elliptischen Gleichungen zu lösen, die einen Term von niederer Ordnung enthalten, der nicht monoton ist. Zum Beispiel kann die Gleichung

$$\begin{aligned}
-\operatorname{div}(|\nabla u|^{p-2}\nabla u) + s\,u &= f &&\text{in } \Omega \,, \\
u &= 0 &&\text{auf } \partial\Omega \,,
\end{aligned} \tag{2.1}$$

nicht mithilfe der Theorie monotoner Operatoren gelöst werden, falls $s < 0$. Eine Inspektion des Beweises des Satzes von Browder–Minty 1.5 zeigt aber, dass die Argumente für allgemeinere Operatoren, nämlich *pseudomonotone Operatoren*, adaptiert werden können. Typische Beispiele für pseudomonotone Operatoren sind Operatoren der Form

$$A = A_1 + A_2,$$

wobei $A_1 \colon X \to X^*$ ein monotoner, hemistetiger Operator und $A_2 \colon X \to X^*$ ein vollstetiger, also kompakter, Operator ist (cf. Lemma 1.3 (i)), d.h. die Theorie pseudomonotoner Operatoren vereinigt *Monotonie* und *Kompaktheit*. Im Folgenden werden wir zuerst eine allgemeine Theorie entwickeln und diese dann auf Gleichungen vom Typ (2.12) anwenden.

2.2 Definition. *Sei X ein Banachraum und $A \colon X \to X^*$ ein Operator. Wir sagen, A genügt der Bedingung (M), falls aus*

$$\begin{aligned}
u_n &\rightharpoonup u &&\text{in } X &&(n \to \infty) \,, \\
Au_n &\rightharpoonup b &&\text{in } X^* &&(n \to \infty) \,, \\
\limsup_{n \to \infty} \langle Au_n, u_n \rangle_X &\leq \langle b, u \rangle_X
\end{aligned} \tag{2.3}$$

folgt, dass $Au = b$ gilt.

Diese Bedingung ist wichtig, weil sie invariant unter vollstetigen Störungen ist. Außerdem erfüllen monotone Operatoren diese Bedingung.

2.4 Lemma. *Sei X ein reflexiver Banachraum und seien $A\colon X \to X^*$, $B\colon X \to X^*$ Operatoren. Dann gilt:*

(i) *Ist A monoton und hemistetig, dann genügt A der Bedingung (M).*

(ii) *Wenn A der Bedingung (M) genügt und B vollstetig ist, dann genügt $A + B$ der Bedingung (M).*

Beweis. ad (i): Dies ist genau die Aussage von Lemma 0.2 (ii).

ad (ii): Gegeben sei eine Folge $(u_n) \subseteq X$ mit

$$u_n \rightharpoonup u \ \text{ in } X \qquad (n \to \infty),$$
$$Au_n + Bu_n \rightharpoonup b \ \text{ in } X^* \qquad (n \to \infty),$$
$$\limsup_{n\to\infty} \langle Au_n + Bu_n, u_n\rangle_X \le \langle b, u\rangle_X .$$

Da B vollstetig ist, folgt $Bu_n \to Bu$ in X^* $(n \to \infty)$ und somit

$$Au_n \rightharpoonup b - Bu \ \text{ in } X^* \qquad (n \to \infty).$$
$$\limsup_{n\to\infty} \langle Au_n, u_n\rangle_X \le \langle b - Bu, u\rangle_X ,$$

Da A der Bedingung (M) genügt, folgt $Au = b - Bu$, d.h. $Au + Bu = b$. $\blacksquare$

Für Operatoren $A\colon X \to X^*$, $B\colon X \to X^*$, die die Bedingung (M) erfüllen, erfüllt $A + B$ nicht notwendig die Bedingung (M). Deshalb führen wir den stabileren Begriff des pseudomonotonen Operators ein.

2.5 Definition. *Sei $A\colon X \to X^*$ ein Operator auf einem Banachraum X. Dann heißt A **pseudomonoton**, falls aus*

$$u_n \rightharpoonup u \ \text{ in } X \qquad (n \to \infty),$$
$$\limsup_{n\to\infty} \langle Au_n, u_n - u\rangle_X \le 0$$

folgt, dass für alle $w \in X$ gilt:

$$\langle Au, u - w\rangle_X \le \liminf_{n\to\infty} \langle Au_n, u_n - w\rangle_X .$$

Das folgende Lemma gibt typische Beispiele für pseudomonotone Operatoren sowie wichtige Eigenschaften an.

2.6 Lemma. *Sei X ein reflexiver Banachraum, und $A, B\colon X \to X^*$ seien Operatoren. Dann gilt:*

(i) *Wenn A monoton und hemistetig ist, dann ist A pseudomonoton.*

(ii) *Wenn A vollstetig ist, dann ist A pseudomonoton.*

(iii) *Wenn A und B pseudomonoton sind, dann ist $A + B$ pseudomonoton.*

(iv) *Wenn A pseudomonoton ist, dann genügt A der Bedingung (M).*

(v) *Wenn A pseudomonoton und lokal beschränkt ist, dann ist A demistetig.*

Beweis. ad (i): Gegeben sei eine Folge $(u_n) \subseteq X$ mit $u_n \rightharpoonup u$ in X $(n \to \infty)$ und

$$\limsup_{n\to\infty} \langle Au_n, u_n - u \rangle_X \leq 0 .$$

Da A monoton ist, gilt:

$$\langle Au_n - Au, u_n - u \rangle_X \geq 0 ,$$

woraus folgt

$$\liminf_{n\to\infty} \langle Au_n, u_n - u \rangle_X \geq \liminf_{n\to\infty} \langle Au, u_n - u \rangle_X = 0 .$$

Zusammen erhalten wir also

$$\lim_{n\to\infty} \langle Au_n, u_n - u \rangle_X = 0 . \tag{2.7}$$

Für beliebige $w \in X$ und $t > 0$ setzen wir $z_t := (1-t)u + tw$. Die Monotonie von A impliziert

$$\langle Au_n - Az_t, u_n - z_t \rangle_X \geq 0 ,$$

was, aufgrund der Wahl von z_t, äquivalent zu

$$t\langle Au_n, u_n - w \rangle_X \geq -(1-t)\langle Au_n, u_n - u \rangle_X + (1-t)\langle Az_t, u_n - u \rangle_X$$
$$+ t\langle Az_t, u_n - w \rangle_X$$

ist. Somit erhalten wir für alle $w \in X$ und $t > 0$:

$$\liminf_{n\to\infty} \langle Au_n, u_n - w \rangle_X \geq \langle Az_t, u - w \rangle_X ,$$

wobei wir (2.7) und $u_n \rightharpoonup u$ in X $(n \to \infty)$, sowie $t > 0$ benutzt haben. Da wir z_t auch schreiben können als $z_t = u + t(w - u)$ und der Operator A hemistetig ist, erhalten wir $Az_t \rightharpoonup Au$ für $t \searrow 0^+$. Also gilt für alle $w \in X$:

$$\liminf_{n\to\infty} \langle Au_n, u_n - w \rangle_X \geq \langle Au, u - w \rangle_X ,$$

d.h. A ist pseudomonoton.

ad (ii): Sei $(u_n) \subseteq X$ eine Folge mit $u_n \rightharpoonup u$ in X $(n \to \infty)$. Dann gilt $Au_n \to Au$ in X^* $(n \to \infty)$, aufgrund der Vollstetigkeit von A. Mithilfe von Lemma 0.3 (ii) erhalten wir somit für alle $w \in X$

$$\langle Au, u - w \rangle_X = \lim_{n\to\infty} \langle Au_n, u_n - w \rangle_X ,$$

d.h. A ist pseudomonoton.

ad (iii): Wir wählen eine Folge $(u_n) \subseteq X$ mit $u_n \rightharpoonup u$ in X $(n \to \infty)$ und

$$\limsup_{n\to\infty} \langle Au_n + Bu_n, u_n - u \rangle_X \leq 0\,.$$

Daraus folgt

$$\limsup_{n\to\infty} \langle Au_n, u_n - u \rangle_X \leq 0\,, \qquad \limsup_{n\to\infty} \langle Bu_n, u_n - u \rangle_X \leq 0\,, \qquad (2.8)$$

was wir durch Widerspruch beweisen. Gelte also

$$\limsup_{n\to\infty} \langle Au_n, u_n - u \rangle_X = a > 0\,.$$

Insbesondere gibt es eine Teilfolge (u_{n_k}) mit

$$\lim_{k\to\infty} \langle Au_{n_k}, u_{n_k} - u \rangle_X = a\,,$$

und somit erhalten wir

$$\limsup_{k\to\infty} \langle Bu_{n_k}, u_{n_k} - u \rangle_X$$
$$= \limsup_{k\to\infty} \langle (A+B)u_{n_k} - Au_{n_k}, u_{n_k} - u \rangle_X$$
$$\leq \limsup_{k\to\infty} \langle (A+B)u_{n_k}, u_{n_k} - u \rangle_X + \limsup_{k\to\infty} \langle -Au_{n_k}, u_{n_k} - u \rangle_X$$
$$= \limsup_{k\to\infty} \langle (A+B)u_{n_k}, u_{n_k} - u \rangle_X - \lim_{k\to\infty} \langle Au_{n_k}, u_{n_k} - u \rangle_X$$
$$\leq -a\,.$$

Da B pseudomonoton ist, gilt für alle $w \in X$:

$$\langle Bu, u - w \rangle_X \leq \liminf_{k\to\infty} \langle Bu_{n_k}, u_{n_k} - w \rangle_X\,.$$

Für $w = u$ erhalten wir daher

$$0 \leq \liminf_{k\to\infty} \langle Bu_{n_k}, u_{n_k} - u \rangle_X \leq \limsup_{k\to\infty} \langle Bu_{n_k}, u_{n_k} - u \rangle_X \leq -a < 0\,,$$

was ein Widerspruch ist.

Also gilt (2.8) und liefert mit der Pseudomonotonie von A und B

$$\langle Au, u - w \rangle_X \leq \liminf_{n\to\infty} \langle Au_n, u_n - w \rangle_X\,,$$
$$\langle Bu, u - w \rangle_X \leq \liminf_{n\to\infty} \langle Bu_n, u_n - w \rangle_X\,.$$

Addieren wir beide Ungleichungen, ergibt sich für alle $w \in X$

$$\langle Au + Bu, u - w \rangle_X \leq \liminf_{n\to\infty} \langle Au_n + Bu_n, u_n - w \rangle_X\,,$$

d.h. $A + B$ ist pseudomonoton.

ad (iv): Gegeben sei eine Folge $(u_n) \subseteq X$, die (2.3) erfüllt. Dies impliziert insbesondere

$$\limsup_{n \to \infty} \langle Au_n, u_n - u \rangle_X \leq 0 \,.$$

Aufgrund der Pseudomonotonie von A erhalten wir somit für alle $w \in X$

$$\langle Au, u - w \rangle_X \leq \liminf_{n \to \infty} \langle Au_n, u_n - w \rangle_X$$

$$\leq \langle b, u \rangle_X - \langle b, w \rangle_X = \langle b, u - w \rangle_X \,.$$

Wenn wir w durch $2u - w$ ersetzen, ergibt sich für alle $w \in X$:

$$\langle Au, u - w \rangle_X = \langle b, u - w \rangle_X \,,$$

d.h. $Au = b$.

ad (v): Sei $(u_n) \subseteq X$ sei eine Folge mit $u_n \to u$ in X $(n \to \infty)$. Da A lokal beschränkt ist, ist auch die Folge (Au_n) beschränkt. Der Raum X ist reflexiv und daher gibt es eine Teilfolge (Au_{n_k}) mit $Au_{n_k} \rightharpoonup b$ in X^* $(k \to \infty)$, so dass wir $\lim_{k \to \infty} \langle Au_{n_k}, u_{n_k} - u \rangle_X = 0$ erhalten. Die Pseudomonotonie von A zusammen mit den obigen Konvergenzen impliziert für alle $w \in X$:

$$\langle Au, u - w \rangle_X \leq \liminf_{k \to \infty} \langle Au_{n_k}, u_{n_k} - w \rangle_X$$

$$= \langle b, u - w \rangle_X \,.$$

Damit folgt wie in (iv) $Au = b$, d.h. $Au_{n_k} \rightharpoonup Au$ in X^* $(k \to \infty)$. Das Konvergenzprinzip Lemma 0.3 (iv) liefert, da obige Argumentation für beliebige konvergente Teilfolgen gilt,

$$Au_n \rightharpoonup b = Au \quad \text{in } X^* \quad (n \to \infty) \,,$$

d.h. A ist demistetig.   ■

2.9 Satz (Brezis 1968). *Sei $A \colon X \to X^*$ ein pseudomonotoner, beschränkter, koerziver Operator, wobei X ein separabler, reflexiver Banachraum ist. Dann existiert für alle $b \in X^*$ eine Lösung $u \in X$ von*

$$Au = b \,. \tag{2.10}$$

Bemerkung. In Abschnitt 3.3.2 (cf. Folgerung 3.51) zeigen wir, dass der Satz auch ohne die Voraussetzung der Separabilität des Banachraumes gilt.

Beweis (Satz 2.9).   Aufgrund von Lemma 2.6 (v) ist A demistetig, da A pseudomonoton und beschränkt ist. Nach Lemma 2.6 (iv) genügt A auch der Bedingung (M), da A pseudomonoton ist. Wir gehen nun analog zum Beweis des Satzes von Browder–Minty 1.5 vor. Dazu wählen wir eine Basis $(w_i)_{i \in \mathbb{N}}$ von X. Mithilfe des Galerkin–Verfahrens suchen wir approximative Lösungen

$$u_n = \sum_{k=1}^{n} c_n^k w_k \,,$$

die das Galerkin–System (cf. Beweis des Satzes von Browder–Minty 1.5)

$$g_n^k(\mathbf{c}_n) = g_n^k(u_n) := \langle Au_n - b, w_k\rangle_X = 0\,, \qquad k = 1,\ldots,n\,, \qquad (2.11)$$

lösen. Die Lösbarkeit dieses Gleichungssystems folgt wie im Beweis des Satzes von Browder–Minty 1.5, da A demistetig und koerziv ist. Die Demistetigkeit von A impliziert nämlich, dass die Funktionen $g_n^k, k = 1,\ldots,n$, stetig sind, und die Koerzivität von A, dass es ein $R_0 > 0$ gibt, so dass für alle $\|u_n\|_X = R_0$ gilt $\sum_{k=1}^n g_n^k(\mathbf{c}_n)\, c_n^k > 0$ (cf. (1.10)). Somit liefert Satz 1.2.23, eine Folgerung aus dem Satz von Brouwer 1.2.14, die Existenz einer Lösung u_n des Galerkin–Systems (2.11), sowie die apriori Abschätzung (cf. (1.11))

$$\|u_n\|_X \le R_0 \qquad\qquad \forall n \in \mathbb{N}\,.$$

Also gibt es eine konvergente Teilfolge (u_{n_k}) mit $u_{n_k} \rightharpoonup u$ in X ($k \to \infty$). Wir wollen nun zeigen, dass u (2.10) löst. Aus dem Galerkin–System (2.11) folgt, dass

$$\lim_{k\to\infty} \langle Au_{n_k}, v\rangle_X = \langle b, v\rangle_X \qquad \forall v \in \bigcup_{n\in\mathbb{N}} \operatorname{span}(w_1,\ldots,w_n)\,.$$

Die Beschränktheit des Operators A liefert, dass die Folge (Au_{n_k}) beschränkt ist, da die schwach konvergente Folge (u_{n_k}) beschränkt ist. Aufgrund der Reflexivität von X^* (cf. Lemma A.7.5 (iii)) besitzt eine Teilfolge von (Au_{n_k}), die wir wieder mit (Au_{n_k}) bezeichnen, einen schwachen Grenzwert, d.h.

$$Au_{n_k} \rightharpoonup c \text{ in } X^* \qquad (k \to \infty)\,.$$

Es gilt aber $c = b$ mit denselben Argumenten wie im Beweisteil 3 des Satzes von Browder–Minty 1.5. Aus dem Galerkin–System (2.11) und der schwachen Konvergenz der (u_{n_k}) erhalten wir

$$\langle Au_{n_k}, u_{n_k}\rangle_X = \langle b, u_{n_k}\rangle_X \to \langle b, u\rangle_X \qquad (k \to \infty)\,.$$

Daher erfüllt die Folge (u_{n_k}) die Voraussetzungen der Bedingung (M) und es folgt

$$Au = b\,,$$

d.h. u ist die gesuchte Lösung von (2.10). ∎

3.2.2 Quasilineare elliptische Gleichungen II

Wir betrachten nun das Problem

$$\begin{aligned}
-\operatorname{div}(|\nabla u|^{p-2}\nabla u) + g(u) &= f && \text{in } \Omega\,, \\
u &= 0 && \text{auf } \partial\Omega\,,
\end{aligned} \qquad (2.12)$$

wobei $\Omega \subseteq \mathbb{R}^d$ ein beschränktes Gebiet mit Lipschitz-stetigem Rand $\partial\Omega$ ist, $f \colon \Omega \to \mathbb{R}$ sowie $g \colon \mathbb{R} \to \mathbb{R}$ gegebene Funktionen sind und $u \colon \Omega \to \mathbb{R}$ die gesuchte Funktion ist. Dies ist eine Verallgemeinerung der Probleme (1.24) und (2.1) und kann, wie am Beginn von Abschnitt 3.2.1 erläutert wurde, im Allgemeinen nicht mit der Theorie monotoner Operatoren gelöst werden. Um die Darstellung nicht durch zusätzliche Fallunterscheidungen aufgrund unterschiedlicher Einbettungen (cf. Satz A.12.21) unübersichtlicher zu machen, beschränken wir uns im Folgenden auf den Fall $p < d$. Allerdings gelten alle Resultate auch für den Fall $p \geq d$.

Wir wollen die Theorie pseudomonotoner Operatoren benutzen. Dazu setzen wir $X = W_0^{1,p}(\Omega)$ und definieren folgende Abbildungen:

$$\langle A_1 u, \varphi \rangle_X := \int_\Omega |\nabla u|^{p-2} \nabla u \cdot \nabla \varphi \, dx \,, \tag{2.13}$$

$$\langle A_2 u, \varphi \rangle_X := \int_\Omega g(u) \, \varphi \, dx \,, \tag{2.14}$$

$$\langle b, \varphi \rangle_X := \int_\Omega f \, \varphi \, dx \,. \tag{2.15}$$

Wir gehen analog zum Abschnitt 3.1.3 vor. Dort wurden bereits der Operator A_1 (cf. Lemmata 1.30, 1.34 mit $s = 0$) und das Funktional b (cf. Lemma 1.30) behandelt. Für den Operator A_2 gilt:

2.16 Lemma. *Sei Ω ein beschränktes Gebiet des $\mathbb{R}^d$ mit Lipschitz-stetigem Rand $\partial\Omega$. An die stetige Funktion $g : \mathbb{R} \to \mathbb{R}$ stellen wir folgende Wachstumsbedingung:*

$$|g(t)| \leq c \left(1 + |t|^{r-1} \right), \tag{2.17}$$

wobei $1 \leq r < \infty$. Für $1 \leq p < d$ und $r \leq \frac{dp}{d-p} =: q$ bildet der in (2.14) definierte Operator A_2 den Raum $X = W_0^{1,p}(\Omega)$ in seinen Dualraum X^* ab und ist beschränkt. Für $r < \frac{dp}{d-p} = q$ ist A_2 vollstetig.

Beweis. 1. Aus der Definition von A_2 und (2.17) erhalten wir für $u, \varphi \in X$

$$
\begin{aligned}
|\langle A_2 u, \varphi \rangle_X| &\leq \int_\Omega c \left(1 + |u|^{r-1} \right) |\varphi| \, dx \\
&\leq c \int_\Omega |\varphi| \, dx + c \left(\int_\Omega |u|^{(r-1)q'} \, dx \right)^{\frac{1}{q'}} \left(\int_\Omega |\varphi|^q \, dx \right)^{\frac{1}{q}} .
\end{aligned}
\tag{2.18}
$$

Wenn wir die Einbettung $X = W_0^{1,p}(\Omega) \hookrightarrow L^\alpha(\Omega)$, $\alpha \leq q$, (cf. Satz A.12.21) und $(r-1)q' \leq q$, was aufgrund der Definition von q äquivalent zu $r \leq \frac{dp}{d-p}$ ist, benutzen, erhalten wir

$$
\begin{aligned}
\|A_2 u\|_{X^*} &= \sup_{\|\varphi\|_X \leq 1} |\langle A_2 u, \varphi \rangle_X| \\
&\leq \sup_{\|\varphi\|_X \leq 1} c \left(1 + \|u\|_X^{r-1} \right) \|\varphi\|_X \leq c \left(1 + \|u\|_X^{r-1} \right).
\end{aligned}
\tag{2.19}
$$

Demzufolge ist $A_2 u \in X^*$, d.h. $A_2 \colon X \to X^*$. Aus dieser Abschätzung folgt auch, dass A_2 beschränkt ist.

2. Sei $(u_n) \subseteq X$ eine schwach konvergente Folge. Aufgrund der kompakten Einbettung $X = W_0^{1,p}(\Omega) \hookrightarrow\hookrightarrow L^r(\Omega)$, für $r < \frac{dp}{d-p}$ (cf. Satz A.12.22), gilt

$$u_n \to u \ \text{ in } L^r(\Omega) \quad (n \to \infty). \tag{2.20}$$

Wir setzen

$$(Fv)(x) := g(v(x))$$

und erhalten mithilfe der Wachstumsbedingung (2.17) und der Stetigkeit von g, dass der Nemyckii–Operator F die Voraussetzungen von Lemma 1.20 erfüllt. Mit $r - 1 = \frac{r}{r'}$ ist also $F : L^r(\Omega) \to L^{r'}(\Omega)$ stetig. Insbesondere gilt aufgrund von (2.20):

$$\|F(u_n) - F(u)\|_{r'} \to 0 \qquad (n \to \infty). \tag{2.21}$$

Daraus erhalten wir

$$\begin{aligned}
\sup_{\|\varphi\|_X \leq 1} |\langle A_2 u_n - A_2 u, \varphi \rangle_X| &\leq \sup_{\|\varphi\|_X \leq 1} \int_\Omega |g(u_n) - g(u)||\varphi|\, dx \\
&\leq \sup_{\|\varphi\|_X \leq 1} \|F(u_n) - F(u)\|_{r'} \|\varphi\|_r \\
&\leq c \,\|F(u_n) - F(u)\|_{r'},
\end{aligned}$$

aufgrund der Einbettung $X \hookrightarrow L^r(\Omega)$. Mithilfe der Konvergenz in (2.21) folgt also $A_2 u_n \to A_2 u$ in X^* $(n \to \infty)$, d.h. A_2 ist vollstetig. ∎

Um den Satz von Brezis 2.9 anwenden zu können benötigen wir noch folgendes Lemma.

2.22 Lemma. *Zusätzlich zu den Voraussetzungen von Lemma 2.16 erfülle g die Koerzivitätsbedingung*

$$\inf_{t \in \mathbb{R}} g(t)\, t > -\infty \tag{2.23}$$

und es sei $p > 1$. Dann ist der Operator $A_1 + A_2 : X \to X^*$ koerziv.

Beweis. Im Beweis von Lemma 1.34 wurde gezeigt, dass

$$\langle A_1 u, u \rangle_X = \|\nabla u\|_p^p$$

gilt. Aus (2.23) folgt die Existenz einer Konstanten $c_0 > 0$ so, dass

$$\langle A_2 u, u \rangle_X = \int_\Omega g(u)\, u\, dx > -c_0 \tag{2.24}$$

Somit erhalten wir für $p > 1$

$$\frac{\langle A_1 u + A_2 u, u \rangle_X}{\|u\|_X} > \frac{\langle A_1 u, u \rangle_X}{\|\nabla u\|_p} - \frac{c_0}{\|\nabla u\|_p} = \|\nabla u\|_p^{p-1} - \frac{c_0}{\|\nabla u\|_p} \to \infty$$

falls $\|\nabla u\|_p \to \infty$. Also ist der Operator $A_1 + A_2$ koerziv. ∎

2.25 Satz. *Sei $\Omega \subseteq \mathbb{R}^d$ ein beschränktes Gebiet mit Rand $\partial\Omega \in C^{0,1}$. Sei $1 < p < d$ und die stetige Funktion $g \colon \mathbb{R} \to \mathbb{R}$ erfülle die Voraussetzungen (2.17) und (2.23) mit $1 \leq r < \frac{dp}{d-p}$. Dann existiert für alle $f \in L^{p'}(\Omega)$ eine schwache Lösung von (2.12), d.h. es gibt ein $u \in X = W_0^{1,p}(\Omega)$, so dass*

$$(A_1 + A_2)u = b.$$

Beweis. Wir wollen den Satz von Brezis 2.9 anwenden. Der Raum $X = W_0^{1,p}(\Omega)$ ist ein reflexiver, separabler Banachraum. Aus den Lemmata 1.30 und 1.34 wissen wir, dass $A_1 : X \to X^*$ ein strikt monotoner, stetiger, beschränkter Operator ist. Also ist A_1 nach Lemma 2.6 (i) pseudomonoton. Aufgrund von Lemma 2.16 ist A_2 ein vollstetiger, beschränkter Operator. Lemma 2.6 (ii) besagt, dass somit A_2 pseudomonoton ist. Insgesamt ist also $A_1 + A_2$ ein beschränkter pseudomonotoner Operator, der aufgrund von Lemma 2.22 auch koerziv ist. Lemma 1.30 liefert $b \in X^*$. Die Behauptung folgt nun sofort aus dem Satz von Brezis 2.9. $\blacksquare$

Bemerkungen. (i) Der Fall $p \geq d$ kann analog behandelt werden. In diesem Fall fällt die obere Schranke für r weg, d.h. alle $r \in [1, \infty)$ sind zulässig. Allerdings muß man bei den Einbettungssätzen Fallunterscheidungen durchführen, die die obigen Rechnungen weiter verkompliziert hätten.

(ii) Die Funktion $g(t) = -\alpha t$, $\alpha > 0$, wird von vorherigen Satz nicht abgedeckt, da g nicht die Bedingung (2.23) erfüllt. Für $p \geq \frac{2d}{d+2}$ gilt die Einbettung $W_0^{1,p}(\Omega) \hookrightarrow L^2(\Omega)$ und somit kann man die Koerzivität von $A_1 + A_2$ wie folgt nachweisen:

$$\frac{\langle A_1 u + A_2 u, u \rangle_X}{\|u\|_X} = \|\nabla u\|_p^{p-1} - \alpha \frac{\|u\|_2^2}{\|\nabla u\|_p}$$

$$\geq \|\nabla u\|_p^{p-1} - \alpha\, c_0 \|\nabla u\|_p,$$

wobei c_0 die Einbettungskonstante von $W_0^{1,p}(\Omega) \hookrightarrow L^2(\Omega)$ ist. Die rechte Seite strebt gegen Unendlich falls entweder $p > 2$ oder $p = 2$ und $\alpha\, c_0 < 1$. Somit ist $A_1 + A_2$ koerziv und man kann wie im Beweis von Satz 2.25 vorgehen, der die Existenz verallgemeinerter Lösungen für $p \geq 2$ liefert.

3.2.3 Die stationären Navier–Stokes–Gleichungen

Die stationären Navier–Stokes Gleichungen lauten[2]

$$
\begin{aligned}
-\Delta \mathbf{u} + [\nabla \mathbf{u}]\mathbf{u} + \nabla p &= \mathbf{f} && \text{in } \Omega\,, \\
\operatorname{div} \mathbf{u} &= 0 && \text{in } \Omega\,, \\
\mathbf{u} &= 0 && \text{auf } \partial\Omega\,,
\end{aligned}
\tag{2.26}
$$

---

[2] Wir benutzen die Notation $[\nabla \mathbf{u}]\mathbf{u} := \big(\sum_{j=1}^{3} u^j \, (\partial_j u^i) \big)_{i=1,2,3}$

wobei $\Omega \subseteq \mathbb{R}^3$ ein beschränktes Gebiet mit Lipschitz-stetigem Rand $\partial\Omega$ ist. Diese Gleichungen beschreiben die stationäre Strömung einer viskosen, inkompressiblen Flüssigkeit. Es ist $\mathbf{u} = (u^1, u^2, u^3)^\top : \Omega \to \mathbb{R}^3$ die Geschwindigkeit, $p : \Omega \to \mathbb{R}$ der Druck und $\mathbf{f} : \Omega \to \mathbb{R}^3$ eine äußere Kraft. Der Term $[\nabla \mathbf{u}]\mathbf{u}$ wird oft *Wirbelterm* genannt. Der Druck kann aus den Gleichungen (2.26) nur bis auf eine Konstante bestimmt werden. Deshalb ist es möglich eine weitere Bedingung an p zu stellen, wobei wir uns der Einfachheit halber für $\int_\Omega p \, dx = 0$ entscheiden. Wir setzen

$$X := \{\varphi \in W_0^{1,2}(\Omega; \mathbb{R}^3) \mid \operatorname{div} \varphi = 0\}. \tag{2.27}$$

Dies ist ein linearer Teilraum von $W_0^{1,2}(\Omega; \mathbb{R}^3)$, den wir mit der Norm

$$\|\mathbf{u}\|_X := \|\nabla \mathbf{u}\|_{L^2(\Omega; \mathbb{R}^{3 \times 3})} \tag{2.28}$$

versehen. Wir definieren für alle $\mathbf{u}, \varphi \in X$ und $p \in L^2(\Omega)$ mit $\int_\Omega p \, dx = 0$

$$
\begin{aligned}
\langle A_1 \mathbf{u}, \varphi \rangle_X &:= \int_\Omega \nabla \mathbf{u} \cdot \nabla \varphi \, dx\,, \\
\langle A_2 \mathbf{u}, \varphi \rangle_X &:= \int_\Omega [\nabla \mathbf{u}]\mathbf{u} \cdot \varphi \, dx\,, \\
\langle P, \varphi \rangle_X &:= \langle \nabla p, \varphi \rangle_X := - \int_\Omega p \operatorname{div} \varphi \, dx = 0\,, \\
\langle b, \varphi \rangle_X &:= \int_\Omega \mathbf{f} \cdot \varphi \, dx\,.
\end{aligned}
\tag{2.29}
$$

Offensichtlich ist die Operatorgleichung $A_1\mathbf{u} + A_2\mathbf{u} = b$ äquivalent zur schwachen Formulierung von Problem (2.26), d.h. für alle $\varphi \in X$ gilt

$$\int_\Omega \nabla \mathbf{u} \cdot \nabla \varphi \, dx + \int_\Omega [\nabla \mathbf{u}]\mathbf{u} \cdot \varphi \, dx = \int_\Omega \mathbf{f} \cdot \varphi \, dx\,. \tag{2.30}$$

Wir überprüfen nun, dass die Operatoren A_1, A_2 und das Funktional b wohldefiniert sind und dass der Operator $A_1 + A_2$ die Voraussetzungen des Satzes von Brezis 2.9 erfüllt.

2.31 Lemma. *Unter den obigen Voraussetzungen an Ω ist der in (2.27) definierte Raum X, versehen mit der Norm (2.28), ein reflexiver, separabler Banachraum.*

Beweis. Zuerst zeigen wir, dass X, definiert in (2.27), ein abgeschlossener Teilraum von $W_0^{1,2}(\Omega; \mathbb{R}^3)$ ist. Sei $(\mathbf{u}_n) \subseteq X$ eine Folge mit $\mathbf{u}_n \to \mathbf{u}$ in $W_0^{1,2}(\Omega; \mathbb{R}^3)$ $(n \to \infty)$. Daraus folgt insbesondere, dass $\nabla \mathbf{u}_n \to \nabla \mathbf{u}$ in $L^2(\Omega; \mathbb{R}^{3 \times 3})$ $(n \to \infty)$. Daher gibt es eine Teilfolge mit $\nabla \mathbf{u}_{n_k} \to \nabla \mathbf{u}$ fast überall $(k \to \infty)$. Wir erhalten also für fast alle $x \in \Omega$

$$\operatorname{div} \mathbf{u}(x) = \operatorname{tr} \nabla \mathbf{u}(x) = \lim_{k \to \infty} \operatorname{tr} \nabla \mathbf{u}_{n_k}(x) = 0\,,$$

d.h. $\mathbf{u} \in X$. Da ein abgeschlossener Teilraum eines Banachraumes wieder ein Banachraum ist, haben wir also bewiesen, dass X ein Banachraum ist. Außerdem ist ein abgeschlossener Teilraum eines reflexiven Banachraumes wieder reflexiv (cf. Lemma A.7.5 (i)). Da $W_0^{1,2}(\Omega; \mathbb{R}^3)$ separabel ist, ist auch der Teilraum $X \subseteq W_0^{1,2}(\Omega; \mathbb{R}^3)$ separabel (cf. Satz A.7.5 (vi)).   ∎

2.32 Lemma. *Unter den obigen Voraussetzungen an Ω und mit X, definiert in (2.27), ist der Operator $A_1 : X \to X^*$ linear, stetig, koerziv, strikt monoton und beschränkt.*

Beweis. Offensichtlich ist A_1 linear. Der Operator $A_1 : X \to X^*$ ist eine vektorwertige Variante des Operators $A : W_0^{1,2}(\Omega) \to (W_0^{1,2}(\Omega))^*$ in Lemma 1.30 mit $p = 2$ und $s = 0$. Man kann nun die Beweise von Lemma 1.30 und von Lemma 1.34 auf unsere Situation adaptieren und erhält die fehlenden Behauptungen.   ∎

2.33 Lemma. *Der Operator A_2, definiert in (2.29), ist ein vollstetiger, beschränkter Operator von X nach X^*.*

Beweis. 1. Für alle $\mathbf{u}, \boldsymbol{\varphi} \in X$ gilt:

$$
\begin{aligned}
|\langle A_2 \mathbf{u}, \boldsymbol{\varphi} \rangle_X| &\leq \int_\Omega |\mathbf{u}| |\nabla \mathbf{u}| |\boldsymbol{\varphi}| \, dx \\
&\leq \left(\int_\Omega |\mathbf{u}|^4 \, dx \right)^{\frac{1}{4}} \left(\int_\Omega |\boldsymbol{\varphi}|^4 \, dx \right)^{\frac{1}{4}} \left(\int_\Omega |\nabla \mathbf{u}|^2 \, dx \right)^{\frac{1}{2}} \\
&\leq c \, \|\nabla \mathbf{u}\|_2^2 \|\boldsymbol{\varphi}\|_X \, ,
\end{aligned}
$$

denn $X \hookrightarrow L^4(\Omega; \mathbb{R}^3)$ (cf. Satz A.12.21). Aus der Abschätzung folgt sowohl $A_2 \mathbf{u} \in X^*$ und damit $A_2 : X \to X^*$, als auch die Beschränktheit von A_2.

2. A_2 ist vollstetig: Sei $(\mathbf{u}_n) \subseteq X$ eine Folge mit $\mathbf{u}_n \rightharpoonup \mathbf{u}$ in X $(n \to \infty)$. Aus der kompakten Einbettung $X \hookrightarrow\hookrightarrow L^4(\Omega; \mathbb{R}^3)$ folgt $\mathbf{u}_n \to \mathbf{u}$ in $L^4(\Omega; \mathbb{R}^3)$ $(n \to \infty)$. Für all $\boldsymbol{\varphi} \in X$ gilt:

$$
\begin{aligned}
|\langle A_2 \mathbf{u}_n - A_2 \mathbf{u}, \boldsymbol{\varphi} \rangle_X| &= \left| \int_\Omega [\nabla \mathbf{u}_n] \mathbf{u}_n \cdot \boldsymbol{\varphi} - [\nabla \mathbf{u}] \mathbf{u} \cdot \boldsymbol{\varphi} \, dx \right| \\
&= \left| \int_\Omega [\nabla \mathbf{u}_n](\mathbf{u}_n - \mathbf{u}) \cdot \boldsymbol{\varphi} + [\nabla(\mathbf{u}_n - \mathbf{u})] \mathbf{u} \cdot \boldsymbol{\varphi} \, dx \right| \\
&= \left| \int_\Omega [\nabla \mathbf{u}_n](\mathbf{u}_n - \mathbf{u}) \cdot \boldsymbol{\varphi} + [\nabla \boldsymbol{\varphi}] \mathbf{u} \cdot (\mathbf{u}_n - \mathbf{u}) \, dx \right| ,
\end{aligned}
$$

wobei wir im letzten Schritt partiell integriert haben und $\operatorname{div} \mathbf{u} = 0$ ausgenutzt haben. Somit erhalten wir mithilfe der Hölder–Ungleichung

$$\|A_2\mathbf{u}_n - A_2\mathbf{u}\|_{X^*} = \sup_{\|\varphi\|_X \le 1} |\langle A_2\mathbf{u}_n - A_2\mathbf{u}, \varphi\rangle_X|$$

$$\le \sup_{\|\varphi\|_X \le 1} \|\mathbf{u}_n - \mathbf{u}\|_4 \|\nabla\mathbf{u}_n\|_2 \|\varphi\|_4 + \|\mathbf{u}\|_4 \|\mathbf{u}_n - \mathbf{u}\|_4 \|\nabla\varphi\|_2$$

$$\le c\|\mathbf{u}_n - \mathbf{u}\|_4 \|\nabla\mathbf{u}_n\|_2 + \|\mathbf{u}\|_4 \|\mathbf{u}_n - \mathbf{u}\|_4 \to 0 \quad (n \to \infty),$$

wobei wir die Einbettung $X \hookrightarrow L^4(\Omega;\mathbb{R}^3)$ benutzt haben, sowie die Beschränktheit der Folge $(\|\nabla\mathbf{u}_n\|_2)$ (cf. Lemma 0.3 (i)) und die Konvergenz $\mathbf{u}_n \to \mathbf{u}$ in $L^4(\Omega;\mathbb{R}^3)$ $(n \to \infty)$. Somit ist A_2 vollstetig auf X. ∎

2.34 Satz. *Sei $\Omega \subseteq \mathbb{R}^3$ ein beschränktes Gebiet mit Lipschitz-stetigem Rand $\partial\Omega$. Dann gibt es zu jedem $\mathbf{f} \in L^2(\Omega;\mathbb{R}^3)$ ein $\mathbf{u} \in X$, wobei X in (2.27) definiert ist, so dass $\mathbf{u}$ die Navier–Stokes–Gleichungen (2.26) im schwachen Sinne löst, d.h. (2.30) gilt.*

Beweis. Der Raum X ist aufgrund von Lemma 2.31 ein separabler und reflexiver Banachraum. Aufgrund der Lemmata 2.32, 2.33 und 2.6 ist der Operator $A_1 + A_2 \colon X \to X^*$ beschränkt und pseudomonoton. Es bleibt zu zeigen, dass $A_1 + A_2$ auch koerziv ist. Für alle $\mathbf{u} \in X$ haben wir:

$$\langle A_2\mathbf{u}, \mathbf{u}\rangle_X = \int_\Omega \sum_{i,j=1}^3 u^j \, (\partial_j u^i) \, u^i \, dx = \frac{1}{2} \int_\Omega \sum_{j=1}^3 u^j \, \partial_j |\mathbf{u}|^2 \, dx$$

$$= -\frac{1}{2} \int_\Omega \operatorname{div}\mathbf{u} \, |\mathbf{u}|^2 \, dx = 0 \,,$$

da für $\mathbf{u} \in X$ gilt $\operatorname{div}\mathbf{u} = 0$. Da A_1 koerziv ist (cf. Lemma 2.32), ist also insgesamt $A_1 + A_2$ koerziv auf X [3]. Mit denselben Argumenten wie in Lemma 1.30 erhält man $b \in X^*$, sofern $\mathbf{f} \in L^2(\Omega;\mathbb{R}^3)$. Der Satz von Brezis 2.9 liefert die Behauptung des Satzes. ∎

Bisher haben wir die Existenz einer Geschwindigkeit $\mathbf{u}$ gezeigt, die (2.30) erfüllt. Um auch einen Druck p zu finden, so dass für alle $\varphi \in W_0^{1,2}(\Omega;\mathbb{R}^3)$

$$\int_\Omega \nabla\mathbf{u} \cdot \nabla\varphi \, dx + \int_\Omega [\nabla\mathbf{u}]\mathbf{u} \cdot \varphi \, dx + \int_\Omega p \operatorname{div}\varphi \, dx = \int_\Omega \mathbf{f} \cdot \varphi \, dx$$

gilt, muss man den *Satz von De Rham* auf $\left(\mathbf{F} \in W_0^{1,2}(\Omega;\mathbb{R}^3)\right)^*$, definiert durch

$$\langle \mathbf{F}, \varphi\rangle_{W_0^{1,2}(\Omega;\mathbb{R}^3)} := \int_\Omega \nabla\mathbf{u} \cdot \nabla\varphi \, dx + \int_\Omega [\nabla\mathbf{u}]\mathbf{u} \cdot \varphi \, dx - \int_\Omega \mathbf{f} \cdot \varphi \, dx \,,$$

anwenden.

---

[3] Die Koerzivität ist die einzige Eigenschaft, die nur auf X und nicht auf $W_0^{1,2}(\Omega;\mathbb{R}^3)$ gilt. Zum Beweis der anderen Eigenschaften benötigen wir die Bedingung $\operatorname{div}\mathbf{u} = 0$ nicht.

2.35 Satz (De Rham 1960). *Sei* $\mathbf{F} \in \left(W_0^{1,2}(\Omega; \mathbb{R}^3)\right)^*$ *ein Funktional. Falls für alle* $\varphi \in X$ *gilt:*

$$\langle \mathbf{F}, \varphi \rangle_{W_0^{1,2}(\Omega; \mathbb{R}^3)} = 0\,,$$

dann existiert eine Funktion $p \in L^2(\Omega)$ *mit* $\int_\Omega p\, dx = 0$, *so dass für alle* $\varphi \in W_0^{1,2}(\Omega; \mathbb{R}^3)$ *gilt:*

$$\langle \mathbf{F}, \varphi \rangle_{W_0^{1,2}(\Omega; \mathbb{R}^3)} = \int_\Omega p\, \mathrm{div}\, \varphi\, dx\,.$$

Beweis. cf. [22].   ∎

3.2.4 Evolutionsprobleme

Bevor wir uns mit den instationären Versionen der Gleichungen (2.1) und (2.12) beschäftigen, wollen wir auf einige Besonderheiten bei der Behandlung zeitabhängiger Probleme eingehen.

Die erste Besonderheit besteht darin, dass bei der Untersuchung von parabolischen Differentialgleichungen und Evolutionsgleichungen die *Ort-* und *Zeitvariablen* unterschiedlich behandelt werden. Was bedeutet das? In Gleichungen dieser Art ist die Unbekannte eine Funktion u, die in einem Funktionenraum X liegt, dessen Elemente auf dem Raum–Zeitzylinder $I \times \Omega$ definiert sind, wobei Ω ein beschränktes Gebiet im $\mathbb{R}^d$ ist und $I = (0, T)$ ein gegebenes Zeitintervall. Nun kann man jedem $u \colon I \times \Omega \to \mathbb{R}$ durch die Vorschrift

$$[\tilde{u}(t)](x) := u(t, x)$$

eine Abbildung $\tilde{u} \colon I \to Y$ zuordnen, wobei Y ein Funktionenraum ist, dessen Elemente nur auf Ω definiert sind. Somit können wir also für alle $t \in I$ die Funktion $\tilde{u}(t) \colon \Omega \to \mathbb{R} : x \mapsto u(t, x)$ als ein Element dieses Funktionenraumes interpretieren. Damit haben wir zwei Sichtweisen für u: Einerseits kann man u als Funktion in Ort und Zeit betrachten und andererseits als Funktion in der Zeit mit Werten in einem ortsabhängigen Funktionenraum. Im Weiteren werden wir die zweite Sichtweise benutzen.

Eine weitere Besonderheit bei der Behandlung parabolischer Differentialgleichungen besteht darin, dass in natürlicher Weise *mehrere* Funktionenräume auftreten. Wir wollen dies am Beispiel der *Wärmeleitungsgleichung*

$$
\begin{aligned}
\partial_t u - \Delta u &= f && \text{in } I \times \Omega\,, \\
u &= 0 && \text{auf } I \times \partial\Omega\,, \\
u(0) &= u_0 && \text{in } \Omega\,,
\end{aligned}
\tag{2.36}
$$

illustrieren. Sei u eine glatte Lösung von (2.36), die natürlich auch die *schwache Formulierung* von (2.36) erfüllt, d.h. für alle $\varphi \in L^2(I; W_0^{1,2}(\Omega))$ gilt:

$$\int_I \int_\Omega \partial_t u\, \varphi\, dx\, dt + \int_I \int_\Omega \nabla u \cdot \nabla \varphi\, dx\, dt = \int_I \int_\Omega f \varphi\, dx\, dt\,. \qquad (2.37)$$

Wenn wir nun $\varphi = u$ wählen, erhalten wir, mithilfe partieller Integration und der Young–Ungleichung, die *apriori Abschätzung* (cf. die Rechnungen, die zu (2.82) führen)

$$\|u\|^2_{L^\infty(I;L^2(\Omega))} + \|u\|^2_{L^2(I;W_0^{1,2}(\Omega))} \le c\left(\|u_0\|^2_{L^2(\Omega)} + \|f\|^2_{L^2(I;L^2(\Omega))}\right).$$

Mithilfe dieser Abschätzung erhält man, wenn man (2.37) als Gleichung für die Zeitableitung $\partial_t u$ auffasst, die Abschätzung

$$\|\partial_t u\|^2_{L^2(I;(W_0^{1,2}(\Omega))^*)} \le c\left(\|u_0\|^2_{L^2(\Omega)}, \|f\|^2_{L^2(I;L^2(\Omega))}\right).$$

Also benötigt man zur Behandlung der Wärmeleitungsgleichung in natürlicher Weise die Räume $W_0^{1,2}(\Omega)$, $L^2(\Omega)$ und $W^{-1,2}(\Omega) := \left(W_0^{1,2}(\Omega)\right)^*$. Wir haben gesehen, dass die Zeitableitung $\partial_t u$ im Raum $L^2(I; W^{-1,2}(\Omega))$ liegt. Deshalb wollen wir uns etwas genauer ansehen, wie die Zeitableitung zu verstehen ist, und entwickeln einen Spezialfall der Theorie *verallgemeinerter Zeitableitungen*. Eine ausführliche Darstellung kann man z.B. in [15, Kapitel 4] oder [33] finden.

Sei V ein Banachraum, der stetig in einen Hilbertraum H einbettet, d.h. es existiert ein linearer, stetiger und injektiver Operator $j: V \to H$. Wir setzen weiter voraus, dass die Einbettung $V \overset{j}{\hookrightarrow} H$ dicht ist, d.h. $j(V) \subseteq H$ ist dicht in H. Unter diesen Voraussetzungen nennen wir (V, H, j) ein **Gelfand–Tripel**. Ein typisches Beispiel ist $(W_0^{1,2}(\Omega), L^2(\Omega), \mathrm{id}_{W_0^{1,2}(\Omega)})$, also genau die Räume, die in natürlicher Weise bei der Behandlung der Wärmeleitungsgleichung auftreten. Der adjungierte Operator $j^* \in L(H^*, V^*)$, definiert durch

$$\langle j^* f, v\rangle_V := \langle f, jv\rangle_H \qquad f \in H^*, v \in V,$$

d.h. die Einschränkung eines stetigen, linearen Funktionals $f \in H^*$ auf den Bildbereich $j(V)$, ist wiederum eine Einbettung, denn j^* ist injektiv. In der Tat, aus $j^* f = 0$ folgt $0 = \langle j^* f, v\rangle_V = \langle f, jv\rangle_H$ für alle $v \in V$ und somit $f = 0$ in H^*, da $j(V)$ dicht in H ist. Falls V zusätzlich reflexiv ist, kann man zeigen, dass $j^*(H^*)$ dicht in V^* ist (Übung).

Aufgrund des Rieszschen Darstellungssatzes A.10.3 können wir H mit H^* mithilfe des *Rieszoperators* $R: H \to H^*$, definiert durch

$$\langle Ry, x\rangle_H := (y, x)_H\,,$$

identifizieren. Aus den Eigenschaften der Operatoren j, j^* und R folgt, dass $e := j^* \circ R \circ j: V \to V^*$, d.h.

$$V \overset{j}{\hookrightarrow} H \overset{R}{\cong} H^* \overset{j^*}{\hookrightarrow} V^*,$$

stetig, linear und injektiv, also eine Einbettung von V nach V^*, ist. Diese nennen wir **kanonische Einbettung** des Gelfand–Tripels (V, H, j). Mithilfe der Abbildung e kann man Elemente der Raumes V mit Elementen des Dualraumes V^* identifizieren. In der Literatur wird meist die explizite Erwähnung der Einbettung e weggelassen. Dasselbe gilt für die Identifizierungen mithilfe der Abbildungen j und j^*. Für alle $v, w \in V$ gilt

$$\langle ev, w \rangle_V = \langle j^* \circ R \circ jv, w \rangle_V = \langle Rjv, jw \rangle_H = (jv, jw)_H \,,$$

was zusammen mit der Symmetrie des Skalarproduktes in H,

$$\langle ev, w \rangle_V = (jv, jw)_H = (jw, jv)_H = \langle ew, v \rangle_V \tag{2.38}$$

liefert. Nun haben wir alle Hilfsmittel zusammen, um zu definieren, wie wir Zeitableitungen auffassen wollen.

2.39 Definition. *Sei (V, H, j) ein Gelfand–Tripel und sei $1 < p < \infty$. Dann besitzt eine Funktion $u \in L^p(I; V)$ eine **verallgemeinerte Zeitableitung** bzgl. der kanonischen Einbettung e, falls ein Element w des Raumes $L^{p'}(I; V^*)$, $\frac{1}{p'} + \frac{1}{p} = 1$, existiert, so dass für alle $v \in V$ und alle $\varphi \in C_0^\infty(I; \mathbb{R})$*

$$\int_I \langle w(t), v \rangle_V \varphi(t)\, dt = -\int_I (ju(t), jv)_H\, \varphi'(t)\, dt$$

gilt. Falls $u \in L^p(I; V)$ eine verallgemeinerte Zeitableitung besitzt, ist diese eindeutig und wir setzen $\frac{d_e u}{dt} := w$.

2.40 Bemerkungen. (i) Die Definition 2.39 steht in engem Zusammenhang mit der Theorie von Distributionen mit Werten in Banachräumen (cf. [15, Kapitel 4], [33], [6]). Sei X ein Banachraum und $q \in (1, \infty)$. Jedes Element $f \in L^q(I; X)$ definiert durch

$$T_f(\varphi) := \int_I f(t)\, \varphi(t)\, dt\,, \qquad \varphi \in C_0^\infty(I)\,,$$

ein Element T_f des Raumes $\mathcal{D}'(I; X)$, des Raumes der Distributionen mit Werten in X. Die Ableitung der Distribution T_f ist diejenige Distribution $(T_f)' \in \mathcal{D}'(I; X)$ für die

$$(T_f)'(\varphi) = -T_f(\varphi')$$

für alle $\varphi \in C_0^\infty(I)$ gilt. Falls $(T_f)'$ durch eine Funktion $g \in L^q(I; X)$ repräsentiert werden kann, d.h. $(T_f)' = T_g$, setzen wir $f' := g$. Der **Bochner–Sobolev–Raum** $W^{1,q}(I; X)$ besteht aus genau solchen Funktionen, d.h.

$$W^{1,q}(I; X) := \{ f \in L^q(I; X) \mid f' \in L^q(I; X) \}\,.$$

Analog zum Beweis der Einbettung $W^{1,p}(I) \hookrightarrow C(\bar{I})$ (cf. Satz A.12.21, Satz A.12.5) kann man zeigen, dass jede Funktion $f \in W^{1,q}(I; X)$ einen Repräsentanten $f_c \in C(\bar{I}; X)$ besitzt und der Hauptsatz der Differential- und

Integralrechnung gilt, d.h. für alle $f \in W^{1,q}(I; X)$ und alle $s, t \in \overline{I}$ gilt in X:

$$f_c(t) = f_c(s) + \int_s^t f'(\tau) \, d\tau \,. \qquad (2.41)$$

(ii) Sei (V, H, j) ein Gelfand–Tripel. Die Einbettungen $j \colon V \to H$ und $e \colon V \to V^*$ definieren **induzierte Einbettungen** auf Bochner–Räumen $\boldsymbol{j} \colon L^p(I; V) \to L^p(I; H) \colon u \mapsto \boldsymbol{j}u$ und $\boldsymbol{e} \colon L^p(I; V) \to L^p(I; V^*) \colon u \mapsto \boldsymbol{e}u$, wobei die *induzierten Funktionen* $\boldsymbol{j}u$ und $\boldsymbol{e}u$ durch

$$(\boldsymbol{j}u)(t) := j(u(t)), \quad (\boldsymbol{e}u)(t) := e(u(t)), \qquad \text{für fast alle } t \in I, \qquad (2.42)$$

definiert sind. Analog zum Beweis von Lemma 2.51 kann man zeigen, dass die Funktionen $\boldsymbol{j}u$ und $\boldsymbol{e}u$ Bochner-messbar sind und dass die Operatoren $\boldsymbol{j}$ und $\boldsymbol{e}$ stetig und linear sind. Die Injektivität von $\boldsymbol{j}$ und $\boldsymbol{e}$ folgt sofort aus der Injektivität von j und e. Mithilfe von (2.38) sieht man, dass die verallgemeinerte Zeitableitung $\frac{d_e u}{dt}$ einer Funktion $u \in L^p(I; V)$ nichts anderes ist als die Ableitung der Distribution $T_{\boldsymbol{e}u}$, die durch die Funktion $\frac{d_e u}{dt} \in L^{p'}(I; V^*)$ repräsentiert wird, d.h. $(T_{\boldsymbol{e}u})' = T_{\frac{d_e u}{dt}}$ in $\mathcal{D}'(I; V^*)$.

(iii) Im Allgemeinen ist die verallgemeinerte Zeitableitung $\frac{d_e u}{dt}$ *nicht* mit der schwachen Zeitableitung $\partial_t u$ identisch. Eine Funktion $u \in L^1(I \times \Omega)$ besitzt eine schwache Zeitableitung $\partial_t u \in L^1(I \times \Omega)$, falls

$$\int_I \int_\Omega \partial_t u \, \varphi \, dx \, dt = - \int_I \int_\Omega u \, \partial_t \varphi \, dx \, dt \qquad \forall \varphi \in C_0^\infty(I \times \Omega) \,.$$

Beide Ableitungskonzepte sind also nur vergleichbar, wenn $C_0^\infty(\Omega)$ dicht in V liegt.

Im Folgenden bezeichnen wir für ein Gelfand–Tripel (V, H, j), $p \in (1, \infty)$ und $I = (0, T)$

$$W^{1,p,p'}(I; V, V^*) = W := \left\{ u \in L^p(I; V) \mid \frac{d_e u}{dt} \in L^{p'}(I; V^*) \right\},$$
$$\|u\|_W := \|u\|_{L^p(I;V)} + \left\| \frac{d_e u}{dt} \right\|_{L^{p'}(I;V^*)}, \qquad (2.43)$$

wobei $\frac{1}{p} + \frac{1}{p'} = 1$. Der Raum $(W, \|\cdot\|_W)$ ist ein *Banachraum*. Dieser ist reflexiv, falls $1 < p < \infty$ und V reflexiv ist.

2.44 Lemma. *Sei V ein reflexiver, separabler Banachraum, (V, H, j) ein Gelfand–Tripel und sei W in (2.43) definiert.*

(i) *Für jede Funktion $u \in W$ besitzt die Funktion $\boldsymbol{j}u \in L^p(I; H)$, definiert in (2.42), einen eindeutigen Repräsentanten $v \in C(\overline{I}; H)$. Der resultierende Operator $\boldsymbol{j}_c \colon W \to C(\overline{I}; H) \colon u \mapsto v$ ist eine Einbettung.*

(ii) *Für alle* $u, v \in W$ *und alle* $s, t \in \overline{I}$ *gilt:*

$$\int\limits_s^t \left\langle \frac{d_e u}{dt}(\tau), v(\tau) \right\rangle_V + \left\langle \frac{d_e v}{dt}(\tau), u(\tau) \right\rangle_V d\tau \qquad (2.45)$$

$$= \left(\boldsymbol{j}_c u(t), \boldsymbol{j}_c v(t) \right)_H - \left(\boldsymbol{j}_c u(s), \boldsymbol{j}_c v(s) \right)_H.$$

Beweis. Der Beweis ist technisch und benutzt viele Approximationsargumente. Er findet sich z.B. in [15, Satz IV.1.17], [33, Satz 23.23], [6, Proposition II.5.11, Theorem II.5.12]. ∎

Bemerkungen. (i) Formel (2.45) ist das Analogon zur folgenden partiellen Integrationsformel für reellwertige Funktionen $u, v \colon I \to \mathbb{R}$:

$$\int\limits_s^t u'(\tau)\, v(\tau) + u(\tau)\, v'(\tau)\, d\tau = u(t)\, v(t) - u(s)\, v(s).$$

(ii) Im Spezialfall $u = v \in W$ erhalten wir

$$\int\limits_s^t \left\langle \frac{d_e u}{dt}(\tau), u(\tau) \right\rangle_V d\tau = \frac{1}{2} \|\boldsymbol{j}_c u(t)\|_H^2 - \frac{1}{2} \|\boldsymbol{j}_c u(s)\|_H^2. \qquad (2.46)$$

Wir betrachten nun das *Anfangswertproblem*

$$\frac{d_e u}{dt} + A u = b, \qquad (2.47)$$

$$u(0) = u_0.$$

Dies ist die instationäre Variante der Operatorgleichung $Au = b$, die wir in den Abschnitten 3.1 und 3.2 behandelt haben. Lösungen von (2.47) suchen wir in einem geeigneten Bochner–Raum, und demzufolge ist der Operator A in geeigneter Weise als Operator auf solchen Räumen zu interpretieren. Wir beschränken uns im Folgenden auf den Fall, dass ein Operator $A \colon V \to V^*$ auf einem reflexiven, separablen Banachraum V gegeben ist, der einen **induzierten Operator** $\boldsymbol{A}$ durch die Vorschrift

$$\langle \boldsymbol{A} u, \varphi \rangle_{L^p(I;V)} := \int\limits_I \langle A(u(t)), \varphi(t) \rangle_V dt \qquad u, \varphi \in L^p(I;V) \qquad (2.48)$$

definiert. Unter gewissen Bedingungen an A und p vererben sich viele Eigenschaften des Operators A auf den induzierten Operator $\boldsymbol{A}$.

Der folgende Satz ist eine instationäre Variante des Satzes von Brezis 2.9.

2.49 Satz. *Sei V ein separabler, reflexiver Banachraum und (V, H, j) ein Gelfand–Tripel, $p \in (1, \infty)$ und $I = (0, T)$ mit $0 < T < \infty$. Sei $A \colon V \to V^*$ ein Operator, so dass der induzierte Operator $\mathcal{A} \colon L^p(I; V) \to \big(L^p(I; V)\big)^*$ pseudomonoton und beschränkt ist, sowie der Koerzivitätsbedingung*

$$\langle \mathcal{A} u, u \rangle_{L^p(I;V)} \geq c_0 \, \|u\|^p_{L^p(I;V)}, \qquad u \in L^p(I; V), c_0 > 0,$$

genügt. Dann existiert für alle $u_0 \in H$ und alle $b \in L^{p'}(I; V^*)$ eine Lösung $u \in W$ des Problems (2.47), d.h. $u \in W$ erfüllt $j_c u(0) = u_0$ in H und für alle $\varphi \in L^p(I; V)$ gilt

$$\int_I \Big\langle \frac{d_e u}{dt}(t) + A(u(t)), \varphi(t) \Big\rangle_V dt = \int_I \langle b(t), \varphi(t) \rangle_V \, dt. \qquad (2.50)$$

Beweis. Ein Beweis des Satzes kann in [26] gefunden werden. Er verläuft im Wesentlichen wie der Beweis des allgemeineren Resultats in Satz 2.76. ∎

Um diesen Satz anwenden zu können, benötigen wir eine Bedingung, die sichert, dass der induzierte Operator $\mathcal{A}$ eines Operators $A \colon V \to V^*$ den Raum $L^p(I; V)$ in den Dualraum $\big(L^p(I; V)\big)^*$ abbildet.

2.51 Lemma. *Sei V ein separabler, reflexiver Banachraum und $A \colon V \to V^*$ ein Operator.*

(i) *Falls A demistetig ist, gehört die für $u \in \mathcal{M}(I; V)$ durch $t \mapsto A(u(t))$, für fast alle $t \in I$, definierte Funktion zum Raum $\mathcal{M}(I; V^*)$.*

(ii) *Falls A demistetig ist und der Wachstumsbedingung*

$$\|Au\|_{V^*} \leq c \left(\|u\|^{p-1}_V + 1 \right), \qquad u \in V, c > 0, \qquad (2.52)$$

für ein $p > 1$, genügt, bildet der induzierte Operator $\mathcal{A}$, definiert in (2.48), den Raum $L^p(I; V)$ in den Dualraum $\big(L^p(I; V)\big)^*$ ab und ist beschränkt.

Beweis. Dieses Lemma ist ein Spezialfall des allgemeineren Resultats in Satz 2.94 (i). ∎

In Abschnitt 3.2.2 haben wir die Gleichung (2.12) mithilfe des Satzes von Brezis 2.9 über pseudomonotone Operatoren behandelt, da sie einen monotonen Term und einen kompakten Term enthält. Deshalb bietet es sich an, Satz 2.49 auf die *instationäre* Version dieser Gleichung

$$\begin{aligned}
\partial_t u - \operatorname{div}\big(|\nabla u|^{p-2}\nabla u\big) + g(u) &= f && \text{in } I \times \Omega, \\
u &= 0 && \text{auf } I \times \partial\Omega, \qquad (2.53) \\
u(0) &= u_0 && \text{in } \Omega,
\end{aligned}$$

anzuwenden. Hierbei sei $p \in (1, \infty)$, Ω ein beschränktes Gebiet im $\mathbb{R}^d$ mit $\partial\Omega \in C^{0,1}$ und $I = (0, T)$ ein endliches Zeitintervall. Die rechte Seite f und der Anfangswert u_0 seien gegeben. Wir setzen $V := W^{1,p}_0(\Omega)$

und $H := L^2(\Omega)$, wobei wir V mit der äquivalenten Norm $\|\nabla \cdot\|_p$ versehen (cf. (A.12.24)). Für $p \geq \frac{2d}{d+2}$ ist (V, H, id_V) ein Gelfand–Tripel. Wir benutzen dieselben Operatoren wie bei der Behandlung der quasilinearen elliptischen Gleichung (2.12), d.h. wir definieren

$$\langle A_1 u, v \rangle_V := \int_{\Omega} |\nabla u|^{p-2} \nabla u \cdot \nabla v \, dx \,,$$

$$\langle A_2 u, v \rangle_V := \int_{\Omega} g(u) \, v \, dx \,. \tag{2.54}$$

Diese Operatoren haben wir in Abschnitt 3.2.2 behandelt. Insbesondere haben wir in Lemma 1.30 und Lemma 1.34 gezeigt, dass der Operator $A_1 \colon V \to V^*$ für $p \geq \frac{2d}{d+2}$ beschränkt, koerziv, stetig und strikt monoton ist. Diese Eigenschaften übertragen sich auf den induzierten Operator $\mathcal{A}_1 \colon L^p(I; V) \to \left(L^p(I; V)\right)^*$.

2.55 Lemma. *Sei $p \geq \frac{2d}{d+2}$ und sei $A_1 \colon V \to V^*$ in $(2.54)_1$ definiert. Dann bildet der induzierte Operator $\mathcal{A}_1$ (cf. (2.48)) den Raum $L^p(I; V)$ in seinen Dualraum $\left(L^p(I; V)\right)^*$ ab, ist beschränkt, stetig, strikt monoton und genügt der Koerzivitätsbedingung*

$$\langle \mathcal{A}_1 u, u \rangle_{L^p(I;V)} \geq c_0 \|u\|_{L^p(I;V)}^p \,, \qquad u \in L^p(I; V) \,, c_0 > 0 \,.$$

Insbesondere ist $\mathcal{A}_1$ pseudomonoton.

Beweis. Der Operator A_1 aus (2.54) ist nichts anderes als der Operator A aus Lemma 1.30 für $s = 0$. Im Beweis von Lemma 1.30 (cf. (1.32)) haben wir gezeigt, dass der Operator $A_1 \colon V \to V^*$ die Wachstumsbedingung (2.52) erfüllt und in Lemma 1.34 haben wir bewiesen, dass $A_1 \colon V \to V^*$ stetig ist. Somit folgt aus Lemma 2.51, dass der induzierte Operator $\mathcal{A}_1 \colon L^p(I; V) \to \left(L^p(I; V)\right)^*$ beschränkt ist. Genau wie im Beispiel 2.1.26 zeigt man, dass $u \in L^p(I; V)$ genau dann gilt, wenn $u, \nabla u \in L^p(I \times \Omega)$. Somit kann man völlig analog zum Beweis von Lemma 1.34 zeigen, dass $\mathcal{A}_1$ stetig, strikt monoton und koerziv ist, allerdings muss man an Stelle von Ω mit $I \times \Omega$ arbeiten. Insbesondere ist $\mathcal{A}_1$ pseudomonoton aufgrund von Lemma 2.6. ∎

Der Operator A_2 in $(2.54)_2$ wurde in Lemma 2.16 behandelt. Dort wurde gezeigt, dass $A_2 \colon V \to V^*$ beschränkt und vollstetig ist, falls $r < \frac{dp}{d-p}$. Die Frage ist nun, ob sich auch diese Eigenschaften auf den induzierten Operator $\mathcal{A}_2$ übertragen, d.h. ob der Operator $\mathcal{A}_2$ den Raum $L^p(I; V)$ in seinen Dualraum $\left(L^p(I; V)\right)^*$ abbildet und dort beschränkt und vollstetig ist. In (2.19) wurde gezeigt, dass

$$\|A_2 u\|_{V^*} \leq c \left(1 + \|u\|_V^{r-1}\right)$$

gilt, falls $g \colon \mathbb{R} \to \mathbb{R}$ eine stetige Funktion mit $(r-1)$-Wachstum (cf. (2.17)) ist. Analog zum Beweis von Lemma 2.94 (i) kann man zeigen, dass der induzierte

Operator $\boldsymbol{\mathcal{A}}_2$ somit den Raum $L^p(I;V)$ in $\left(L^{\left(\frac{p}{r-1}\right)'}(I;V)\right)^*$ abbildet und beschränkt ist. Falls also die recht restriktive Bedingung $r \leq p$ erfüllt ist, bildet $\boldsymbol{\mathcal{A}}_2$ den Raum $L^p(I;V)$ in seinen Dualraum $\left(L^p(I;V)\right)^*$ ab.

Im Beweis von Lemma 2.16 wurde für den Nachweis der Vollstetigkeit von A_2 die *kompakte* Einbettung $V = W_0^{1,p}(\Omega) \hookrightarrow\hookrightarrow L^q(\Omega)$, $q < \frac{dp}{d-p}$, benutzt (cf. Satz A.12.22). Im Allgemeinen gilt allerdings, dass die Einbettung

$$L^p(I;V) \hookrightarrow L^p(I;L^q(\Omega)),$$

mit $q < \frac{dp}{d-p}$, *nicht* kompakt ist. Dies sieht man sofort, wenn man eine Folge $f_n \colon I \to \mathbb{R}$ betrachtet, die schwach in $L^p(I)$ gegen ein $f \in L^p(I)$ konvergiert, für die aber nicht $f_n \to f$ stark in $L^p(I)$ $(n \to \infty)$ gilt. Für ein beliebiges, aber festes, $v \in V$ kann dann die Folge

$$u_n(t,x) = f_n(t)v(x) \ \in L^p(I;V)$$

nicht stark in $L^p(I;L^q(\Omega))$ konvergieren. In der Tat gilt

$$\|u_n - u\|_{L^p(I;L^q(\Omega))}^p = \int_I \left(\int_\Omega |f_n(t) - f(t)|^q \, |v(x)|^q \, dx \right)^{\frac{p}{q}} dt$$

$$= \|v\|_{L^q(\Omega)}^p \, \|f_n - f\|_{L^p(I)}^p$$

und somit konvergiert $u_n \to u$ in $L^p(I;L^q(\Omega))$ $(n \to \infty)$ genau dann, wenn $f_n \to f$ in $L^p(I)$ $(n \to \infty)$. Somit wissen wir, selbst für $r \leq p$, nicht ob $\boldsymbol{\mathcal{A}}_2 \colon L^p(I;V) \to \left(L^p(I;V)\right)^*$ vollstetig ist.

Also kann man Satz 2.49 nicht auf die Gleichung (2.53) anwenden, da wir nicht wissen ob $\boldsymbol{\mathcal{A}}_2 \colon L^p(I;V) \to \left(L^p(I;V)\right)^*$ vollstetig ist und wir somit auch nicht wissen ob $\boldsymbol{\mathcal{A}}_1 + \boldsymbol{\mathcal{A}}_2 \colon L^p(I;V) \to \left(L^p(I;V)\right)^*$ pseudomonoton ist. Man kann einfache Beispiele konstruieren, die zeigen, dass der Operator $\boldsymbol{\mathcal{A}}_1 + \boldsymbol{\mathcal{A}}_2$ nicht pseudomonoton ist. Das obige Gegenbeispiel basiert darauf, dass keine Information über die Zeitableitung benutzt wurde, sondern nur die Information über die Ortsableitung. Im Satz 2.49 haben wir gesehen, dass die Lösung u des Evolutionsproblems (2.47) im Raum W (cf. (2.43)) liegt und wir somit Kontrolle über $\frac{d_e u}{dt}$ in $L^{p'}(I;V^*)$ haben. Man kann zeigen, dass die Einschränkung des Operators $\boldsymbol{\mathcal{A}}_2$ auf den Raum W, d.h. wir betrachten $\boldsymbol{\mathcal{A}}_2$ als Operator von W nach W^*, vollstetig ist. Somit ist dann auch $\boldsymbol{\mathcal{A}}_1 + \boldsymbol{\mathcal{A}}_2 \colon W \to W^*$ pseudomonoton. Allerdings können wir auch aufgrund dieser neuen Informationen Satz 2.49 nicht anwenden, da wir im Unterraum W von $L^p(I;V)$, versehen mit einer anderen Topologie, arbeiten müssten und diese Situation in Satz 2.49 nicht behandelt wird. Insbesondere haben wir keine Koerzivität des Operators bzgl. des Raumes W.

In der Tat ist die gerade diskutierte Situation prototypisch bei der Anwendung von Satz 2.49. Allerdings kann man die Beweisideen von Satz 2.49 in vielen konkreten Anwendungen adaptieren, wenn man ausnutzt, dass man auch Kontrolle über die Zeitableitung hat. Dieser Zugang geht auf J.L. Lions in [20, Theorem 2.5.1] zurück und liefert die Existenz einer Lösung des Problems. Er bringt allerdings neue technische Komplikation mit sich, so dass man eine etwas allgemeinere Situation als den Raum W betrachten muss. Wir wollen nun kurz das Kernresultat des Zugangs aus [20] darstellen.

Seien B, B_0, B_1 Banachräume, wobei B_0 und B_1 reflexiv sind und folgende Einbettungen gelten:
$$B_0 \overset{b_0}{\hookrightarrow} B \overset{b_1}{\hookrightarrow} B_1 \,, \tag{2.56}$$

d.h. insbesondere ist die Einbettung $b := b_1 \circ b_0 : B_0 \to B_1$ kompakt. Wir setzen
$$W_0 := \left\{ u \in L^{p_0}(I; B_0) \,\middle|\, \frac{d_b u}{dt} \in L^{p_1}(I; B_1) \right\} ,$$

wobei $1 < p_0, p_1 < \infty$, und versehen W_0 mit der Norm
$$\|u\|_{W_0} := \|u\|_{L^{p_0}(I;B_0)} + \left\| \frac{d_b u}{dt} \right\|_{L^{p_1}(I;B_1)} .$$

Wie in Bemerkung 2.40 induziert die Einbettung $b : B_0 \to B_1$ für jede Funktion $u \in L^{p_0}(I; B_0)$ eine Funktion $\boldsymbol{b} u : I \to B_1$. Die verallgemeinerte Zeitableitung $\frac{d_b u}{dt} \in L^{p_1}(I; B_1)$ einer Funktion $u \in L^{p_0}(I; B_0)$ ist wie in Bemerkung 2.40 zu verstehen, d.h. für alle $\varphi \in C_0^\infty(I)$ gilt in B_1:
$$\int_I \boldsymbol{b}\, u(t) \varphi'(t)\, dt = - \int_I \frac{d_b u(t)}{dt} \varphi(t)\, dt \,.$$

Offensichtlich ist W_0 ein *reflexiver Banachraum* und es gilt:
$$W_0 \overset{b_0}{\hookrightarrow} L^{p_0}(I; B) \,. \tag{2.57}$$

Allerdings kann man folgende stärkere Einbettung beweisen:

2.58 Satz (Aubin 1963, Lions 1969). *Unter den Voraussetzungen* (2.56) *und* $1 < p_0, p_1 < \infty$ *ist die Einbettung* (2.57) *kompakt, d.h.*
$$W_0 \overset{b_0}{\hookrightarrow\hookrightarrow} L^{p_0}(I; B) \,.$$

Der Beweis dieses Satzes basiert auf folgendem Resultat.

2.59 Lemma (Ehrling 1954). *Unter den Voraussetzungen* (2.56) *gibt es für alle* $\eta > 0$ *eine Konstante* $d(\eta)$, *so dass für alle* $v \in B_0$ *gilt:*
$$\|b_0 v\|_B \le \eta \|v\|_{B_0} + d(\eta) \|b\, v\|_{B_1} \,. \tag{2.60}$$

Beweis. Angenommen (2.60) gelte nicht, dann gäbe es ein $\eta > 0$ und Folgen $(v_n) \subseteq B_0$ und $(d_n) \subseteq \mathbb{R}$ mit $0 \le d_n \to \infty \, (n \to \infty)$, so dass
$$\|b_0 v_n\|_B > \eta \|v_n\|_{B_0} + d_n \|b\, v_n\|_{B_1} \,.$$

Wir setzen $w_n := v_n / \|v_n\|_{B_0} \in B_0$ und erhalten

$$\|b_0 w_n\|_B > \eta + d_n \|b\, w_n\|_{B_1} \,. \tag{2.61}$$

Aufgrund der Einbettung (2.56) und der Definition von w_n gilt:

$$\|b_0 w_n\|_B \le c \|w_n\|_{B_0} = c \,,$$

und somit folgt aus (2.61) und $d_n \to \infty$ $(n \to \infty)$, dass

$$\|b\, w_n\|_{B_1} \to 0 \qquad (n \to \infty) \,. \tag{2.62}$$

Nach Konstruktion gilt: $\|w_n\|_{B_0} = 1$ und somit impliziert die kompakte Einbettung $B_0 \overset{b_0}{\hookrightarrow\hookrightarrow} B$, dass für eine Teilfolge, die wir wiederum mit (w_n) bezeichnen, gilt

$$b_0 w_n \to b_0 w \quad \text{in } B \qquad (n \to \infty) \,.$$

Mithilfe der Einbettung $B \overset{b_1}{\hookrightarrow} B_1$ ergibt sich also

$$b\, w_n = b_1(b_0 w_n) \to b_1(b_0 w) = b\, w \quad \text{in } B_1 \qquad (n \to \infty) \,,$$

was zusammen mit (2.62) $b\, w = 0$ in B_1 liefert. Die Injektivität der Einbettung b liefert $w = 0$ in B_0, woraus $b_0 w = 0$ in B folgt. Insgesamt haben wir also

$$\|b_0 w_n\|_B \to 0 \qquad (n \to \infty)$$

gezeigt, was ein Widerspruch zu (2.61) ist, da $\eta > 0$. ∎

Beweis (Satz 2.58). Sei (v_n) eine beschränkte Folge in W_0. Da W_0 reflexiv ist, gibt es eine Teilfolge (v_{n_k}), für die gilt:

$$v_{n_k} \rightharpoonup v \quad \text{in } W_0 \qquad (k \to \infty) \,.$$

Wenn wir zur Folge $u_k := v_{n_k} - v$ übergehen, erhalten wir also

$$\begin{aligned}
u_n &\rightharpoonup 0 && \text{in } W_0 && (n \to \infty) \,, \\
\|u_n\|_{W_0} &\le c && \text{für alle } n \in \mathbb{N} \,.
\end{aligned} \tag{2.63}$$

Aufgrund von Lemma 2.59 gibt es für alle $\eta > 0$ ein $d(\eta)$ mit

$$\|\boldsymbol{b}_0 u_n\|_{L^{p_0}(I;B)} \le \eta \|u_n\|_{L^{p_0}(I;B_0)} + d(\eta) \|\boldsymbol{b}\, u_n\|_{L^{p_0}(I;B_1)} \,, \tag{2.64}$$

wobei wir die Definition der induzierten Einbettungen von Bochner-Räumen $\boldsymbol{b}_0 \colon L^{p_0}(I;B_0) \to L^{p_0}(I;B)$, $\boldsymbol{b} \colon L^{p_0}(I;B_0) \to L^{p_0}(I;B_1)$ (cf. Bemerkung 2.40 (ii)) benutzt haben. Sei nun $\varepsilon > 0$ beliebig. Aus (2.64) mit $\eta = \frac{\varepsilon}{2c}$ und (2.63)$_2$ erhalten wir

$$\|\boldsymbol{b}_0 u_n\|_{L^{p_0}(I;B)} \le \frac{\varepsilon}{2} + d(\varepsilon) \|\boldsymbol{b}\, u_n\|_{L^{p_0}(I;B_1)} \,.$$

Um den Satz zu beweisen, reicht es also zu zeigen, dass

$$\boldsymbol{b}\, u_n \to 0 \qquad \text{in } L^{p_0}(I; B_1) \qquad (n \to \infty)\,. \qquad (2.65)$$

Wir setzen $p := \min(p_0, p_1)$. Aus Bemerkung 2.40 folgt, dass für alle $u \in W_0$ gilt $\frac{d_b u}{dt} = (\boldsymbol{b}\, u)'$. Somit ist $\boldsymbol{b} \colon W_0 \to W^{1,p}(I; B_1)$ eine Einbettung. Bemerkung 2.40 liefert auch, dass $\boldsymbol{b}\, u$ einen Repräsentanten $\boldsymbol{b}_c u \in C(\overline{I}; B_1)$ besitzt. Somit folgt aus $(2.63)_2$, dass für alle $t \in \overline{I}$ gilt

$$\|\boldsymbol{b}_c u_n(t)\|_{B_1} \le c\,. \qquad (2.66)$$

Für beliebiges, aber festes, $\lambda \in (0,1)$ definieren wir Funktionen $w_n \colon I \to B_0$, $n \in \mathbb{N}$, durch

$$w_n(t) := u_n(\lambda t)\,, \quad \text{für fast alle } t \in I\,,$$

und erhalten unter Benutzung von $(2.63)_2$

$$\boldsymbol{b}_c w_n(0) = \boldsymbol{b}_c u_n(0)\,,$$

$$\|w_n\|_{L^{p_0}(I;B_0)} = \frac{1}{\lambda^{\frac{1}{p_0}}} \|u_n\|_{L^{p_0}(0,\lambda T;B_0)} \le c\,\lambda^{-\frac{1}{p_0}}\,, \qquad (2.67)$$

$$\|(\boldsymbol{b}\, w_n)'\|_{L^{p_1}(I;B_1)} = \frac{\lambda}{\lambda^{\frac{1}{p_1}}} \|(\boldsymbol{b}\, u_n)'\|_{L^{p_1}(0,\lambda T;B_1)} \le c\,\lambda^{1-\frac{1}{p_1}}\,.$$

Für $\varphi \in C^1(I)$ mit $\varphi(T) = 0\,, \varphi(0) = -1$ gilt aufgrund von (2.41):

$$\boldsymbol{b}_c w_n(0) = \int_I \big(\boldsymbol{b}\, w_n(t)\varphi(t)\big)'\, dt = \int_I \varphi(t)\,\big(\boldsymbol{b}\, w_n(t)\big)'\, dt + \int_I \varphi'(t)\,\boldsymbol{b}\, w_n(t)\, dt\,.$$

Zusammen mit $(2.67)_3$ liefert dies

$$\|\boldsymbol{b}_c w_n(0)\|_{B_1} \le c(\varphi)\,\|(\boldsymbol{b}\, w_n)'\|_{L^{p_1}(I;B_1)} + \left\|\int_I \varphi'(t)\boldsymbol{b}\, w_n(t)\, dt\right\|_{B_1}$$

$$\le c\,\lambda^{1-\frac{1}{p_1}} + \left\|\int_I \varphi'(t)\boldsymbol{b}\, w_n(t)\, dt\right\|_{B_1}\,. \qquad (2.68)$$

Da $p_1 > 1$ ist, können wir $\lambda \in (0,1)$ derart wählen, dass

$$c\,\lambda^{1-\frac{1}{p_1}} \le \varepsilon/2 \qquad (2.69)$$

gilt. Aufgrund von $(2.67)_2$ haben wir $(w_n) \subseteq L^{p_0}(I; B_0) \hookrightarrow L^1(I; B_0)$ und erhalten somit mithilfe von (2.1.18), dass für alle $g \in B_0^*$ gilt:

$$\left\langle g, \int_I w_n(t)\, \varphi'(t)\, dt\right\rangle_{B_0} = \int_I \langle g, w_n(t)\rangle_{B_0}\, \varphi'(t)\, dt$$

$$= \int_0^{\lambda T} \big\langle g\, \varphi'\big(\tfrac{s}{\lambda}\big), u_n(s)\big\rangle_{B_0}\, ds \to 0 \qquad (n \to \infty)\,,$$

da $\varphi'(\cdot)\, g \in L^{p_0'}(0, \lambda T; B_0^*)$ und $u_n \rightharpoonup 0$ in $L^{p_0}(0, \lambda T; B_0)$ $(n \to \infty)$, aufgrund von (2.63). Also haben wir gezeigt, dass

$$\int_I w_n(t)\, \varphi'(t)\, dt \rightharpoonup 0 \ \text{ in } B_0 \qquad (n \to \infty)\,,$$

was aufgrund der kompakten Einbettung $B_0 \overset{b_0}{\hookrightarrow\hookrightarrow} B$ impliziert

$$\int_I b_0 w_n(t)\, \varphi'(t)\, dt \to 0 \ \text{ in } B \qquad (n \to \infty)\,.$$

Dies zusammen mit (2.68), (2.69) und $B \overset{b_1}{\hookrightarrow} B_1$ ergibt, da ε beliebig war,

$$\boldsymbol{b}_c u_n(0) = \boldsymbol{b}_c w_n(0) \to 0 \ \text{ in } B_1 \qquad (n \to \infty)\,.$$

Sei nun $s \in I$ beliebig. Ein völlig analoges Vorgehen mit w_n ersetzt durch

$$\widetilde{w}_n(t) = u_n(s + \lambda t)\,,$$

liefert sofort für alle $s \in I$

$$\boldsymbol{b}_c u_n(s) \to 0 \ \text{ in } B_1 \qquad (n \to \infty)\,.$$

Dies zusammen mit (2.66) und dem Satz über majorisierte Konvergenz A.11.10, angewendet auf die reelle Funktionenfolge $\big(\|\boldsymbol{b}_c u_n(\cdot)\|_{B_1}^{p_0}\big)$, liefert (2.65), da $\boldsymbol{b}_c u_n(t) = \boldsymbol{b}\, u_n(t)$ für fast alle $t \in I$. Somit ist der Satz bewiesen. ∎

Wenn man Satz 2.58 auf die Situation von Problem (2.53) anwendet erhält man folgendes Resultat:

2.70 Folgerung. *Sei $p > \frac{2d}{d+2}$, sei $\Omega \subseteq \mathbb{R}^d$, $d \geq 2$, ein beschränktes Gebiet mit Rand $\partial\Omega \in C^{0,1}$ und sei B_1 ein reflexiver Banachraum mit $L^2(\Omega) \overset{b_1}{\hookrightarrow} B_1$. Dann bettet der Raum*

$$W_0 := \left\{ u \in L^p(I; W_0^{1,p}(\Omega)) \,\big|\, \frac{d_{b_1} u}{dt} \in L^{p_1}(I; B_1) \right\},$$

mit $1 < p_1 < \infty$, kompakt nach $L^p(I; L^q(\Omega))$ ein, falls

$$1 \leq q < \frac{pd}{d - p}\,,$$

d.h.

$$W_0 \hookrightarrow\hookrightarrow L^p(I; L^q(\Omega))\,.$$

Beweis. Aufgrund von Satz A.12.21 ist die Einbettung $W_0^{1,p}(\Omega) \hookrightarrow\hookrightarrow L^q(\Omega)$ für $1 \leq q < \frac{pd}{d-p}$ kompakt. Man kann insbesondere $q \geq 2$ wählen, da $p > \frac{2d}{d+2}$. Somit folgt die Behauptung sofort aus Satz 2.58, falls $q \geq 2$. Für $q \in [1,2)$ benutzen wir zusätzlich die Einbettung $L^2(\Omega) \hookrightarrow L^q(\Omega)$. ∎

Auf Grundlage dieser Folgerung kann man die Beweisideen von Satz 2.49 adaptieren (cf. [20, Theorem 2.5.1]) und die Existenz einer Lösung des Problems (2.53) beweisen. Allerdings treten einerseits weitere technische Komplikationen auf und andererseits muss man dieses Vorgehen für jedes neue Problem wiederholen. Deshalb gehen wir anders vor und entwickeln im nächsten Abschnitt eine allgemeine Theorie ohne diese Probleme, die einen leicht anwendbaren abstrakten Existenzsatz liefert.

3.2.5 Evolutionsprobleme mit Bochner-pseudomonotonen Operatoren

Wir betrachten nun wiederum das in Abschnitt 3.2.4 betrachtete *Anfangswertproblem*

$$\frac{d_e u}{dt} + A u = b \,,$$

$$u(0) = u_0 \,.$$

In der Diskussion über die Anwendbarkeit von Satz 2.49 haben wir gesehen, dass die Informationen, die von der Zeitableitung kommen nicht hinreichend berücksichtigt wurden. Deshalb passen wir den Begriff der Pseudomonotonie nun an Evolutionsprobleme an. In der Diskussion der Wärmeleitungsgleichung haben wir gesehen, dass die Lösung sowohl im Raum $L^2(I; W_0^{1,2}(\Omega))$ als auch im Raum $L^\infty(I; L^2(\Omega))$ liegt. Im Falle allgemeiner Gelfand–Tripel (V, H, j) definieren wir für $p \in (1, \infty)$ und $I = (0, T)$, $T < \infty$,

$$L^p(I; V) \cap_j L^\infty(I; H) := \left\{ u \in L^p(I; V) \,\middle|\, ju \in L^\infty(I; H) \right\},$$

wobei j die induzierte Einbettung zwischen Bochner–Räumen aus Bemerkung 2.40 (ii) ist. Wenn wir $L^p(I; V) \cap_j L^\infty(I; H)$ mit der Summennorm versehen, d.h. $\|\cdot\|_{L^p(I;V) \cap_j L^\infty(I;H)} := \|\cdot\|_{L^p(I;V)} + \|j\cdot\|_{L^\infty(I;H)}$, dann ist $L^p(I; V) \cap_j L^\infty(I; H)$ ein *Banachraum*.

2.71 Definition. *Sei* (V, H, j) *ein Gelfand-Tripel mit einem reflexiven, separablen Banachraum* V, *und sei* $p \in (1, \infty)$. *Wir nennen einen Operator* $\mathcal{A} \colon L^p(I; V) \cap_j L^\infty(I; H) \to \left(L^p(I; V)\right)^*$ ***Bochner-pseudomonoton****, falls aus*

$$
\begin{aligned}
u_n &\rightharpoonup u &&\text{in } L^p(I; V) &&(n \to \infty)\,, \\
ju_n &\overset{*}{\rightharpoonup} ju &&\text{in } L^\infty(I; H) &&(n \to \infty)\,, \\
ju_n(t) &\rightharpoonup ju(t) &&\text{in } H \text{ für f.a. } t \in I, &&(n \to \infty)\,,
\end{aligned}
\tag{2.72}
$$

und

$$\limsup_{n\to\infty} \langle \boldsymbol{\mathcal{A}} u_n, u_n - u \rangle_{L^p(I;V)} \leq 0 \qquad (2.73)$$

folgt, dass für alle $w \in L^p(I;V)$ *gilt:*

$$\langle \boldsymbol{\mathcal{A}} u, u - w \rangle_{L^p(I;V)} \leq \liminf_{n\to\infty} \langle \boldsymbol{\mathcal{A}} u_n, u_n - w \rangle_{L^p(I;V)}.$$

Bemerkung. Der Begriff der Bochner–Pseudomonotonie unterscheidet sich von der Pseudomonotonie in Definition 2.5 durch die zusätzlichen Forderungen $(2.72)_{2,3}$ an die zu betrachtende Folge. Deshalb ist jeder pseudomonotone Operator auch Bochner-pseudomonoton. Andererseits existieren Bochner-pseudomonotone Operatoren, die nicht pseudomonoton sind (cf. Diskussion in Abschnitt 3.2.4 und Beweis von Satz 2.112). Die Bedingungen $(2.72)_{2,3}$ berücksichtigen die zusätzlichen Informationen, die man aus der Zeitableitung in (2.50) herleiten kann. Falls die Folge (u_n) aus einem Galerkin–System (cf. (2.77)) des Problems (2.50) kommt, ist die Bedingung $(2.72)_2$ durch den von der Zeitableitung kommenden Teil der apriori Abschätzung (cf. (2.82)) motiviert. Bedingung $(2.72)_3$ ist dadurch motiviert, dass sie mithilfe der partiellen Integrationsformel für die Zeitableitung (cf. (2.46)) und des Galerkin–Systems hergeleitet werden kann.

Viele Eigenschaften Bochner-pseudomonotoner Operatoren sind analog zu den entsprechenden Eigenschaften pseudomonotoner Operatoren (cf. Lemma 2.6). Wir beweisen hier nur die für uns wichtigen Stetigkeitseigenschaften. Weiterhin kann man z.B. analog zum Beweis von Lemma 2.6 zeigen, dass die Summe zweier Bochner-pseudomonotoner Operatoren wieder Bochner-pseudomonoton ist.

2.74 Lemma. *Sei* (V, H, j) *ein Gelfand-Tripel mit einem reflexiven, separablen Banachraum* V, $p \in (1, \infty)$ *und* $\boldsymbol{\mathcal{A}} : L^p(I;V) \cap_j L^\infty(I;H) \to \big(L^p(I;V)\big)^*$ *ein Bochner-pseudomonotoner Operator. Dann gilt:*

(i) *Erfülle* $(u_n) \subseteq L^p(I;V) \cap_j L^\infty(I;H)$ (2.72) *und* (2.73), *und sei* $(\boldsymbol{\mathcal{A}} u_n)$ *in* $\big(L^p(I;V)\big)^*$ *beschränkt. Dann gilt:* $\boldsymbol{\mathcal{A}} u_n \rightharpoonup \boldsymbol{\mathcal{A}} u$ *in* $\big(L^p(I;V)\big)^*$ $(n \to \infty)$.

(ii) *Wenn* $\boldsymbol{\mathcal{A}}$ *zusätzlich lokal beschränkt ist, dann ist* $\boldsymbol{\mathcal{A}}$ *demistetig.*

Beweis. ad (i): Gegeben sei eine Folge $(u_n) \subseteq L^p(I;V) \cap_j L^\infty(I;H)$, die (2.72) und (2.73) erfüllt und für die $(\boldsymbol{\mathcal{A}} u_n)$ in $\big(L^p(I;V)\big)^*$ beschränkt ist. Da $\big(L^p(I;V)\big)^*$ reflexiv ist, gibt es ein $b \in \big(L^p(I;V)\big)^*$ so, dass für eine Teilfolge gilt: $\boldsymbol{\mathcal{A}} u_{n_k} \rightharpoonup b$ in $\big(L^p(I;V)\big)^*$ $(k \to \infty)$. Dies und die Bochner–Pseudomonotonie von $\boldsymbol{\mathcal{A}}$ implizieren für alle $w \in L^p(I;V)$

$$\langle \boldsymbol{\mathcal{A}} u, u - w \rangle_{L^p(I;V)} \leq \liminf_{k\to\infty} \langle \boldsymbol{\mathcal{A}} u_{n_k}, u_{n_k} - w \rangle_{L^p(I;V)}$$

$$\leq \limsup_{k\to\infty} \langle \boldsymbol{\mathcal{A}} u_{n_k}, u_{n_k} - u \rangle_{L^p(I;V)}$$

$$+ \limsup_{k\to\infty} \langle \boldsymbol{\mathcal{A}} u_{n_k}, u - w \rangle_{L^p(I;V)}$$

$$\leq \langle b, u - w \rangle_{L^p(I;V)}.$$

Wenn wir w durch $2u - w$ ersetzen, ergibt sich für alle $w \in L^p(I; V)$

$$\langle \mathcal{A}u, u - w \rangle_{L^p(I;V)} = \langle b, u - w \rangle_{L^p(I;V)},$$

d.h. $\mathcal{A}u = b$ in $\left(L^p(I; V)\right)^*$. Da diese Argumentation für alle Teilfolgen von $(\mathcal{A}u_n)$ gilt, liefert das Konvergenzprinzip Lemma 0.3 (iv) die Behauptung.

ad (ii): Sei $(u_n) \subseteq L^p(I; V) \cap_j L^\infty(I; H)$ eine Folge, so dass $u_n \to u$ in $L^p(I; V) \cap_j L^\infty(I; H)$ $(n \to \infty)$. Da $\mathcal{A}$ lokal beschränkt ist, ist auch die Folge $(\mathcal{A}u_n)$ in $\left(L^p(I; V)\right)^*$ beschränkt. Der Raum $\left(L^p(I; V)\right)^*$ ist reflexiv und daher gibt es ein $b \in \left(L^p(I; V)\right)^*$ und eine Teilfolge $(\mathcal{A}u_{n_k})$ mit $\mathcal{A}u_{n_k} \rightharpoonup b$ in $\left(L^p(I; V)\right)^*$ $(k \to \infty)$. Daraus folgt $\lim\limits_{k \to \infty} \langle \mathcal{A}u_{n_k}, u_{n_k} - u \rangle_{L^p(I;V)} = 0$. Weiter folgt aus $u_{n_k} \to u$ in $L^p(I; V)$ $(k \to \infty)$ und Lemma A.11.12, dass für eine weitere Teilfolge $(u_{n_{k_\ell}})$ und fast alle $t \in I$ gilt $u_{n_{k_\ell}}(t) \to u(t)$ in V $(\ell \to \infty)$. Dies impliziert $ju_{n_{k_\ell}}(t) \to ju(t)$ in H $(\ell \to \infty)$ für fast alle $t \in I$. Die Bochner–Pseudomonotonie von $\mathcal{A}$ zusammen mit den obigen Konvergenzen impliziert für alle $w \in L^p(I; V)$:

$$\langle \mathcal{A}u, u - w \rangle_{L^p(I;V)} \leq \liminf\limits_{\ell \to \infty} \langle \mathcal{A}u_{n_{k_\ell}}, u_{n_{k_\ell}} - w \rangle_{L^p(I;V)}$$

$$= \langle b, u - w \rangle_{L^p(I;V)}.$$

Damit folgt wie in (i) $\mathcal{A}u = b$, d.h. $\mathcal{A}u_{n_k} \rightharpoonup \mathcal{A}u$ in $\left(L^p(I; V)\right)^*$ $(k \to \infty)$. Das Konvergenzprinzip Lemma 0.3 (iv) liefert, da obige Argumentation für beliebige konvergente Teilfolgen gilt,

$$\mathcal{A}u_n \rightharpoonup \mathcal{A}u \quad \text{in } \left(L^p(I; V)\right)^* \quad (n \to \infty),$$

d.h. $\mathcal{A}$ ist demistetig.   ∎

Wir wollen auch den Begriff der Koerzivität an Evolutionsprobleme anpassen und dadurch die Information berücksichtigen, die von der Zeitableitung stammt. Dies ist motiviert durch die Herleitung der apriori Abschätzung (2.82) und wird uns in ähnlicher Form im Abschnitt 3.3.2 wieder begegnen.

2.75 Definition. *Sei (V, H, j) ein Gelfand-Tripel mit einem reflexiven, separablen Banachraum V, und sei $p \in (1, \infty)$. Ein Operator $\mathcal{A} \colon L^p(I; V) \cap_j L^\infty(I; H) \to \left(L^p(I; V)\right)^*$ heißt*

(i) ***Bochner-koerziv bzgl.*** *$b \in L^{p'}(I; V^*)$ **und** $u_0 \in H$, falls eine lokal beschränkte Funktion[4] $M_{\mathcal{A}} \colon \mathbb{R}_{\geq} \times \mathbb{R}_{\geq} \to \mathbb{R}_{\geq}$ existiert, so dass für alle $u \in L^p(I; V) \cap_j L^\infty(I; H)$ aus[5]*

$$\frac{1}{2} \|ju(t)\|_H^2 + \langle \mathcal{A}u - Rb, u\chi_{[0,t]} \rangle_{L^p(I;V)} \leq \frac{1}{2} \|u_0\|_H^2 \quad \text{für f.a. } t \in I$$

folgt $\|u\|_{L^p(I;V) \cap_j L^\infty(I;H)} \leq M_{\mathcal{A}}\left(\|b\|_{L^{p'}(I;V^*)}, \|u_0\|_H\right)$.

---

[4] Wir benutzen die Notation $\mathbb{R}_{\geq} := \{x \in \mathbb{R} \mid x \geq 0\}$.

[5] Hier ist $R \colon L^{p'}(I; V^*) \to \left(L^p(I; V)\right)^*$ der Rieszoperator aus dem Rieszschen Darstellungssatz 2.1.30.

(ii) **Bochner-koerziv**, falls $\boldsymbol{A}$ für alle $b \in L^{p'}(I; V^*)$ und $u_0 \in H$ Bochner-koerziv bzgl. $b \in L^{p'}(I; V^*)$ und $u_0 \in H$ ist.

Nun sind wir in der Lage mit den neuen Begriffen einen abstrakten Existenzsatz zu beweisen, der dann auf das Problem (2.53) anwendbar sein wird.

2.76 Satz. *Sei V ein separabler, reflexiver Banachraum und (V, H, j) ein Gelfand–Tripel, $p \in (1, \infty)$ und $I = (0, T)$ mit $0 < T < \infty$. Sei $A : V \to V^*$ ein Operator, so dass der induzierte Operator $\boldsymbol{A} : L^p(I; V) \cap_j L^\infty(I; H) \to \big(L^p(I; V)\big)^*$ Bochner-pseudomonoton, Bochner-koerziv und beschränkt ist. Dann existiert für alle $u_0 \in H$ und alle $b \in L^{p'}(I; V^*)$ eine Lösung $u \in W$, wobei W in (2.43) definiert ist, des Problems (2.47), d.h. $u \in W$ erfüllt $\boldsymbol{j}_c u(0) = u_0$ in H und für alle $\varphi \in L^p(I; V)$ gilt*

$$\int_I \left\langle \frac{d_e u}{dt}(t) + A(u(t)), \varphi(t) \right\rangle_V dt = \int_I \langle b(t), \varphi(t) \rangle_V \, dt .$$

Bemerkung. Aufgrund der Einbettung $W \overset{j_c}{\hookrightarrow} C(\bar{I}; H)$ aus Lemma 2.44 besitzt die Lösung $u \in W$ einen eindeutigen stetigen Repräsentanten in $C(\bar{I}; H)$ und somit macht die Anfangsbedingung $\boldsymbol{j}_c u(0) = u_0$ Sinn.

Beweis (Satz 2.76). Wir beweisen den Satz mithilfe des *Galerkin–Verfahrens*. Da V separabel ist, überlegt man sich leicht, dass es eine Folge $(\tilde{w}_i)_{i \in \mathbb{N}} \subseteq V$ gibt, so dass für alle $n \in \mathbb{N}$ die Elemente $\{\tilde{w}_i\}_{i=1 \ldots n}$ linear unabhängig sind und $\bigcup_{k=1}^\infty \operatorname{span}(\tilde{w}_1, \ldots, \tilde{w}_k)$ dicht in V ist. Aufgrund der Dichtheit von $j(V)$ in H kann man mithilfe des Gram–Schmidtschen Orthonormalisierungsverfahrens eine Folge $(w_i)_{i \in \mathbb{N}} \subseteq V$ konstruieren, so dass $(jw_i)_{i \in \mathbb{N}}$ ein Orthonormalsystem in H bildet, sowie $\bigcup_{k=1}^\infty \operatorname{span}(jw_1, \ldots, jw_k)$ dicht in H ist und $\bigcup_{k=1}^\infty \operatorname{span}(w_1, \ldots, w_k)$ dicht in V ist. Wir setzen $V_n := \operatorname{span}(w_1, \ldots, w_n)$ und suchen *approximative Lösungen* $u_n \in C^1(\bar{I}; V_n)$ der Form

$$u_n(t) = \sum_{i=1}^n c_n^i(t) \, w_i \, ,$$

die für alle $t \in I$ das *Galerkin–System*

$$\frac{d}{dt}(j(u_n(t)), jw_k)_H + \big\langle A(u_n(t)), w_k \big\rangle_V = \langle b_n(t), w_k \rangle_V , \quad k = 1, \ldots, n , \tag{2.77}$$

$$j(u_n(0)) = u_0^n ,$$

lösen. Hierbei konvergiert $u_0^n := \sum_{i=1}^n (u_0, jw_i)_H jw_i =: \sum_{i=1}^n c_n^{0i} jw_i \in j(V_n)$ stark in H gegen $u_0 \in H$ und $(b_n) \subseteq C(\bar{I}; V^*)$ ist eine Folge, die stark in $L^{p'}(I; V^*)$ gegen $b \in L^{p'}(I; V^*)$ konvergiert (cf. Lemma 2.1.25 (ii)).

1. Lösbarkeit von (2.77) und apriori Abschätzungen: Das Galerkin–System (2.77) ist nichts anderes als folgendes System gewöhnlicher Differentialgleichungen für die Funktionen $t \mapsto \mathbf{c}_n(t) = (c_n^1(t), \ldots, c_n^n(t))^\top \in \mathbb{R}^n$:

$$\frac{d\mathbf{c}_n(t)}{dt} = \mathbf{f}_n(t, \mathbf{c}_n(t)),$$

$$\mathbf{c}_n(0) = \mathbf{c}_n^0,$$
(2.78)

wobei $f_n^k(t, \mathbf{c}) := \langle b_n(t), w_k \rangle_V - \langle A\left(\sum_{i=1}^n c^i\, w_i\right), w_k \rangle_V$, $k = 1, \ldots, n$, und $\mathbf{c}_n^0 = (c_n^{01}, \ldots, c_n^{0n})^\top$. Hierbei haben wir benutzt, dass $(jw_i)_{i \in \mathbb{N}}$ ein Orthonormalsystem in H ist und also $\frac{d}{dt}(ju_n(t), jw_k)_H = \frac{dc_n^k(t)}{dt}$ gilt. Der Operator $\boldsymbol{\mathcal{A}}: L^p(I; V) \cap_j L^\infty(I; H) \to \left(L^p(I; V)\right)^*$ ist aufgrund von Lemma 2.74 demistetig, da $\boldsymbol{\mathcal{A}}$ Bochner-pseudomonoton und beschränkt ist. Daraus folgt, dass auch der Operator $A: V \to V^*$ demistetig ist. Dies und $b_n \in C(\overline{I}; V^*)$ impliziert, dass $\mathbf{f}_n: \overline{I} \times \mathbb{R}^n \to \mathbb{R}^n$ stetig ist. Aus dem Satz von Peano 1.2.50 folgt, dass das System gewöhnlicher Differentialgleichungen (2.78) auf einem Intervall $[0, \tau^*]$ eine stetig differenzierbare Lösung $\mathbf{c}_n$ besitzt. Die Standardtheorie (cf. [27]), basierend auf dem Satz von Peano 1.2.50, liefert auch, dass man diese Lösung fortsetzen kann, ein maximales Existenzintervall $I^* := [0, T^*)$, $T^* \leq T$, existiert und die fortgesetzte Lösung $\mathbf{c}_n$ im Raum $C^1(I^*; \mathbb{R}^n)$ liegt.

Um die *globale* Lösbarkeit von (2.77) bzw. (2.78) zu zeigen, benötigen wir *apriori Abschätzungen*. Um diese herzuleiten nutzen wir die Bochner–Koerzivität von $\boldsymbol{\mathcal{A}}: L^p(I; V) \cap_j L^\infty(I; H) \to \left(L^p(I; V)\right)^*$. Dazu bilden wir das Skalarprodukt von (2.78) mit $\mathbf{c}_n(t)$, nutzen $\left(\frac{d\mathbf{c}_n(t)}{dt}, \mathbf{c}_n(t)\right)_{\mathbb{R}^n} = \frac{1}{2}\frac{d}{dt}|\mathbf{c}_n(t)|^2$, integrieren über $(0, t)$, nutzen die Definitionen von u_n sowie $\mathbf{f}_n$ und beachten $|\mathbf{c}_n(t)|^2 = \|ju_n(t)\|_H^2$ sowie $|\mathbf{c}_n(0)|^2 = |\mathbf{c}_n^0|^2 = \|u_0^n\|_H^2$, um für $t \in (0, T^*)$

$$\frac{1}{2}\|ju_n(t)\|_H^2 + \int_0^t \langle A(u_n(s)) - b_n(s), u_n(s)\rangle_V\, ds = \frac{1}{2}\|u_0^n\|_H^2 \leq \frac{1}{2}\|u_0\|_H^2 \quad (2.79)$$

zu erhalten. Hierbei wurde die Besselsche Ungleichung A.5.1 benutzt. Mit der Bezeichnung $\hat{u}_n := \chi_{[0,T^*)}u_n$, der Definition des induzierten Operators (2.48), sowie dem Rieszoperator $R: L^{p'}(I; V^*) \to \left(L^p(I; V)\right)^*$ können wir die letzte Ungleichung für alle $t \in I$ als

$$\frac{1}{2}\|j\hat{u}_n(t)\|_H^2 + \langle \boldsymbol{\mathcal{A}}\hat{u}_n - Rb_n, \hat{u}_n\chi_{[0,t]}\rangle_{L^p(I;V)} \leq \frac{1}{2}\|u_0\|_H^2$$

schreiben. Die Bochner–Koerzivität liefert somit

$$\|\hat{u}_n\|_{L^p(I;V)\cap_j L^\infty(I;H)} \leq M_{\boldsymbol{\mathcal{A}}}\left(\|b_n\|_{L^{p'}(I;V^*)}, \|u_0\|_H\right).$$

Da $M_{\boldsymbol{\mathcal{A}}}$ lokal beschränkt ist und $b_n \to b$ in $L^{p'}(I; V^*)$ gilt, erhalten wir, dass es eine von n unabhängige Konstante M_0 gibt, so dass

$$\sup_{t \in [0,T^*)} \|ju_n(t)\|_H^2 + \int_0^{T^*} \|u_n(s)\|_V^p\, ds \leq M_0. \quad (2.80)$$

Aus (2.80) und $|\mathbf{c}_n(t)|^2 = \|ju_n(t)\|_H^2$ folgt $\sup_{t\in[0,T^*)} |\mathbf{c}_n(t)|^2 \le M_0$. Demzufolge existiert der Grenzwert

$$\lim_{t\nearrow T^*} \mathbf{c}_n(t) =: \mathbf{c}_n(T^*)\,, \tag{2.81}$$

und somit folgt $\mathbf{c}_n \in C([0,T^*];\mathbb{R}^n) \cap C^1([0,T^*);\mathbb{R}^n)$. Falls $T^* < T$ können wir also die Lösung $\mathbf{c}_n$ wiederum mithilfe des Satzes von Peano 1.2.50 fortsetzen, was ein Widerspruch zur Maximalität des Existenzintervalls ist. Also muss $T^* = T$ gelten. Dies und (2.81) liefern $\mathbf{c}_n \in C([0,T];\mathbb{R}^n)$, was $u_n \in C([0,T];V_n)$ impliziert. Damit haben wir einerseits die globale Lösbarkeit des Galerkin–Systems bewiesen und andererseits die *apriori Abschätzung*

$$\|ju_n\|_{C(\overline{I};H)}^2 + \|u_n\|_{L^p(I;V)}^p \le M_0\,, \tag{2.82}$$

mit einer von n unabhängigen Konstanten M_0, bewiesen. Da der Operator $\mathcal{A}: L^p(I;V) \cap_j L^\infty(I;H) \to \big(L^p(I;V)\big)^*$ beschränkt ist, folgt daraus die zweite *apriori Abschätzung*

$$\|\mathcal{A}u_n\|_{(L^p(I;V))^*} \le c(M_0)\,, \tag{2.83}$$

mit einer von n unabhängigen Konstanten $c(M_0)$.

2. Konvergenz des Galerkin–Verfahrens: Aufgrund der Sätze von Riesz (Satz 2.1.30 und Satz A.10.3) definiert jede Funktion $v \in L^\infty(I;H)$ durch

$$\langle R\,\boldsymbol{R}_H v, \varphi\rangle_{L^1(I;H)} := \int_I (v(t), \varphi(t))_H\, dt = \int_I \langle R_H(v(t)), \varphi(t)\rangle_H\, dt$$

ein Element $R\,\boldsymbol{R}_H v \in \big(L^1(I;H)\big)^*$, wobei $\boldsymbol{R}_H: L^\infty(I;H) \to L^\infty(I;H^*)$ der durch $R_H: H \to H^*$ induzierte Riesz–Isomorphismus ist (cf. Bemerkung 2.40 (ii)). Aus (2.82) folgt, dass die Folge $(R\,\boldsymbol{R}_H ju_n)$ beschränkt in $\big(L^1(I;H)\big)^*$ ist. Aufgrund von Satz 2.1.33 und Folgerung A.8.18 existiert somit eine Teilfolge, die wir wiederum mit $(R\,\boldsymbol{R}_H ju_n)$ bezeichnen, die ∗-schwach gegen ein $U \in \big(L^1(I;H)\big)^*$ konvergiert. Da R und $\boldsymbol{R}_H$ Isomorphismen sind, existiert eine Funktion $\hat{u} \in L^\infty(I;H)$ mit $R\,\boldsymbol{R}_H \hat{u} = U$. Es ist üblich anstatt von $R\,\boldsymbol{R}_H ju_n \overset{*}{\rightharpoonup} R\,\boldsymbol{R}_H \hat{u}$ in $\big(L^1(I;H)\big)^*$ von $ju_n \overset{*}{\rightharpoonup} \hat{u}$ in $L^\infty(I;H)$ zu sprechen. Auch wir werden diese etwas ungenaue Ausdrucksweise verwenden.

Aus den apriori Abschätzungen (2.82), (2.83) folgt, dass es eine Teilfolge von (u_n) gibt, die wir wieder mit (u_n) bezeichnen, sowie Elemente $u \in L^p(I;V)$ und $\xi \in L^{p'}(I;V^*)$, so dass

$$\begin{aligned}
u_n &\rightharpoonup u &&\text{in } L^p(I;V) &&(n \to \infty)\,,\\
ju_n &\overset{*}{\rightharpoonup} ju &&\text{in } L^\infty(I;H) &&(n \to \infty)\,, \qquad\qquad (2.84)\\
\mathcal{A}u_n &\rightharpoonup R\xi &&\text{in } \big(L^p(I;V)\big)^* &&(n \to \infty)\,.
\end{aligned}$$

Hierbei haben wir benutzt, dass aufgrund der schwachen Folgenstetigkeit der induzierten Einbettung j gilt: $ju_n \rightharpoonup ju$ in $L^p(I;H)$ $(n \to \infty)$ und somit die Folge $(ju_n) \subseteq L^\infty(I; H)$ den Grenzwert ju haben muss. Außerdem haben wir benutzt, dass der Grenzwert der Folge $(\mathcal{A}u_n)$ mithilfe des Rieszoperators $R\colon L^{p'}(I; V^*) \to (L^p(I; V))^*$ aus dem Rieszschen Darstellungssatz 2.1.30 durch ein Element $\xi \in L^{p'}(I; V^*)$ dargestellt werden kann.

Als nächstes wollen wir weitere Eigenschaften der Lösung zeigen. Für alle $w \in \bigcup_{k=1}^\infty V_k$ gibt es ein n_0 mit $w \in V_{n_0}$. Da u_n eine Lösung von (2.77) ist, erhalten wir für alle $n \geq n_0$ und alle $s \in I$

$$\frac{d}{ds}(ju_n(s), jw)_H + \langle A(u_n(s)), w\rangle_V = \langle b_n(s), w\rangle_V \,, \tag{2.85}$$

wobei wir $ju_n(s) = j(u_n(s))$ benutzt haben. Wir multiplizieren nun Gleichung (2.85) mit einer Funktion $\varphi \in C^1(\overline{I})$, integrieren bezüglich der Zeit über $(0, t)$ mit einem beliebigen, aber festen, $t \in (0, T]$ und erhalten mithilfe partieller Integration in der Zeit, der Definition des induzierten Operators $\mathcal{A}$ und der Anfangsbedingung $(2.77)_2$

$$-\int_0^t (ju_n(s), jw)_H \varphi'(s)\, ds + \left\langle \mathcal{A}u_n, \varphi(\cdot)\chi_{[0,t]}(\cdot)w \right\rangle_{L^p(I;V)}$$

$$= \int_0^t \langle b_n(s), w\rangle_V \varphi(s)\, ds - (j(u_n(t)), jw)_H \varphi(t) + (u_0^n, jw)_H \varphi(0)\,.$$

Für den Grenzübergang nutzen wir, dass aus der apriori Abschätzung (2.82) folgt, dass es für alle $t \in (0, T]$ eine Teilfolge $(ju_{n_k}(t))_{k\in\mathbb{N}}$, die von t abhängt, und ein $v_t \in H$ gibt, so dass

$$ju_{n_k}(t) \rightharpoonup v_t \quad \text{in } H \quad (k \to \infty)\,. \tag{2.86}$$

Weiter benutzen wir, dass $\varphi(\cdot)w \in L^p(I; V)$, $\varphi'(\cdot)jw \in L^1(I; H)$, $jw \in H$, die Konvergenzen in (2.84), (2.86), sowie $b_n \to b$ in $L^{p'}(I; V^*)$ $(n \to \infty)$ und $u_0^n \to u_0$ in H $(n \to \infty)$. Somit folgt aus (2.85) für $n = n_k \geq n_0$ im Grenzübergang $(k \to \infty)$ für beliebiges, aber festes, $t \in (0, T]$

$$-\int_0^t (ju(s), jw)_H \varphi'(s)\, ds + \int_0^t \langle \xi(s), w\rangle_V \varphi(s)\, ds$$

$$= \int_0^t \langle b(s), w\rangle_V \varphi(s)\, ds - (v_t, jw)_H \varphi(t) + (u_0, jw)_H \varphi(0)\,. \tag{2.87}$$

Da $\bigcup_{k=1}^\infty V_k$ dicht in V liegt, gilt (2.87) für alle $w \in V$ und alle $\varphi \in C^1(\overline{I})$.

Wenn wir nun $t = T$, sowie $\varphi \in C_0^\infty(I)$ in (2.87) wählen, erhalten wir aufgrund von Definition 2.39, dass

$$\frac{d_e u}{dt} = b - \xi \in L^{p'}(I; V^*)\,. \tag{2.88}$$

Damit haben wir $u \in W$ bewiesen. Aus (2.88), (2.45) (setze $v(s) := \varphi(s)w$, wobei $\varphi \in C^1(\overline{I})$ und $w \in V$) und der Definition der verallgemeinerten Zeitableitung 2.39 folgt für beliebige $t \in (0, T]$

$$\int\limits_0^t (ju(s), jw)_H \varphi'(s) + \langle b(s) - \xi(s), w \rangle_V \varphi(s)\, ds$$

$$= (j_c u(t), jw)_H \varphi(t) - (j_c u(0), jw)_H \varphi(0)\,,$$

was zusammen mit (2.87)

$$(j_c u(t), jw)_H \varphi(t) - (j_c u(0), jw)_H \varphi(0) = (v_t, jw)_H \varphi(t) + (u_0, jw)_H \varphi(0)$$

liefert. Wenn wir nun für beliebiges, aber festes, $t \in (0, T]$, die Funktion φ so wählen, dass $\varphi(t) = 0$ und $\varphi(0) = 1$ bzw. $\varphi(t) = 1$ und $\varphi(0) = 0$ gilt, und ausnutzen dass $j(V)$ dicht in H ist, erhalten wir

$$j_c u(0) = u_0\,, \qquad j_c u(t) = v_t\,, \quad t \in (0, T]\,. \tag{2.89}$$

Damit haben wir insbesondere die Anfangsbedingung identifiziert. Aus (2.86) und $(2.89)_2$ folgt $j u_{n_k}(t) \rightharpoonup j_c u(t)$ in H ($k \to \infty$). Da diese Argumentation für alle schwach konvergenten Teilfolgen von $(j u_n(t))$ gilt, liefert das Konvergenzprinzip Lemma 0.3 (iv)

$$j u_n(t) \rightharpoonup j_c u(t) \quad \text{in } H \quad (n \to \infty) \tag{2.90}$$

für beliebige $t \in (0, T]$. Da $ju(t) = j_c u(t)$ für fast alle $t \in I$ gilt, haben wir für fast alle $t \in I$

$$j u_n(t) \rightharpoonup ju(t) \quad \text{in } H \quad (n \to \infty) \tag{2.91}$$

gezeigt, d.h. die Folge (u_n) erfüllt auch $(2.72)_3$, die entscheidende neue Bedingung in der Definition der Bochner–Pseudomonotonie.

Wir müssen noch $A(u(\cdot)) = \xi(\cdot)$ zeigen, wobei wir die Bochner–Pseudomonotonie von $\mathcal{A}$ ausnutzen wollen. Wir haben schon gezeigt, dass die Folge (u_n) die Bedingungen (2.72) erfüllt (cf. $(2.84)_{1,2}$, (2.91)) Somit bleibt die Bedingung (2.73) herzuleiten. Dazu nutzen wir $u_n \in C^1(\overline{I}; V_n)$, um in (2.79) den Grenzübergang $t \nearrow T$ zu rechtfertigen, und erhalten

$$\int\limits_I \langle A(u_n(t)), u_n(t) \rangle_V \, dt = \int\limits_I \langle b_n(t), u_n(t) \rangle_V \, dt - \frac{1}{2} \|j(u_n(T))\|_H^2 + \frac{1}{2} \|u_0^n\|_H^2\,.$$

Hieraus folgern wir mithilfe von $b_n \to b$ in $L^{p'}(I; V^*)$, $u_0^n \to u_0$ in H ($n \to \infty$), (2.84), (2.90) für $t = T$, der Unterhalbstetigkeit der Norm (cf. Lemma A.8.6 (iii)), sowie der Eigenschaften des Limes superior, dass

$$\limsup_{n \to \infty} \int\limits_I \langle A(u_n(t)), u_n(t) \rangle_V \, dt$$

$$\leq \int\limits_I \langle b(t), u(t) \rangle_V \, dt - \frac{1}{2} \|j_c u(T)\|_H^2 + \frac{1}{2} \|j_c u(0)\|_H^2 \tag{2.92}$$

gilt. Andererseits folgt aus (2.46) und (2.88)

$$-\frac{1}{2}\|\boldsymbol{j}_c u(T)\|_H^2 + \frac{1}{2}\|\boldsymbol{j}_c u(0)\|_H^2 = -\int_I \left\langle \frac{d_e u}{dt}(t), u(t) \right\rangle_V dt$$

$$= \int_I \left\langle \xi(t) - b(t), u(t) \right\rangle_V dt\,,$$

was zusammen mit (2.92)

$$\limsup_{n\to\infty} \int_I \left\langle A(u_n(t)), u_n(t) \right\rangle_V dt \leq \int_I \left\langle \xi(t), u(t) \right\rangle_V dt$$

ergibt. Wenn wir in dieser Ungleichung die Definition des induzierten Operators $\boldsymbol{A}$ und des Rieszoperators R benutzen und die Konvergenz in $(2.84)_3$ ausnutzen, erhalten wir

$$\limsup_{n\to\infty} \left\langle \boldsymbol{A} u_n, u_n - u \right\rangle_{L^p(I;V)} \leq 0\,, \tag{2.93}$$

d.h. die Folge (u_n) erfüllt (2.73).

Da der Operator $\boldsymbol{A}$ Bochner-pseudomonoton ist und die Folge (u_n) die Bedingungen (2.72), (2.73) erfüllt (cf. $(2.84)_{1,2}$, (2.91), (2.93)) liefert Lemma 2.74 (i), dass $\boldsymbol{A} u_n \rightharpoonup \boldsymbol{A} u$ in $\left(L^p(I;V)\right)^*$ $(n \to \infty)$ konvergiert. Zusammen mit $(2.84)_3$ ergibt sich $\boldsymbol{A} u = R\xi$ in $\left(L^p(I;V)\right)^*$, was äquivalent zu $A(u(\cdot)) = \xi(\cdot)$ in $L^{p'}(I;V^*)$ ist. Dies zusammen mit (2.88) und $(2.89)_1$ impliziert, dass $u \in W$ eine Lösung von (2.47) ist, d.h. die schwache Formulierung in Satz 2.76 erfüllt ist. Somit ist Satz 2.76 vollständig bewiesen.   ∎

Um Satz 2.76 anwenden zu können, benötigen wir eine Bedingung, die sichert, dass der induzierte Operator $\boldsymbol{A}$ eines Operators $A\colon V \to V^*$ Bochner-pseudomonoton und Bochner-koerziv ist.

2.94 Satz. *Sei (V, H, j) ein Gelfand-Tripel mit einem reflexiven, separablen Banachraum V, $p \in (1,\infty)$ und $A\colon V \to V^*$ ein demistetiger Operator.*

(i) *Falls $q \in [0, \infty)$ und Konstanten $c_i > 0$, $i = 0,1,2$, existieren, so dass für alle $u \in V$ die Wachstumsbedingung*

$$\|Au\|_{V^*} \leq c_0 \|u\|_V^{p-1} + c_1 \|ju\|_H^q \|u\|_V^{p-1} + c_2 \tag{2.95}$$

erfüllt ist, bildet der induzierte Operator $\boldsymbol{A}$, definiert in (2.48), den Raum $L^p(I;V) \cap_j L^\infty(I;H)$ nach $\left(L^p(I;V)\right)^*$ ab und ist beschränkt.

(ii) *Falls A zusätzlich pseudomonoton ist und Konstanten $c_i > 0$, $i = 3,4,5$, existieren, so dass für alle $u \in V$ die Semi–Koerzivitätsbedingung*

$$\langle Au, u \rangle_V \geq c_3 \|u\|_V^p - c_4 \|ju\|_H^2 - c_5 \tag{2.96}$$

erfüllt ist, ist der induzierte Operator $\boldsymbol{A}$ Bochner-pseudomonoton und Bochner-koerziv.

Beweis. ad (i): Wir zeigen zuerst, dass die Funktion $A(u(\cdot))\colon I \to V^*$, für alle Bochner-messbaren Funktionen $u \in \mathcal{M}(I;V)$, Bochner-messbar ist. Für gegebenes $u \in \mathcal{M}(I;V)$ existiert eine Folge von Treppenfunktionen $u_n\colon I \to V$, so dass für fast alle $t \in I$ gilt $u_n(t) \to u(t)$ in V $(n \to \infty)$. Offensichtlich sind dann auch $A(u_n(\cdot))\colon I \to V^*$ Treppenfunktionen, die, aufgrund der Demistetigkeit von $A\colon V \to V^*$, fast überall schwach in V^* gegen $A(u(\cdot))$ konvergieren. Folgerung 2.1.11 liefert nun, dass die Funktion $A(u(\cdot))\colon I \to V^*$ Bochner-messbar ist. Somit impliziert Lemma 2.1.7, dass die reellwertige Funktion $\|A(u(\cdot))\|_{V^*}$ Lebesgue-messbar ist. Aufgrund der Wachstumsbedingung (2.95) gilt für fast alle $t \in I$:

$$\|A(u(t))\|_{V^*}^{p'} \le c \left(\|u(t)\|_V^p + \|j(u(t))\|_H^{qp'} \|u(t)\|_V^p + 1 \right), \qquad (2.97)$$

mit $\frac{1}{p} + \frac{1}{p'} = 1$. Daraus folgt, dass für alle $u \in L^p(I;V) \cap_j L^\infty(I;H)$ die Funktion $\|A(u(\cdot))\|_{V^*}^{p'}$ Lebesgue-integrierbar ist. Integration von (2.97) über I ergibt

$$\|A(u(\cdot))\|_{L^{p'}(I;V^*)} \le c \left(\|u\|_{L^p(I;V)}^{p-1} + \|ju\|_{L^\infty(I;H)}^q \|u\|_{L^p(I;V)}^{p-1} + 1 \right), \quad (2.98)$$

d.h. $A(u(\cdot)) \in L^{p'}(I;V^*)$. Die Definition des induzierten Operators $\boldsymbol{\mathcal{A}}$, die Hölder–Ungleichung, (2.98) und die Definition der Norm in $\left(L^p(I;V)\right)^*$ liefern, dass $\boldsymbol{\mathcal{A}}\colon L^p(I;V) \cap_j L^\infty(I;H) \to \left(L^p(I;V)\right)^*$ beschränkt ist.

ad (ii): **Bochner–Pseudomonotonie**

(a) Sei $(u_n)_{n\in\mathbb{N}} \subseteq L^p(I;V) \cap_j L^\infty(I;H)$ eine Folge, die (2.72), (2.73) erfüllt. Dann existiert eine Konstante $K > 0$, so dass für alle $n \in \mathbb{N}$

$$\|u_n\|_{L^p(I;V)\cap_j L^\infty(I;H)} \le K \qquad (2.99)$$

gilt. Mithilfe der Wachstumsbedingung (2.95), der Semi–Koerzivitätsbedingung (2.96), (2.99) und der Young–Ungleichung erhalten wir die Existenz von Konstanten $c_i > 0$, $i = 6,7,8$, die nur von c_i, $i = 1,\dots,5$ und K abhängen, so dass für fast alle $t \in I$ und alle $n \in \mathbb{N}$

$$\langle A(u_n(t)), u_n(t) - u(t)\rangle_V \ge c_6 \|u_n(t)\|_V^p - c_7 \|u(t)\|_V^p - c_8 \qquad (*)_{n,t}$$

gilt. Aus (i) und (2.99) folgt, dass die Folge $(\boldsymbol{\mathcal{A}}u_n)_{n\in\mathbb{N}}$ im reflexiven Raum $\left(L^p(I;V)\right)^*$ beschränkt ist. Dies und die Definition des Limes inferior implizieren, dass eine Teilfolge $(u_n)_{n\in\Lambda}$, $\Lambda \subseteq \mathbb{N}$, und $\xi \in \left(L^p(I;V)\right)^*$ existieren, so dass sowohl $\boldsymbol{\mathcal{A}}u_n \rightharpoonup \xi$ in $\left(L^p(I;V)\right)^*$ $(n \to \infty, n \in \Lambda)$ als auch $\lim_{\substack{n\to\infty \\ n\in\Lambda}} \langle \boldsymbol{\mathcal{A}}u_n, u_n\rangle_{L^p(I;V)} = \liminf_{n\to\infty} \langle \boldsymbol{\mathcal{A}}u_n, u_n\rangle_{L^p(I;V)}$ gelten. Für beliebige $w \in L^p(I;V)$ erhalten wir mithilfe der Eigenschaften des Limes inferior

$$\lim_{\substack{n\to\infty \\ n\in\Lambda}} \langle \boldsymbol{\mathcal{A}}u_n, u_n - w\rangle_{L^p(I;V)} \le \liminf_{n\to\infty} \langle \boldsymbol{\mathcal{A}}u_n, u_n - w\rangle_{L^p(I;V)}. \qquad (2.100)$$

Diese Ungleichung werden wir erst ganz am Ende des Beweises benötigen. Aufgrund von $(2.72)_3$ existiert eine Teilmenge $E \subseteq I$, so dass $I \setminus E$ eine Nullmenge ist und für alle $t \in E$ gilt

$$ju_n(t) \rightharpoonup ju(t) \quad \text{in } H \cdot \ (n \to \infty). \tag{2.101}$$

(b) Als nächstes wollen wir zeigen, dass

$$\liminf_{\substack{n \to \infty \\ n \in \Lambda}} \langle A(u_n(t)), u_n(t) - u(t) \rangle_V \geq 0 \quad \text{für alle } t \in S, \tag{$**$}_t$$

gilt, wobei

$$S := \left\{ t \in E \,\middle|\, \|u(t)\|_V^p < \infty \text{ und } (*)_{n,t} \text{ gilt für jedes } n \in \Lambda \right\}.$$

Offenbar ist das Komplement von S in I eine Nullmenge. Für beliebiges, aber festes, $t \in S$ bezeichnen wir

$$\Lambda_t := \left\{ n \in \Lambda \,\middle|\, \langle A(u_n(t)), u_n(t) - u(t) \rangle_V < 0 \right\} \subseteq \Lambda.$$

Falls Λ_t endlich ist, gilt $(**)_t$ für dieses spezifische t. Falls Λ_t unendlich ist, folgt

$$\limsup_{\substack{n \to \infty \\ n \in \Lambda_t}} \langle A(u_n(t)), u_n(t) - u(t) \rangle_V \leq 0. \tag{2.102}$$

Mithilfe von $(*)_{n,t}$ und der Definitionen von S und Λ_t folgt für alle $n \in \Lambda_t$

$$\begin{aligned}
c_6 \|u_n(t)\|_V^p &\leq \langle A(u_n(t)), u_n(t) - u(t) \rangle_V + c_7 \|u(t)\|_V^p + c_8 \\
&< c_7 \|u(t)\|_V^p + c_8 < \infty.
\end{aligned} \tag{2.103}$$

Da V reflexiv ist, folgt daraus die Existenz einer Teilfolge $\Lambda_1 \subseteq \Lambda_t$ und eines Elements $a \in V$, so dass $u_n(t) \rightharpoonup a$ in V $(n \to \infty, n \in \Lambda_1)$. Dies impliziert $j(u_n(t)) \rightharpoonup j(a)$ in H $(n \to \infty, n \in \Lambda_1)$, da $j: V \to H$ eine Einbettung ist. Zusammen mit (2.101) und der Definition der Menge E folgt $a = u(t)$. Da diese Argumentation für alle schwach konvergenten Teilfolgen von $(u_n(t))_{n \in \Lambda_t}$ gilt, liefert das Konvergenzprinzip Lemma 0.3 (iv)

$$u_n(t) \rightharpoonup u(t) \quad \text{in } V \quad (n \to \infty, n \in \Lambda_t). \tag{2.104}$$

Die Folge $(u_n(t))_{n \in \Lambda_t}$ erfüllt, aufgrund von (2.102) und (2.104), die Voraussetzungen in der Definition der Pseudomonotonie. Aus der Pseudomonotonie von A folgt also

$$\liminf_{\substack{n \to \infty \\ n \in \Lambda_t}} \langle A(u_n(t)), u_n(t) - u(t) \rangle_V \geq \langle A(u(t)), u(t) - u(t) \rangle_V = 0.$$

Da $\langle A(u_n(t)), u_n(t) - u(t) \rangle_V \geq 0$ für alle $n \in \Lambda \setminus \Lambda_t$ gilt, gilt $(**)_t$ auch falls Λ_t unendlich ist. Somit haben wir bewiesen, dass $(**)_t$ für alle $t \in S$ gilt.

(c) Als nächstes wollen wir die Pseudomonotonie von A ausnutzen. Dazu zeigen wir, dass es eine Teilfolge $(u_n(t))_{n \in \Lambda_0}$, $\Lambda_0 \subseteq \Lambda$, gibt, so dass $(u_n(t))_{n \in \Lambda_0}$ für fast alle $t \in I$ die Voraussetzungen in der Definition der Pseudomonotonie erfüllt. Wir können das Lemma von Fatou A.11.13 anwenden, da $(*)_{n,t}$ gilt und $u \in L^p(I;V)$. Dies, sowie $(**)_t$, die Definition des induzierten Operators $\mathcal{A}$ und (2.73) liefern

$$
\begin{aligned}
0 &\leq \int_I \liminf_{\substack{n \to \infty \\ n \in \Lambda}} \langle A(u_n(s)), u_n(s) - u(s) \rangle_V \, ds \\
&\leq \liminf_{\substack{n \to \infty \\ n \in \Lambda}} \int_I \langle A(u_n(s)), u_n(s) - u(s) \rangle_V \, ds \qquad (2.105) \\
&\leq \limsup_{n \to \infty} \langle \mathcal{A} u_n, u_n - u \rangle_{L^p(I;V)} \leq 0 \, .
\end{aligned}
$$

Mit der Bezeichnung $h_n(t) := \langle A(u_n(t)), u_n(t) - u(t) \rangle_V$ kann man $(**)_t$ und (2.105) schreiben als:

$$
\liminf_{\substack{n \to \infty \\ n \in \Lambda}} h_n(t) \geq 0 \quad \text{für alle } t \in S \, , \qquad (2.106)
$$

$$
\lim_{\substack{n \to \infty \\ n \in \Lambda}} \int_I h_n(s) \, ds = 0 \, . \qquad (2.107)
$$

Da $s \mapsto s^- := \min\{0, s\}$ stetig und nicht-fallend ist, folgt aus (2.106)

$$
0 \geq \limsup_{\substack{n \to \infty \\ n \in \Lambda}} h_n(t)^- \geq \liminf_{\substack{n \to \infty \\ n \in \Lambda}} h_n(t)^- \geq \min \left\{ 0, \liminf_{\substack{n \to \infty \\ n \in \Lambda}} h_n(t) \right\} = 0 \, ,
$$

d.h. $h_n(t)^- \to 0$ für alle $t \in S$ $(n \to \infty, n \in \Lambda)$. Mithilfe von $(*)_{n,t}$ erhalten wir $0 \geq h_n(t)^- \geq -c_7 \|u(t)\|_V^p - c_8$ für alle $t \in S$ und $n \in \Lambda$. Somit liefert der Satz über majorisierte Konvergenz A.11.10 $h_n^- \to 0$ in $L^1(I)$ $(n \to \infty, n \in \Lambda)$. Dies, zusammen mit $|h_n| = h_n - 2h_n^-$ und (2.107), impliziert $h_n \to 0$ in $L^1(I)$ $(n \to \infty, n \in \Lambda)$. Somit existiert eine Teilfolge $(u_n)_{n \in \Lambda_0}$, $\Lambda_0 \subseteq \Lambda$, und eine Teilmenge with $F \subseteq I$, deren Komplement in I eine Nullmenge ist, so dass für alle $t \in F$

$$
\lim_{\substack{n \to \infty \\ n \in \Lambda_0}} \langle A(u_n(t)), u_n(t) - u(t) \rangle_V = 0 \, . \qquad (2.108)
$$

Da konvergente Folgen beschränkt sind, folgt aus $(*)_{n,t}$ für alle $t \in S \cap F$

$$
c_6 \|u_n(t)\|_V^p \leq \langle A(u_n(t)), u_n(t) - u(t) \rangle_V + c_7 \|u(t)\|_V^p + c_8 < \infty
$$

Auf dieselbe Weise, wie wir aus (2.103) die Konvergenz in (2.104) gefolgert haben, erhalten wir jetzt

$$
u_n(t) \rightharpoonup u(t) \quad \text{in } V \quad (n \to \infty, n \in \Lambda_0) \qquad (2.109)
$$

für alle $t \in S \cap F$. Die Folge $(u_n(t))_{n \in \Lambda_0}$ erfüllt für alle $t \in S \cap F$ aufgrund von (2.108) und (2.109) die Voraussetzungen in der Definition der Pseudo-monotonie. Da A pseudomonoton ist, erhalten wir für alle $w \in L^p(I;V)$ und fast alle $t \in S \cap F$

$$\langle A(u(t)), u(t) - w(t) \rangle_V \leq \liminf_{\substack{n \to \infty \\ n \in \Lambda_0}} \langle A(u_n(t)), u_n(t) - w(t) \rangle_V. \tag{2.110}$$

(d) Nun können wir zeigen, dass $\boldsymbol{A}$ Bochner-pseudomonoton ist. Genau wie in der Herleitung von $(*)_{n,t}$ zeigt man, dass für $w \in L^p(I;V)$, fast alle $t \in I$ und alle $n \in \Lambda_0$

$$\langle A(u_n(t)), u_n(t) - w(t) \rangle_V \geq c_6 \|u_n(t)\|_V^p - c_7 \|w(t)\|_V^p - c_8$$

gilt. Mithilfe von (2.110), der Definition des induzierten Operators $\boldsymbol{A}$, (2.100), sowie dem Fakt dass Teilfolgen konvergenter Folgen konvergieren, folgern wir für alle $w \in L^p(I;V)$

$$\langle \boldsymbol{A} u, u - w \rangle_{L^p(I;V)} \leq \int_I \liminf_{\substack{n \to \infty \\ n \in \Lambda_0}} \langle A(u_n(s)), u_n(s) - w(s) \rangle_V \, ds$$

$$\leq \liminf_{\substack{n \to \infty \\ n \in \Lambda_0}} \int_I \langle A(u_n(s)), u_n(s) - w(s) \rangle_V \, ds$$

$$= \lim_{\substack{n \to \infty \\ n \in \Lambda}} \langle \boldsymbol{A} u_n, u_n - w \rangle_{L^p(I;V)}$$

$$\leq \liminf_{n \to \infty} \langle \boldsymbol{A} u_n, u_n - w \rangle_{L^p(I;V)},$$

d.h. $\boldsymbol{A} : L^p(I;V) \cap_j L^\infty(I;H) \to \left(L^p(I;V) \right)^*$ ist Bochner-pseudomonoton.

ad (ii): **Bochner–Koerzivität**

Sei $u_0 \in H$ und $b \in L^{p'}(I;V^*)$ und erfülle $u \in L^p(I;V) \cap_j L^\infty(I;H)$ für fast alle $t \in I$

$$\frac{1}{2} \|ju(t)\|_H^2 + \int_0^t \langle A(u(s)) - b(s), u(s) \rangle_V \, ds \leq \frac{1}{2} \|u_0\|_H^2.$$

Mithilfe der Semi–Koerzivitätsbedingung (2.96), der Hölder–Ungleichung und der Young–Ungleichung erhalten wir für fast alle $t \in I$

$$\frac{1}{2} \|ju(t)\|_H^2 + c_3 \int_0^t \|u(s)\|_V^p \, ds \leq \frac{1}{2} \|u_0\|_H^2 + c_5 T + c_4 \int_0^t \|ju(s)\|_H^2 \, ds$$

$$+ c \|b\|_{L^{p'}(I;V^*)}^{p'} + \frac{c_3}{2} \int_0^t \|u(s)\|_V^p \, ds. \tag{2.111}$$

Wir absorbieren den letzten Term in der linken Seite und benutzen die Gronwall–Ungleichung (cf. [6, Lemma II.4.10]), welche

$$\|ju\|_{L^\infty(I;H)}^2 \leq \left(\|u_0\|_H^2 + 2c_5 T + 2c\,\|b\|_{L^{p'}(I;V^*)}^{p'}\right)\exp(2c_4 T) =: K_0$$

liefert. Dies setzen wir in (2.111) ein und erhalten für fast alle $t \in I$

$$c_3 \int\limits_0^t \|u(s)\|_V^p\, ds \leq \|u_0\|_H^2 + 2c_5 T + 2c_4 K_0 T + 2c\,\|b\|_{L^{p'}(I;V^*)}^{p'} =: K_1\,.$$

Aus den beiden letzten Ungleichungen folgt

$$\|u\|_{L^p(I;V)\cap_j L^\infty(I;H)} \leq \left(\frac{K_1}{c_3}\right)^{\frac{1}{p}} + K_0^{\frac{1}{2}}\,,$$

d.h. $\mathcal{A}$ ist Bochner-koerziv bzgl. $u_0 \in H$ und $b \in L^{p'}(I;V^*)$ für beliebige u_0 und b, d.h. $\mathcal{A}$ ist Bochner-koerziv. ∎

Nun wollen wir Satz 2.76 auf die instationäre Version der Gleichung (2.12) (cf. (2.53))

$$\partial_t u - \operatorname{div}\left(|\nabla u|^{p-2}\nabla u\right) + g(u) = f \qquad \text{in } I \times \Omega\,,$$
$$u = 0 \qquad \text{auf } I \times \partial\Omega\,,$$
$$u(0) = u_0 \qquad \text{in } \Omega\,,$$

anwenden. Dazu setzen wir wiederum $V := W_0^{1,p}(\Omega)$ und $H := L^2(\Omega)$, wobei wir V mit der äquivalenten Norm $\|\nabla\cdot\|_p$ versehen (cf. (A.12.24)).

2.112 Satz. *Sei $\Omega \subseteq \mathbb{R}^d$ ein beschränktes Gebiet mit Rand $\partial\Omega \in C^{0,1}$ und $I = (0,T)$ mit $0 < T < \infty$ ein endliches Zeitintervall. Sei $p \in (\frac{2d}{d+2}, \infty)$ und die stetige Funktion $g : \mathbb{R} \to \mathbb{R}$ erfülle die Bedingungen (2.17) und (2.23) mit $1 \leq r \leq r_0 := p\frac{d+2}{d}$. Dann gibt es für alle $f \in L^{p'}(I;V^*)$, $\frac{1}{p} + \frac{1}{p'} = 1$, und $u_0 \in H$ eine Lösung $u \in W$ des Problems (2.53), d.h. $j_c u(0) = u_0$ und für alle $\varphi \in L^p(I;V)$ gilt:*

$$\int\limits_I \left\langle \frac{d_e u(t)}{dt}, \varphi(t) \right\rangle_V dt + \int\limits_I \int\limits_\Omega |\nabla u(t)|^{p-2}\nabla u(t)\cdot\nabla\varphi(t)\,dx\,dt$$

$$+ \int\limits_I \int\limits_\Omega g(u(t))\,\varphi(t)\,dx\,dt = \int\limits_I \langle f(t), \varphi(t)\rangle_V\,dt\,.$$

Beweis. Da $V = W_0^{1,p}(\Omega)$ und $H = L^2(\Omega)$, ist $(V, H, \operatorname{id}_V)$ für $p \geq \frac{2d}{d+2}$ ein Gelfand–Tripel. Wir benutzen dieselben Operatoren wie bei der Behandlung der quasilinearen elliptischen Gleichung (2.12), d.h. wir definieren

$$\langle A_1 u, \varphi \rangle_V := \int_\Omega |\nabla u|^{p-2} \nabla u \cdot \nabla \varphi \, dx \, ,$$

$$\langle A_2 u, \varphi \rangle_V := \int_\Omega g(u) \, \varphi \, dx \, .$$

Wir setzen $A := A_1 + A_2$ und wollen zeigen, dass A die Voraussetzungen von Satz 2.94 erfüllt. Die Operatoren A_1, A_2 haben wir in Abschnitt 3.2.2 behandelt. In Lemma 1.30 haben wir gezeigt, dass A_1 als Operator von V nach V^* wohldefiniert ist. Im Beweis von Lemma 1.30 (cf. (1.32) für $s = 0$) haben wir weiter gezeigt, dass der Operator $A_1 \colon V \to V^*$ die Wachstumsbedingung

$$\|A_1 u\|_{V^*} \leq c \, \|u\|_V^{p-1} \tag{2.113}$$

erfüllt, und in Lemma 1.34 haben wir bewiesen, dass $A_1 \colon V \to V^*$ strikt monoton und stetig ist, sowie der Koerzivitätsbedingung (cf. (1.38))

$$\langle A_1 u, u \rangle_V \geq \|u\|_V^p \tag{2.114}$$

genügt. Lemma 2.6 (i) liefert also, dass $A_1 \colon V \to V^*$ pseudomonoton ist.

Für die Betrachtung des Operators A_2 beschränken wir uns auf den komplizierteren Fall $p < d$ (cf. Lemma 2.16). Im Fall $p \geq d$ benutzt man andere Einbettungen und einige Rechnungen sind einfacher. In Lemma 2.16 wurde gezeigt, dass A_2 als Operator von V nach V^* wohldefiniert ist und für $r < \frac{dp}{d-p} =: p^*$ vollstetig ist. Für $p > \frac{2d}{d+2}$ gilt $p\frac{d+2}{d} = r_0 < p^*$. Lemma 2.6 (ii) liefert also, dass $A_2 \colon V \to V^*$ pseudomonoton ist. Im Beweis von Lemma 2.22 wurde gezeigt, dass (cf. (2.24))

$$\langle A_2 u, u \rangle_V \geq -c_0 \, ,$$

und (cf. (2.18))

$$|\langle A_2 u, u \rangle_V| \leq c \left(1 + \|u\|_{L^{(r-1)(p^*)'}}^{r-1} \right) \|\varphi\|_V$$

gilt. Mithilfe der Definition der Operatornorm, der Hölder–Ungleichung mit $\frac{r_0-1}{r-1} \geq 1$, der Beschränktheit von Ω, der Äquivalenz (1.22), der Monotonie von $r \mapsto (1 + |a|)^r$ und $r \leq r_0$ erhalten wir daraus

$$\|A_2 u\|_{V^*} \leq c \left(1 + \|u\|_{L^{(r-1)(p^*)'}}^{r-1} \right) \leq c \left(1 + \|u\|_{L^{(r_0-1)(p^*)'}}^{r_0-1} \right).$$

Aus der Interpolationsungleichung (cf. Satz A.12.9) und der Einbettung $V = W_0^{1,p}(\Omega) \hookrightarrow L^{p^*}(\Omega)$ (cf. Satz A.12.21) folgt

$$\|u\|_{(r_0-1)(p^*)'} \leq \|u\|_2^{1-\lambda} \|u\|_{p^*}^\lambda \leq c \, \|u\|_H^{1-\lambda} \|u\|_V^\lambda \, ,$$

wobei $\lambda \in (0,1)$ durch $\frac{1}{(r_0-1)(p^*)'} = \frac{1-\lambda}{2} + \frac{\lambda}{p^*}$ gegeben ist. Man kann nachrechnen, dass $\lambda(r_0 - 1) = p - 1$ gilt, da $r_0 = p\frac{d+2}{d}$. Somit erhalten wir

$$\|A_2 u\|_{V^*} \leq c \left(1 + \|u\|_H^{(r_0-1)(1-\lambda)} \|u\|_V^{p-1} \right). \tag{2.115}$$

Aus (2.113)–(2.115) folgt, dass $A\colon V \to V^*$ wohldefiniert ist, die Semi–Koerzivitätsbedingung (2.96) erfüllt, der Wachstumsbedingung (2.95) genügt und aufgrund von Lemma 2.6 (iii) pseudomonoton ist. Satz 2.94 liefert, dass der induzierte Operator $\mathcal{A}\colon L^p(I;V) \cap_j L^\infty(I;H) \to \left(L^p(I;V)\right)^*$ Bochner-pseudomonoton, Bochner-koerziv und beschränkt ist. Aus Satz 2.76 folgt somit die Behauptung des Satzes. ∎

3.3 Maximal monotone Operatoren

Die Theorie *maximal monotoner* Operatoren bringt die Grundideen der Theorie monotoner Operatoren zur vollen Entfaltung und ist sehr allgemein. Intuitiv kann man sich unter einem maximal monotonen Operator einen monotonen Operator vorstellen, der *keine echte* monotone Erweiterung besitzt.

Beispiele. 1. $f\colon \mathbb{R} \to \mathbb{R}$ sei stetig und monoton wachsend, z.B. sei

$$f(x) = \begin{cases} -x^2 & \text{für } x < 0, \\ x^2 & \text{für } x \geq 0. \end{cases}$$

Dann ist diese Funktion f maximal monoton.

2. $f\colon \mathbb{R} \to \mathbb{R}$ sei monoton wachsend, aber unstetig, z.B. sei

$$f(x) = \begin{cases} -x^2 & \text{für } x < 0, \\ x^2 + 2 & \text{für } x \geq 0. \end{cases}$$

Diese Funktion f ist monoton, aber *nicht* maximal monoton. Es gibt nämlich eine monotone Erweiterung, z.B.

$$\bar{f}(x) = \begin{cases} -x^2 & \text{für } x < 0, \\ [0,2] & \text{für } x = 0, \\ x^2 + 2 & \text{für } x > 0. \end{cases}$$

Allerdings müssen wir für die maximale Monotonie „bezahlen", denn wir müssen „mehrdeutige Funktionen" oder genauer Abbildungen zulassen. Im Folgenden bezeichnen wir mit 2^Y die *Potenzmenge* einer Menge Y.

3.1 Definition. *Seien M, Y Mengen und sei $A\colon M \to 2^Y$ eine **Abbildung**, d.h. A ordnet allen Elementen $u \in M$ eine Teilmenge $Au \subseteq Y$, d.h. $Au \in 2^Y$, zu. Dann ist*

$$D(A) := \{u \in M \mid Au \neq \emptyset\}$$

*der **effektive Definitionsbereich**,*

$$R(A) := \bigcup_{u \in D(A)} Au$$

*der **Wertebereich** und*

$$G(A) := \{(u,v) \in M \times Y \mid u \in D(A), v \in Au\}$$

der **Graph** von A. Wir schreiben für $(u,v) \in G(A)$ einfacher $(u,v) \in A$.

3.2 Bemerkungen. *(i) Für eine Abbildung $A : M \to 2^Y$ existiert immer die inverse Abbildung $A^{-1} \colon Y \to 2^M$. Diese ist definiert durch*

$$A^{-1}(v) := \{u \in M \mid v \in Au\}.$$

Offensichtlich haben wir $D(A^{-1}) = R(A)$, $R(A^{-1}) = D(A)$ und $(u,v) \in A$ genau dann, wenn $(v,u) \in A^{-1}$.

(ii) Seien X, Y Vektorräume und sei $M \subseteq X$. Für gegebene Abbildungen $A, B \colon M \to 2^Y$ und für feste $\alpha, \beta \in \mathbb{R}$ definieren wir die **Linearkombination**

$$(\alpha A + \beta B)(u) := \begin{cases} \alpha Au + \beta Bu & \text{für } u \in D(A) \cap D(B), \\ \emptyset & \text{sonst.} \end{cases}$$

(iii) Jede eindeutige Abbildung $A \colon D(A) \subseteq M \to Y$ kann mit einer mehrdeutigen Abbildung $\bar{A} \colon M \to 2^Y$ identifiziert werden, indem wir

$$\bar{A}u := \begin{cases} \{Au\} & \text{für } u \in D(A), \\ \emptyset & \text{sonst} \end{cases}$$

setzen. Dann gilt

$$D(\bar{A}) = D(A) \qquad und \qquad R(\bar{A}) = R(A).$$

Im Folgenden verwenden wir immer diese Identifizierung und schreiben kürzer A statt $\bar{A}$.

3.3 Definition. *Sei X ein reflexiver Banachraum und $M \subseteq X$ eine Teilmenge. Die Abbildung $A \colon M \to 2^{X^*}$ heißt*

(i) **monoton** *genau dann, wenn für alle $(u, u^*), (v, v^*) \in A$ gilt:*

$$\langle u^* - v^*, u - v \rangle_X \geq 0,$$

(ii) **maximal monoton** *genau dann, wenn A monoton ist und für $(u, u^*) \in M \times X^*$ aus*

$$\langle u^* - v^*, u - v \rangle_X \geq 0 \qquad \forall (v, v^*) \in A$$

folgt, dass $(u, u^*) \in A$.

3.4 Bemerkungen. (i) Man kann die Begriffe monoton, pseudomonoton, koerziv sowie die verschiedenen Stetigkeitsbegriffe, definiert für Operatoren $A : X \to X^*$, auf Operatoren $A \colon D(A) \subseteq X \to X^*$, wobei $D(A)$ eine geeignete Teilmenge des Banachraumes X ist, verallgemeinern, indem man die jeweiligen Bedingungen nur für Elemente aus dem Definitionsbereich $D(A)$ fordert. Damit alle Bedingungen in der Definition von Pseudomonotonie Sinn machen, reicht es z.B., dass der Definitionsbereich $D(A)$ abgeschlossen und konvex ist.

(ii) Ein Operator $A\colon D(A) \subseteq X \to X^*$ kann mit der Identifizierung in Bemerkung 3.2 (ii) als mehrdeutige Abbildung $\bar{A}\colon X \to 2^{X^*}$ aufgefasst werden. Dann ist der Operator A monoton im Sinne der Definition 1.1 genau dann, wenn die mehrdeutige Abbildung $\bar{A}$ monoton im Sinne der Definition 3.3 ist.

(iii) Ein Operator $A\colon D(A) \subseteq X \to X^*$ heißt *maximal monoton* genau dann, wenn A monoton ist und aus $(u, u^*) \in X \times X^*$ sowie

$$\langle u^* - Av, u - v \rangle_X \geq 0 \qquad \forall v \in D(A)$$

folgt, dass $u \in D(A)$ und $u^* = Au$ gelten.

(iv) Sei $A\colon M \to 2^{X^*}$ eine maximal monotone Abbildung und sei $M \subseteq X$ nichtleer. Dann ist auch der Graph $G(A)$ nichtleer. In der Tat, angenommen er wäre leer, dann wäre die Bedingung

$$\langle u^* - v^*, u - v \rangle_X \geq 0 \qquad \forall (v, v^*) \in A$$

für ein beliebiges Paar $(u, u^*) \in M \times X^*$ erfüllt, da der Graph von A leer ist. Daraus folgt $(u, u^*) \in A$, da A maximal monoton ist. Dies ist aber ein Widerspruch zur Annahme. Also existiert $(u_0, u_0^*) \in A$.

(v) Die inverse Abbildung $A^{-1}\colon X^* \to 2^X$ einer maximal monotonen Abbildung $A\colon X \to 2^{X^*}$ auf einem reflexiven Banachraum X ist wieder maximal monoton. In der Tat, da X reflexiv ist, haben wir die Identifizierung $X \cong X^{**}$ und somit kann man A^{-1} auch als Abbildung $A^{-1}\colon X^* \to 2^{X^{**}}$ auffassen. Weiterhin gilt $\langle u^*, u \rangle_X = \langle u, u^* \rangle_{X^*}$ für alle $(u, u^*) \in X \times X^*$ und somit folgt die Behauptung mithilfe der Definition der inversen Abbildung

$$G(A^{-1}) = \{(u^*, u) \in X^* \times X \mid (u, u^*) \in G(A)\}.$$

Im Beispiel am Anfang des Abschnitts war die Stetigkeit der betrachteten monoton wachsenden Funktion entscheidend dafür, ob sie maximal monoton war oder nicht. Dies ist prototypisch in vielen Situationen.

3.5 Lemma. *Sei X ein reflexiver Banachraum und $A\colon X \to X^*$ ein monotoner Operator. Dann ist A maximal monoton genau dann, wenn A demistetig ist.*

Beweis. 1. Sei A demistetig. Dann ist A auch hemistetig und in Lemma 0.2 (i) (Minty–Trick) wurde gezeigt, dass A maximal monoton ist.

2. Sei A maximal monoton. Somit folgt aus Lemma 1.3 (iii), dass A lokal beschränkt ist. Für eine Folge $(u_n) \subseteq X$ mit $u_n \to u$ in X $(n \to \infty)$ folgt

somit, dass auch die Folge (Au_n) in X^* beschränkt ist. Aufgrund der Reflexivität von X^* (cf. Lemma A.7.5 (iii)) existieren eine Teilfolge (u_{n_k}) und ein Element $b \in X^*$ so, dass $Au_{n_k} \rightharpoonup b$ in X^* $(k \to \infty)$. Da A monoton ist, gilt für alle $v \in X$:

$$\langle Au_{n_k} - Av, u_{n_k} - v \rangle_X \geq 0 \, .$$

Der Grenzübergang $k \to \infty$ liefert mithilfe von Lemma 0.3 (iii)

$$\langle b - Av, u - v \rangle_X \geq 0 \, ,$$

d.h. $Au = b$, da A maximal monoton ist. Somit haben wir $Au_{n_k} \rightharpoonup Au$ in X^* $(k \to \infty)$ gezeigt. Da diese Argumentation für alle schwach konvergenten Teilfolgen gilt, liefert das Konvergenzprinzip Lemma 0.3 (iv), dass $Au_n \rightharpoonup Au$ in X^* $(n \to \infty)$ gilt, d.h. A ist demistetig. ∎

Bemerkungen. (i) Für monotone Operatoren $A \colon X \to X^*$ sind Hemistetigkeit und Demistetigkeit aufgrund von Lemma 1.3 äquivalent.

(ii) Man kann sich überlegen, dass Lemma 3.5 auch für nur separable Banachräume gilt.

(iii) Eine monoton wachsende Funktion $f \colon \mathbb{R} \to \mathbb{R}$ generiert also genau dann einen maximal monotonen Operator, wenn sie stetig ist.

3.3.1 Subdifferentiale

Ein weiteres Beispiel maximal monotoner Operatoren sind *Subdifferentiale*, die den klassischen Begriff der Ableitung für konvexe Funktionale verallgemeinern. Ein Funktional $f \colon C \subseteq X \to (-\infty, \infty]$, wobei C konvex ist, heißt *konvex*, falls $f(\lambda x + (1 - \lambda)y) \leq \lambda f(x) + (1 - \lambda)f(y)$ für alle $x, y \in C$ und alle $\lambda \in [0, 1]$ gilt.

3.6 Definition. *Sei X ein Banachraum und $f \colon X \to (-\infty, \infty]$ ein Funktional auf X. Ein Element $u^* \in X^*$ heißt **Subgradient** von f an der Stelle $u \in X$ genau dann, wenn $f(u) \neq +\infty$ und*

$$f(v) \geq f(u) + \langle u^*, v - u \rangle_X \qquad \forall v \in X \, .$$

*Die Menge aller Subgradienten von f in u heißt **Subdifferential** $\partial f(u)$. Falls an der Stelle u kein Subgradient existiert, setzen wir $\partial f(u) := \emptyset$.*

Beispiele. Sei $f \colon \mathbb{R} \to \mathbb{R}$ eine Funktion. Dann ist $\partial f(u)$ die Menge aller Steigungen von Geraden, die durch $(u, f(u))$ gehen und *vollständig* unter dem Graphen von f liegen.

(i) Die Funktion $f \colon \mathbb{R} \to \mathbb{R}$ sei definiert durch

$$f(x) := \begin{cases} -b\,x & \text{für } x \leq 0, \\ a\,x & \text{für } x > 0, \end{cases}$$

wobei $a, b \in \mathbb{R}^+$. Dann ist $\partial f(0) = [-b, a]$. In der Tat, wenn wir die Ungleichung $f(v) \geq u^* v$ betrachten, so bemerken wir, dass für $v > 0$ die Ungleichung $av \geq u^* v$ impliziert, dass $a \geq u^*$ gilt, und für $v < 0$ aus der Ungleichung $-bv \geq u^* v$ folgt, dass $-b \leq u^*$ gilt. Also kann $f(v) \geq u^* v$ für alle $v \in \mathbb{R}$ nur gelten, wenn $u^* \in [-b, a]$.

(ii) Es gibt differenzierbare Funktionen $f \colon \mathbb{R} \to \mathbb{R}$, deren Subdifferential die leere Menge ist. Ein Beispiel dafür ist die Funktion $\sin(x)$, für deren Subdifferential gilt: $\partial \sin(x) = \emptyset$, falls $x \neq \frac{3}{2}\pi + 2k\,\pi$, $k \in \mathbb{Z}$, $\partial \sin(x) = \{0\}$, falls $x = \frac{3}{2}\pi + 2k\,\pi$, $k \in \mathbb{Z}$.

Falls eine differenzierbare Funktion $f \colon \mathbb{R} \to \mathbb{R}$ in x_0 ein Minimum hat, dann gilt $f'(x_0) = 0$. Mithilfe des Subdifferentials erhält man folgende Verallgemeinerung:

3.7 Lemma. *Sei $f : X \to (-\infty, \infty]$ ein Funktional auf einem Banachraum X mit $f \not\equiv \infty$. Dann ist u eine Lösung des Minimierungsproblems*

$$f(u) = \min_{v \in X} f(v), \qquad u \in X,$$

genau dann, wenn

$$0 \in \partial f(u).$$

Beweis. 1. Sei $0 \in \partial f(u)$. Nach Definition des Subgradienten gilt für alle $v \in X$ und $u^* \in \partial f(u)$

$$f(v) - f(u) \geq \langle u^*, v - u \rangle_X.$$

Wenn wir $u^* = 0$ einsetzen erhalten wir, dass $f(u) \leq f(v)$ für alle $v \in X$ gilt, d.h. u löst das Minimierungsproblem.

2. Es gelte $f(u) \leq f(v)$ für alle $v \in X$. Somit ist insbesondere $f(u) \neq \infty$ und wir erhalten für alle $v \in X$

$$f(v) - f(u) \geq 0 = \langle 0, v - u \rangle_X,$$

d.h. $0 \in \partial f(u)$. ∎

Das folgende Lemma stellt die Lösbarkeit des Minimierungsproblems mithilfe der *direkten Methode der Variationsrechnung* sicher.

3.8 Lemma. *Sei C eine abgeschlossene, konvexe Menge eines reflexiven Banachraumes X. Das Funktional $f \colon C \to (-\infty, \infty]$ sei konvex, unterhalbstetig und koerziv, d.h. $f(u) \to \infty$ für $\|u\|_X \to \infty$, $u \in C$. Dann besitzt f auf C ein Minimum.*

Beweis. 1. Wir zeigen zuerst, dass f schwach (folgen-) unterhalbstetig ist. Da f konvex und unterhalbstetig bzgl. der starken Topologie ist, sind die Mengen $f^{-1}((-\infty, r])$, $r \in \mathbb{R}$, stark abgeschlossen und konvex. Nach dem Satz von Mazur A.8.10 sind sie also auch schwach abgeschlossen, d.h. f ist schwach unterhalbstetig. Angenommen f wäre nicht schwach folgenunterhalbstetig, dann würde eine Folge $(x_n) \subseteq X$ existieren mit $x_n \rightharpoonup x_0$ in X

$(n \to \infty)$ und $f(x_0) > \liminf_{n\to\infty} f(x_n) =: \lambda_0$. Für ein geeignetes $\varepsilon > 0$ ist also $x_0 \in f^{-1}((\lambda_0 + \varepsilon, \infty))$. Da f schwach unterhalbstetig ist, ist die Menge $f^{-1}((\lambda_0 + \varepsilon, \infty))$ schwach offen und somit eine Umgebung von x_0. Die schwache Konvergenz $x_n \rightharpoonup x_0$ in X $(n \to \infty)$ impliziert, dass ein $n_0 \in \mathbb{N}$ existiert, so dass $x_n \in f^{-1}((\lambda_0 + \varepsilon, \infty))$ für alle $n \geq n_0$ gilt. Dies ist ein Widerspruch zur Definition von λ_0. Also ist f schwach folgenunterhalbstetig.

2. Wir können o.B.d.A. annehmen, dass f nichttrivial ist, d.h. $f \not\equiv \infty$, ansonsten ist jeder Punkt aus C ein Minimum. Sei $(u_n) \subseteq C$ eine Minimalfolge von f, d.h.

$$f(u_n) \to \inf_{v \in C} f(v) \qquad (n \to \infty).$$

Aus der Koerzivität von f folgt, dass die Folge (u_n) beschränkt sein muss. Also gibt es aufgrund des Satzes von Eberlein–Šmuljan A.8.15 eine schwach konvergente Teilfolge (u_{n_k}) mit $u_{n_k} \rightharpoonup u_0$ in X $(k \to \infty)$ und der Satz von Mazur A.8.10 liefert $u_0 \in C$. Da f schwach folgenunterhalbstetig ist, folgt

$$f(u_0) \leq \liminf_{k\to\infty} f(u_{n_k}) = \inf_{v \in C} f(v) \leq f(u_0).$$

Somit ist $f(u_0) = \inf_{v \in C} f(v) \in \mathbb{R}$, d.h. das Minimum wird angenommen.   ∎

Aus Lemma 3.8 und Lemma 3.7 folgt, dass für konvexe, unterhalbstetige und koerzive Funktionale auf geeigneten Teilmengen eines Banachraumes das Subdifferential nicht trivial ist, d.h. $G(\partial f) \neq \emptyset$. Eine weitere hinreichende Bedingung für die Existenz eines Subgradienten eines konvexen Funktionals ist dessen Differenzierbarkeit.

3.9 Lemma. *Sei X ein Banachraum und $f : X \to \mathbb{R}$ ein konvexes Funktional. Falls f eine Gâteaux-Ableitung $Df(u)$ im Punkt u besitzt, dann gilt:*

$$\partial f(u) = \{Df(u)\}.$$

Beweis. Sei $h \in X$ beliebig. Wir setzen $\varphi(t) := f(u+th)$. Dann ist $\varphi \colon \mathbb{R} \to \mathbb{R}$ eine konvexe Funktion, denn aufgrund der Konvexität von f gilt für alle $\lambda \in [0,1]$

$$\begin{aligned}
\varphi((1-\lambda)t + \lambda s) &= f(((1-\lambda) + \lambda)u + (1-\lambda)th + \lambda sh) \\
&\leq (1-\lambda)f(u + th) + \lambda f(u + sh) \\
&= (1-\lambda)\varphi(t) + \lambda\varphi(s).
\end{aligned}$$

Da f Gâteaux-differenzierbar ist, existiert $\varphi'(0) = \langle Df(u), h \rangle_X$. Dies und die Konvexität von φ liefern insbesondere

$$\begin{aligned}
\varphi'(0) &= \lim_{t \searrow 0^+} \frac{\varphi(t) - \varphi(0)}{t} \\
&\leq \lim_{t \searrow 0^+} \frac{t\varphi(1) + (1-t)\varphi(0) - \varphi(0)}{t} = \varphi(1) - \varphi(0).
\end{aligned}$$

Somit gilt für alle $h \in X$

$$f(u+h) - f(u) \geq \langle Df(u), h \rangle_X \,,$$

d.h. aufgrund der Definition des Subgradienten folgt $Df(u) \in \partial f(u)$.

Sei nun $u^* \in \partial f(u)$. Dann gilt für alle $h \in X$ und $t > 0$

$$f(u+th) - f(u) \geq \langle u^*, th \rangle_X \,,$$

was man umschreiben kann als

$$\frac{f(u+th) - f(u)}{t} \geq \langle u^*, h \rangle_X \,, \qquad \forall h \in X \,.$$

Der Grenzübergang $t \searrow 0^+$ liefert

$$\langle Df(u), h \rangle_X \geq \langle u^*, h \rangle_X \,, \qquad \forall h \in X \,,$$

da f Gâteaux-differenzierbar ist. Wir ersetzen h durch $-h$ und erhalten

$$\langle Df(u), h \rangle_X = \langle u^*, h \rangle_X \,, \qquad \forall h \in X \,,$$

d.h. wir haben $u^* = Df(u)$ gezeigt. Zusammen mit dem vorher Bewiesenen folgt die Behauptung $\partial f(u) = \{Df(u)\}$. ∎

Für konvexe unterhalbstetige Funktionale f kann man die Existenz von Subgradienten unter viel allgemeineren Bedingungen zeigen, z.B. reicht es aus, dass f in einem Punkt endlich und stetig ist (cf. [30, Kapitel 26], [11, Kapitel 1] für eine ausführliche Diskussion von Eigenschaften konvexer unterhalbstetiger Funktionale). Wir wollen dies nicht weiter vertiefen, sondern nur noch folgende nützliche Eigenschaft konvexer, unterhalbstetiger Funktionale beweisen.

3.10 Lemma. *Sei $f \colon X \to (-\infty, \infty]$ ein konvexes, unterhalbstetiges Funktional auf einem Banachraum X. Falls $f \not\equiv \infty$ ist, liegt f oberhalb eines affinen Funktionals, d.h. es existieren $a \in \mathbb{R}$ und $u^* \in X^*$ so, dass für alle $u \in X$ gilt:*

$$f(u) \geq a + \langle u^*, u \rangle_X \,.$$

Beweis. Seien $u_0 \in X$ und $r_0 \in \mathbb{R}$ so, dass $r_0 < f(u_0) < \infty$. Wir wenden den Satz von Hahn–Banach A.10.11 an. Als Grundraum wählen wir $X \times \mathbb{R}$. Die Menge $A := \mathrm{epi}(f) := \{(u, r) \in X \times \mathbb{R} \mid f(u) \leq r\}$ ist abgeschlossen und konvex, da f unterhalbstetig und konvex ist. Sie ist nicht leer, da $f \not\equiv \infty$. Die Menge $C := \{(u_0, r_0)\}$ ist konvex und kompakt. Aufgrund der Definition von $\mathrm{epi}(f)$ ist $A \cap C = \emptyset$. Es gibt daher eine abgeschlossene Hyperebene $H := \{\Phi = \alpha_0\}$, $\Phi \in (X \times \mathbb{R})^*$, $\alpha_0 \in \mathbb{R}$, die A und C strikt trennt. Man überlegt sich leicht, dass $u_0^* \in X^*$ und $k_0 \in \mathbb{R}$ existieren, so dass $\Phi(u, r) = \langle u_0^*, u \rangle_X + k_0 r$ für alle $u \in X, r \in \mathbb{R}$. Somit gilt für alle $(u, r) \in \mathrm{epi}(f)$

$$\langle u_0^*, u \rangle_X + k_0 r > \alpha_0 > \langle u_0^*, u_0 \rangle_X + k_0 r_0 \,. \tag{3.11}$$

Da $\big(u_0, f(u_0)\big) \in \mathrm{epi}(f)$, folgt $\langle u_0^*, u_0 \rangle_X + k_0 f(u_0) > \alpha_0 > \langle u_0^*, u_0 \rangle_X + k_0 r_0$, woraus wir $k_0 > 0$ schließen. Aus (3.11) folgt daher, für alle $u \in X$ mit $f(u) < \infty$ und $r = f(u)$,

$$f(u) > \big\langle - \tfrac{1}{k_0} u_0^*, u \big\rangle_X + \tfrac{\alpha_0}{k_0} \, .$$

Somit ergibt sich die Behauptung mit $u^* := -\tfrac{1}{k_0} u_0^*$, $a := \tfrac{\alpha_0}{k_0}$, da die Ungleichung für $u \in X$ mit $f(u) = \infty$ trivial ist. ∎

Wir wollen nun untersuchen, wann Subdifferentiale maximal monoton sind. Bei der Beantwortung dieser Frage hilft uns die *Dualitätsabbildung* weiter.

3.12 Definition. *Sei X ein Banachraum. Dann wird die* **Dualitätsabbildung** *$J : X \to 2^{X^*}$ definiert durch*

$$J(u) := \big\{ u^* \in X^* \,\big|\, \langle u^*, u \rangle_X = \|u\|_X^2 \,,\, \|u^*\|_{X^*} = \|u\|_X \big\} \, .$$

Bemerkung. Man beachte, dass die Dualitätsabbildung J von der gewählten Norm auf X abhängt.

3.13 Lemma. *Sei X ein Banachraum. Dann ist $D(J) = X$ und es gilt*

$$R(J) = \big\{ u^* \in X^* \,\big|\, \exists v \in X \text{ mit } \|v\|_X = 1 , \langle u^*, v \rangle_X = \|u^*\|_{X^*} \big\} \, . \qquad (3.14)$$

Beweis. 1. $D(J) = X$, d.h. $J(u) \neq \emptyset$ für alle $u \in X$. Dies ist gerade die Aussage von Lemma A.7.3 (i). Wir wollen diese kurz beweisen. Dazu definieren wir auf $X_0 := \mathrm{span}\,(u)$ durch

$$f(tu) := t \, \|u\|_X^2$$

ein stetiges, lineares Funktional $f \colon X_0 \to \mathbb{R}$ mit $\|f\|_{X_0^*} = \|u\|_X$. Aufgrund einer Folgerung des Satzes von Hahn–Banach (cf. Folgerung A.10.8) können wir f zu einem stetigen, linearen Funktional $u^* \colon X \to \mathbb{R}$ fortsetzen, mit $\|u^*\|_{X^*} = \|f\|_{X_0^*} = \|u\|_X$. Offensichtlich haben wir $\langle u^*, u \rangle_X = f(u) = \|u\|_X^2$, woraus aufgrund der Definition der Norm $\|u^*\|_{X^*}$ folgt: $\|u^*\|_{X^*} = \|u\|_X$. Also ist $J(u) \neq \emptyset$, d.h. für den effektiven Definitionsbereich gilt $D(J) = X$.

2. Wir bezeichnen mit M die Menge auf der rechten Seite von (3.14). Für $u^* \in J(u)$ gilt $\langle u^*, u \rangle_X = \|u\|_X^2 = \|u^*\|_{X^*}^2$. Somit erfüllt $v := \frac{u}{\|u^*\|_{X^*}}$ sowohl $\|v\|_X = 1$ als auch $\langle u^*, v \rangle_X = \|u^*\|_{X^*}$, d.h. u^* ist ein Element von M. Sei nun $u^* \in M \subseteq X^*$. Dann existiert ein $v \in X$ mit $\|v\|_X = 1$ und $\langle u^*, v \rangle_X = \|u^*\|_{X^*}$. Für $u := \|u^*\|_{X^*} v$ folgt somit $u^* \in J(u)$, denn $\|u\|_X = \|u^*\|_{X^*}$ und $\langle u^*, u \rangle_X = \|u^*\|_{X^*}^2$, d.h. $u^* \in R(J)$. ∎

3.15 Folgerung. *Sei X ein reflexiver Banachraum. Dann ist die Dualitätsabbildung $J : X \to 2^{X^*}$ surjektiv, d.h. $R(J) = X^*$.*

Beweis. Für beliebige $u^* \in X^*$ existiert aufgrund von Lemma A.7.3 (i), angewendet auf den Raum X^*, ein Element $\tilde{F} \in X^{**}$ mit $\|\tilde{F}\|_{X^{**}} = \|u^*\|_{X^*}$ und $\langle \tilde{F}, u^* \rangle_{X^*} = \|u^*\|_{X^*}^2$. Wir setzen $F := \|u^*\|_{X^*}^{-1} \tilde{F} \in X^{**}$ und erhalten $\|F\|_{X^{**}} = 1$ und $\langle F, u^* \rangle_{X^*} = \|u^*\|_{X^*}$. Aus der Reflexivität von X folgt, dass die kanonische Isometrie $\hat{\imath} : X \to X^{**}$ surjektiv ist. Also existiert ein $u \in X$ mit $\|u\|_X = 1$ und $\hat{\imath}(u) = F$. Somit ergibt sich $\|u^*\|_{X^*} = \langle F, u^* \rangle_{X^*} = \langle u^*, u \rangle_X$ und $\|u\|_X = 1$, was mithilfe von Lemma 3.13 $R(J) = X^*$ liefert. ∎

Man kann mithilfe des Satzes von James (cf. [9, Chapter 1]) zeigen, dass auch die umgekehrte Implikation gilt, d.h. falls für einen Banachraum X die Dualitätsabbildung $J : X \to 2^{X^*}$ surjektiv ist, dann ist X reflexiv.

Die Dualitätsabbildung kann äquivalent auch als Subdifferential charakterisiert werden.

3.16 Lemma. *Sei X ein Banachraum und $\varphi : X \to \mathbb{R} : u \mapsto \frac{1}{2}\|u\|_X^2$. Dann gilt $J(u) = \partial\varphi(u)$ für alle $u \in X$.*

Beweis. 1. Sei $(u, u^*) \in J$. Dann gilt für alle $v \in X$

$$\langle u^*, v - u \rangle_X = \langle u^*, v \rangle_X - \|u\|_X^2$$

$$\leq \|u^*\|_{X^*} \|v\|_X - \frac{1}{2}\|u\|_X^2 - \frac{1}{2}\|u\|_X^2$$

$$\leq \frac{1}{2}\|v\|_X^2 + \frac{1}{2}\|u^*\|_{X^*}^2 - \frac{1}{2}\|u^*\|_{X^*}^2 - \frac{1}{2}\|u\|_X^2$$

$$= \varphi(v) - \varphi(u),$$

wobei wir die Definition von J, die Young–Ungleichung $2ab \leq a^2 + b^2$ und $\|u^*\|_{X^*} = \|u\|_X$ benutzt haben. Dies zeigt, dass $u^* \in \partial\varphi(u)$.

2. Sei $(u, u^*) \in \partial\varphi$. Dann gilt für alle $v \in X$

$$\langle u^*, v - u \rangle_X \leq \varphi(v) - \varphi(u). \tag{3.17}$$

Wenn wir $v = \lambda u$, $\lambda > 1$, wählen und die Definition von φ benutzen, folgt

$$\langle u^*, u \rangle_X \leq \frac{1}{2}\frac{\lambda^2 - 1}{\lambda - 1}\|u\|_X^2 = \frac{1}{2}(\lambda + 1)\|u\|_X^2 \to \|u\|_X^2,$$

für $\lambda \searrow 1^+$. Wenn wir $v = (1 - \lambda)u$, $\lambda \in (0, 1)$, wählen, erhalten wir

$$\langle u^*, u \rangle_X \geq \frac{1}{2}\frac{(1 - \lambda)^2 - 1}{-\lambda}\|u\|_X^2 = \frac{1}{2}(2 - \lambda)\|u\|_X^2 \to \|u\|_X^2,$$

für $\lambda \searrow 0^+$. Wir haben also $\langle u^*, u \rangle_X = \|u\|_X^2$ gezeigt, woraus $\|u\|_X \leq \|u^*\|_{X^*}$ folgt. Für alle $v \in X$ mit $\|v\|_X \leq \|u\|_X$ erhalten wir somit aus (3.17) $\langle u^*, v \rangle_X \leq \langle u^*, u \rangle_X = \|u\|_X^2$. Mithilfe der skalierten Variante der Definition der Norm von u^*, nämlich $\|u^*\|_{X^*} = \sup_{\|v\|_X \leq \|u\|} \frac{1}{\|u\|} \langle u^*, v \rangle_X$, folgt daraus $\|u^*\|_{X^*} \leq \|u\|_X$ und somit $\|u^*\|_{X^*} = \|u\|_X$. Also haben wir $u^* \in J(u)$ bewiesen. ∎

Im Falle von Hilberträumen kann die Dualitätsabbildung mit dem Riesz–Isomorphismus (cf. Satz A.10.3) identifiziert werden.

3.18 Lemma. *Sei H ein Hilbertraum und $J\colon H \to 2^{H^*}$ die Dualitätsab-bildung. Dann bildet J auf einelementige Mengen ab und kann daher als Operator $J\colon H \to H^*$ aufgefasst werden. Dieser Operator ist surjektiv und es gilt:*

$$\langle J(u), v \rangle_H = (u, v)_H \,.$$

Beweis. In Lemma 3.16 haben wir gezeigt, dass $J(u) = \partial\varphi(u)$, wobei $\varphi(u) = \frac{1}{2}\|u\|_H^2$. Nach Lemma 3.9 ist $\partial\varphi(u)$ einelementig, falls φ konvex ist und eine Gâteaux–Ableitung $D\varphi(u)$ besitzt. In diesem Fall gilt $\partial\varphi(u) = \{D\varphi(u)\}$.

1. φ ist konvex: Für $t \in [0,1]$, $u, v \in H$ folgt, mithilfe von $2ab \le a^2 + b^2$:

$$
\begin{aligned}
\varphi\big(tu + (1-t)v\big) &= \frac{1}{2}\|tu + (1-t)v\|_H^2 \\
&\le \frac{1}{2}\big(t\|u\|_H + (1-t)\|v\|_H\big)^2 \\
&\le \frac{1}{2}\Big(t^2\|u\|_H^2 + (1-t)^2\|v\|_H^2 + t(1-t)\big(\|u\|_H^2 + \|v\|_H^2\big)\Big) \\
&= \frac{1}{2}\Big(t\|u\|_H^2 + (1-t)\|v\|_H^2\Big) \\
&= t\varphi(u) + (1-t)\varphi(v)\,,
\end{aligned}
$$

d.h. φ ist konvex.

2. φ besitzt eine Gâteaux–Ableitung: Für $t \in \mathbb{R}$ und $u, v \in H$ gilt:

$$
\begin{aligned}
\frac{1}{t}\big(\varphi(u+tv) - \varphi(u)\big) &= \frac{1}{2t}\Big(\|u+tv\|_H^2 - \|u\|_H^2\Big) \\
&= \frac{1}{2t}\Big((u,u)_H + 2t(u,v)_H + t^2(v,v)_H - (u,u)_H\Big) \\
&= (u,v)_H + \frac{t}{2}(v,v)_H\,.
\end{aligned}
$$

Daraus folgt, dass die Gâteaux–Ableitung existiert und dass gilt:

$$\langle D\varphi(u), v \rangle_H = (u, v)_H \,.$$

Die obige Formel für J folgt aus der Gleichungskette

$$\langle J(u), v \rangle_H = \langle \partial\varphi(u), v \rangle_H = \langle D\varphi(u), v \rangle_H = (u, v)_H \,,$$

wobei wir Lemma 3.16 und Lemma 3.9 benutzt haben. Da Hilberträume reflexiv sind, folgt aus Folgerung 3.15, dass J surjektiv ist. $\blacksquare$

Im Falle von Banachräumen ist die Situation komplizierter. Dabei spielt die Theorie der *Konvexitäts-* und *Glattheitseigenschaften* der Norm in Banachräumen eine große Rolle (cf. Abschnitt A.9). Man beachte, dass die Norm in einem Hilbertraum immer gleichmäßig konvex ist.

3.19 Satz. *Sei X ein reflexiver Banachraum. Dann gilt:*

(i) *Falls der Dualraum X^* strikt konvex ist, dann bildet die Dualitätsabbildung J auf einelementige Mengen ab und kann daher als Operator $J\colon X \to X^*$ aufgefasst werden. Dieser Operator ist demistetig, koerziv, beschränkt, surjektiv und maximal monoton. Weiterhin haben wir für alle $u \in X$*

$$J(u) = D\varphi(u)\,,$$

wobei $D\varphi(u)$ die Gâteaux–Ableitung von $\varphi(u) = \frac{1}{2}\|u\|_X^2$ ist.

(ii) *Falls zusätzlich X strikt konvex ist, dann ist J strikt monoton.*

(iii) *Falls der Dualraum X^* lokal gleichmäßig konvex ist, dann ist der Operator J zusätzlich zu den Behauptungen in (i) stetig und insbesondere ist φ Fréchet-differenzierbar.*

Bemerkungen. (i) Aus der Kettenregel (cf. Satz 2.2.9 und Bemerkungen danach) und den Behauptungen des Satzes folgt, mithilfe der Formel $\|u\|_X = \big(2\varphi(u)\big)^{1/2}$, dass die Norm $u \mapsto \|u\|_X$ auf $X \setminus \{0\}$ Gâteaux- bzw. Fréchet-differenzierbar ist, falls der Dualraum X^* strikt konvex bzw. lokal gleichmäßig konvex ist.

(ii) Die Behauptung aus Bemerkung (i) ist im Allgemeinen, ohne die zusätzlichen Annahmen an X^*, falsch. Davon überzeugt man sich leicht am Beispiel des $\mathbb{R}^2$, versehen mit der Maximumsnorm. Aus der Darstellung

$$\|z\|_\infty = \max(|x|, |y|) = \frac{1}{2}\Big(|x| + |y| + \big||y| - |x|\big|\Big)$$

für $z = (x, y)^\top \in \mathbb{R}^2$ berechnet man die Ableitung der Funktion $z \mapsto \|z\|_\infty$ formal als

$$\frac{1}{2}\bigg(\frac{x}{|x|}\Big(1 - \frac{|y| - |x|}{\big||y| - |x|\big|}\Big), \frac{y}{|y|}\Big(1 + \frac{|y| - |x|}{\big||y| - |x|\big|}\Big)\bigg)\,.$$

Somit ist die Ableitung in den Punkten $(x, \pm x)$, $x \in \mathbb{R}$, nicht definiert. In der Tat ist $(\mathbb{R}^2, \|\cdot\|_\infty)$ *nicht* strikt konvex, da die Oberfläche der „Einheitskugel" $\partial B_1(0)$ Geradenstücke enthält.

Beweis (Satz 3.19). ad (i): 1. Die Menge $J(u)$ ist einelementig: Für $u = 0$ ist die Aussage klar. Sei also $u \neq 0$ und seien $u_i^* \in J(u)$, $i = 1, 2$, d.h.

$$\langle u_i^*, u\rangle_X = \|u\|_X^2 = \|u_i^*\|_{X^*}^2\,, \qquad i = 1, 2\,.$$

Daraus folgt

$$2\,\|u_1^*\|_{X^*}\,\|u\|_X = \langle u_1^* + u_2^*, u\rangle_X \leq \|u_1^* + u_2^*\|_{X^*}\,\|u\|_X$$

und somit $\|u_1^*\|_{X^*} \leq \|2^{-1}(u_1^* + u_2^*)\|_{X^*}$. Dies ist nur für $u_1^* = u_2^*$ möglich, da X^* strikt konvex ist und $\|u_1^*\|_{X^*} = \|u_2^*\|_{X^*} > 0$ gilt (cf. Abschnitt A.9).

Somit kann man J als Operator von X nach X^* auffassen, was wir von nun an machen.

2. Der Operator $J: X \to X^*$ ist demistetig: Sei $(u_n) \subseteq X$ eine Folge mit $u_n \to u$ in X $(n \to \infty)$. Aufgrund der Definition der Abbildung J haben wir auch $\|J(u_n)\|_{X^*} = \|u_n\|_X \to \|u\|_X$ $(n \to \infty)$ und somit ist die Folge $(J(u_n))$ in X^* beschränkt. Da X^* reflexiv ist, existiert eine Teilfolge (u_{n_k}) mit

$$J(u_{n_k}) \rightharpoonup u^* \text{ in } X^* \quad (k \to \infty).$$

Aus Lemma A.8.6 (iii) folgt daher

$$\|u^*\|_{X^*} \leq \liminf_{k \to \infty} \|J(u_{n_k})\|_{X^*} = \liminf_{k \to \infty} \|u_{n_k}\|_X = \|u\|_X,$$

was zusammen mit (cf. Lemma 0.3 (ii))

$$\|u\|_X^2 = \lim_{k \to \infty} \|u_{n_k}\|_X^2 = \lim_{k \to \infty} \langle J(u_{n_k}), u_{n_k} \rangle_X = \langle u^*, u \rangle_X \leq \|u^*\|_{X^*} \|u\|_X$$

liefert, dass $\|u^*\|_{X^*} = \|u\|_X$ gilt. Insgesamt erhalten wir also $u^* = J(u)$. Aus dem Konvergenzprinzip (cf. Lemma 0.3 (iv)) folgt dann, dass die gesamte Folge $(J(u_n))$ schwach gegen $J(u)$ konvergiert, d.h. J ist demistetig.

3. J ist koerziv, beschränkt und surjektiv: Aus der Definition der Dualitätsabbildung J folgt:

$$\langle J(u), u \rangle_X = \|u\|_X^2, \qquad \|J(u)\|_{X^*} = \|u\|_X,$$

also ist J koerziv und beschränkt. Da X reflexiv ist, folgt aus Folgerung 3.15, dass J surjektiv ist.

4. J ist maximal monoton: Wir haben für alle $u, v \in X$:

$$\begin{aligned}
\langle J(u) - J(v), u - v \rangle_X &= \langle J(u), u \rangle_X + \langle J(v), v \rangle_X - \langle J(v), u \rangle_X - \langle J(u), v \rangle_X \\
&\geq \|u\|_X^2 + \|v\|_X^2 - 2\|u\|_X \|v\|_X \\
&= \left(\|u\|_X - \|v\|_X\right)^2 \geq 0,
\end{aligned} \tag{3.20}$$

d.h. J ist monoton. Aus Lemma 3.5 folgt also, dass J maximal monoton ist, da J nach Schritt 2 demistetig ist.

5. φ ist Gâteaux-differenzierbar mit $D\varphi = J$: Die Definition von J, $2\|u\|_X\|v\|_X \leq \|u\|_X^2 + \|v\|_X^2$ und $\left(\|v\|_X - \|u\|_X\right)^2 \geq 0$ implizieren, dass für alle $u, v \in X$ gilt:

$$\begin{aligned}
\langle J(v), v - u \rangle_X &\geq \langle J(v), v \rangle_X - \|J(v)\|_{X^*} \|u\|_X = \|v\|_X^2 - \|v\|_X \|u\|_X \\
&\geq \|v\|_X^2 - 2^{-1}\left(\|u\|_X^2 + \|v\|_X^2\right) = 2^{-1}\left(\|v\|_X^2 - \|u\|_X^2\right) \\
&\geq \|u\|_X \|v\|_X - \|u\|_X^2 \\
&\geq \langle J(u), v - u \rangle_X.
\end{aligned}$$

Wenn wir nun $v = u + th$, $t \in \mathbb{R}$, $h \in X$, wählen und $\varphi(w) = \frac{1}{2}\|w\|_X^2$ benutzen, ist in dieser Ungleichungskette

$$t\langle J(u), h \rangle_X \leq \varphi(u + th) - \varphi(u) \leq t\langle J(u + th), h \rangle_X$$

enthalten. Da wir in Schritt 2 gezeigt haben, dass J demistetig, also insbesondere hemistetig, ist, folgt daraus, dass die Richtungsableitungen von φ durch $\delta\varphi(u,h) = \langle J(u), h \rangle_X$ gegeben sind. Die Abbildung $h \mapsto \langle J(u), h \rangle_X$ ist offenbar stetig und linear. Somit ist φ Gâteaux-differenzierbar mit Gâteaux–Ableitung $D\varphi = J$.

ad (ii): Sei X zusätzlich strikt konvex und seien $u, v \in X$ derart, dass

$$\langle J(u) - J(v), u - v \rangle_X = 0.$$

Falls $u = 0$ und/oder $v = 0$ folgt aus (3.20) sofort $u = v = 0$. In allen anderen Fällen erhalten wir aufgrund von (3.20)

$$0 = \left\langle J(u) - J\left(\frac{u+v}{2}\right), \frac{u-v}{2} \right\rangle_X + \left\langle J\left(\frac{u+v}{2}\right) - J(v), \frac{u-v}{2} \right\rangle_X$$
$$\geq \left(\|u\|_X - \|2^{-1}(u+v)\|_X \right)^2 + \left(\|2^{-1}(u+v)\|_X - \|v\|_X \right)^2$$

und somit $\|u\|_X = \|2^{-1}(u+v)\|_X = \|v\|_X > 0$. Da X strikt konvex ist, folgt daraus $u = v$ (cf. Abschnitt A.9), d.h. J ist strikt monoton.

ad (iii): Sei X^* zusätzlich lokal gleichmäßig konvex. Für eine Folge (u_n) mit $u_n \to u$ in X ($n \to \infty$) haben wir in Schritt 2 von (i) insbesondere

$$\|J(u_n)\|_{X^*} \to \|J(u)\|_{X^*}, \qquad J(u_n) \rightharpoonup J(u) \text{ in } X^* \quad (n \to \infty)$$

gezeigt. Da X^* lokal gleichmäßig konvex ist, folgt aus Lemma A.9.1 dass $J(u_n) \to J(u)$ in X^* ($n \to \infty$), d.h. J ist stetig. Da J die Gâteaux–Ableitung von φ ist, liefert uns Satz 2.2.7 (ii), dass J die Fréchet–Ableitung von φ ist. ∎

In Satz 3.19 wurde insbesondere gezeigt, dass für einen reflexiven Banachraum X das Subdifferential $\partial\varphi$, des Funktionals $\varphi(u) = \frac{1}{2}\|u\|_X^2$ maximal monoton ist, falls der Dualraum X^* strikt konvex ist. Daraus kann man folgern, dass, sogar ohne die Zusatzvoraussetzung der strikten Konvexität des Dualraums, Subdifferentiale von konvexen, unterhalbstetigen Funktionalen maximal monoton sind. Das Herzstück dieses Resultats ist im folgenden Lemma enthalten, das tiefe Zusammenhänge zwischen den *Konvexitätseigenschaften* von X und den *Glattheitseigenschaften* der Norm auf X benutzt.

3.21 Lemma. *Sei $f : X \to (-\infty, \infty]$ konvex und unterhalbstetig auf dem reflexiven Banachraum X und sei $f \not\equiv +\infty$. Dann existiert ein strikt monotoner Operator $A : X \to X^*$ mit $R(A + \partial f) = X^*$.*

Beweis. Nach dem Satz von Kadec–Troyanski A.9.4 existiert auf X eine äquivalente Norm, so dass sowohl X bzgl. dieser neuen Norm als auch X^* bzgl. der dadurch induzierten Norm lokal gleichmäßig konvex sind. Wir bezeichnen diese Norm mit $\|\cdot\|_X$ und versehen im Weiteren immer X mit dieser äquivalenten Norm $\|\cdot\|_X$. Es wird sich zeigen, dass der Operator A gerade die Dualitätsabbildung von X versehen mit dieser äquivalenten Norm ist.

Für $u^* \in X^*$ beliebig, aber fest, betrachten wir das Funktional $\psi : X \to \mathbb{R}$, gegeben durch

$$\psi(u) := \frac{1}{2}\|u\|_X^2 + f(u) - \langle u^*, u \rangle_X \, .$$

Aus Satz 3.19 folgt, dass die Fréchet–Ableitung von $\varphi_X(u) := \frac{1}{2}\|u\|_X^2$ existiert und durch die Dualitätsabbildung $J \colon (X, \|\cdot\|_X) \to X^*$ gegeben ist. Insbesondere ist φ_X somit stetig. Analog zu Schritt 1 im Beweis von Lemma 3.18 kann man zeigen, dass φ_X konvex ist, da wir dort nur die Eigenschaften der Norm benutzt haben. Satz 3.19 liefert auch, dass J strikt monoton ist und $J = D\varphi_X$ gilt, woraus mit Lemma 3.9 folgt, dass $J = \partial\varphi_X$. Das Funktional ψ hat folgende Eigenschaften:

(i) ψ ist unterhalbstetig und konvex, da es die Summe von Funktionalen mit diesen Eigenschaften ist.

(ii) ψ ist koerziv, d.h. $\psi(u) \to \infty$ für $\|u\|_X \to \infty$. Aufgrund von Lemma 3.10 existieren $a \in \mathbb{R}$ und $u_0^* \in X^*$, so dass $f(u) \geq a + \langle u_0^*, u \rangle_X$ für alle $u \in X$. Demzufolge erhalten wir

$$\psi(u) \geq \frac{1}{2}\|u\|_X^2 + a - \big(\|u_0^*\|_{X^*} + \|u^*\|_{X^*} \big) \|u\|_X \, ,$$

woraus folgt, dass ψ koerziv ist.

Aufgrund dieser Eigenschaften garantiert Lemma 3.8, dass das Funktional ψ ein Minimum $u_0 \in X$ besitzt, d.h.

$$\psi(u_0) = \inf_{u \in X} \psi(u) \, .$$

Somit folgt für beliebige $u \in X$

$$f(u_0) - f(u) \leq \frac{1}{2}\|u\|_X^2 - \frac{1}{2}\|u_0\|_X^2 + \langle u^*, u_0 - u \rangle_X \tag{3.22}$$
$$\leq \langle J(u), u - u_0 \rangle_X + \langle u^*, u_0 - u \rangle_X \, ,$$

wobei wir benutzt haben, dass $J(u) = \partial\varphi_X(u)$. Für beliebige $w \in X$ und $t \in (0, 1)$, setzen wir $u_t := tu_0 + (1-t)w$. Wenn wir $u = u_t$ in (3.22) einsetzen, die Konvexität von f benutzen und in der resultierenden Ungleichung $1 - t > 0$ kürzen, erhalten wir für alle $w \in X$

$$f(u_0) - f(w) \leq \langle J\big(tu_0 + (1-t)w\big), w - u_0 \rangle_X + \langle u^*, u_0 - w \rangle_X \, .$$

Aufgrund der Stetigkeit von J liefert der Grenzwert $t \nearrow 1^-$

$$f(u_0) - f(w) \leq \langle J(u_0), w - u_0 \rangle_X + \langle u^*, u_0 - w \rangle_X = \langle u^* - J(u_0), u_0 - w \rangle_X \, .$$

Aus der Definition des Subdifferentials von f folgt also $u^* - J(u_0) \in \partial f(u_0)$, d.h. $u^* \in J(u_0) + \partial f(u_0)$. Wir definieren nun $A \colon X \to X^*$ als Dualitätsabbildung von $(X, \|\cdot\|_X)$, d.h. $A := J$. Da u^* beliebig war, haben wir also gezeigt, dass $R(A + \partial f) = X^*$. ∎

3.23 Satz (Rockafellar 1966). *Sei* $f \colon X \to (-\infty, \infty]$ *konvex und unter-halbstetig auf dem reflexiven Banachraum X und sei $f \not\equiv +\infty$. Dann ist $\partial f \colon X \to 2^{X^*}$ maximal monoton.*

Beweis. 1. $\partial f \colon X \to 2^{X^*}$ ist monoton: Für (u, u^*), $(v, v^*) \in \partial f$ gilt nach Definition der Subgradienten in u bzw. v

$$f(v) - f(u) \geq \langle u^*, v - u \rangle_X \,,$$
$$f(u) - f(v) \geq \langle v^*, u - v \rangle_X \,.$$

Eine Addition beider Ungleichungen ergibt

$$0 \geq \langle u^* - v^*, v - u \rangle_X \qquad \Leftrightarrow \qquad 0 \leq \langle u^* - v^*, u - v \rangle_X \,,$$

d.h. ∂f ist monoton.

2. $\partial f \colon X \to 2^{X^*}$ ist maximal monoton: Sei $(u_0, u_0^*) \in X \times X^*$ so, dass für alle $(u, u^*) \in \partial f$ gilt

$$\langle u_0^* - u^*, u_0 - u \rangle_X \geq 0 \,. \tag{3.24}$$

Daraus wollen wir folgern, dass $u_0^* \in \partial f(u_0)$. Dazu benutzen wir den Operator A aus Lemma 3.21. Da $A(u_0) + u_0^* \in X^*$ und $R(A + \partial f) = X^*$ gilt, erhalten wir, dass $(u, u^*) \in \partial f$ existiert mit

$$A(u) + u^* = A(u_0) + u_0^* \qquad \Longleftrightarrow \qquad u_0^* - u^* = A(u) - A(u_0) \,. \tag{3.25}$$

Die Ungleichung (3.24) liefert

$$0 \leq \langle u_0^* - u^*, u_0 - u \rangle_X = \langle A(u) - A(u_0), u_0 - u \rangle_X \,,$$

d.h. $\langle A(u_0) - A(u), u_0 - u \rangle_X \leq 0$. Der Operator A ist aber strikt monoton und somit erhalten wir $u = u_0$. Aus (3.25) folgern wir

$$u_0^* = u^* \in \partial f(u) = \partial f(u_0) \,,$$

d.h. ∂f ist maximal monoton. $\blacksquare$

Hieraus folgt die folgende Verschärfung von Satz 3.19.

3.26 Folgerung. *Sei X ein reflexiver Banachraum. Dann ist die Dualitäts-abbildung $J \colon X \to 2^{X^*}$ maximal monoton und surjektiv.*

Beweis. Sei φ durch $\varphi(u) := \frac{1}{2} \|u\|_X^2$ definiert. Dann ist offensichtlich $\varphi \colon X \to (-\infty, \infty) \subseteq (-\infty, \infty]$ ein konvexes (cf. Beweis von Lemma 3.18), un-terhalbstetiges Funktional (φ ist sogar stetig). Nach Lemma 3.16 ist $J = \partial\varphi$ und somit ist J nach Satz von Rockafellar 3.23 maximal monoton. Die Sur-jektivität von J wurde schon in Folgerung 3.15 bewiesen. $\blacksquare$

Um ein weiteres nichttriviales Beispiel einer maximal monotonen Abbil-dung zu erhalten, können wir folgende Situation betrachten, die für Anwen-dungen relevant ist. Sei X ein Banachraum und $C \subseteq X$ eine nichtleere, abgeschlossene, konvexe Teilmenge. Für solche Mengen C definieren wir eine **Indikatorfunktion** $\chi = \chi_C \colon X \to (-\infty, \infty]$ durch

$$\chi(u) := \begin{cases} 0 & \text{für } u \in C, \\ \infty & \text{für } u \in X \setminus C. \end{cases}$$

Unter einem **Trägerfunktional** von C im Punkt $u \in X$ verstehen wir ein Funktional $u^* \in X^*$, so dass für alle $v \in C$ gilt:

$$\langle u^*, u - v \rangle_X \geq 0. \tag{3.27}$$

Man beachte, dass $u^* = 0$ für alle $u \in X$ ein Trägerfunktional ist. Für ein gegebenes Paar $(u, u^*) \in X \times X^*$ beschreibt die Gleichung

$$\langle u^*, u - v \rangle_X = 0$$

eine abgeschlossene *Hyperebene* H in X durch den Punkt u, d.h. obige Bedingung besagt, dass die Menge C auf einer Seite der Hyperebene H liegt.

Zwischen der Indikatorfunktion und dem Trägerfunktional gibt es folgende Beziehung:

$$\partial\chi(u) = \begin{cases} \text{Menge aller Trägerfunktionale} & \text{für } u \in C, \\ \emptyset & \text{für } u \in X \setminus C, \end{cases}$$

d.h. man betrachtet nur für $u \in C$ die Trägerfunktionale und vernachlässigt sie ausserhalb von C, wenn man das Subdifferential berechnen möchte. In der Tat, nach der Definition des Subgradienten ist $u^* \in \partial\chi(u)$, falls für alle $v \in X$ gilt:

$$\chi(v) \geq \chi(u) + \langle u^*, v - u \rangle_X. \tag{3.28}$$

Sei $u \in C$. Für $v \in C$ ist diese Ungleichung nichts anderes als (3.27), d.h. insbesondere, dass u^* ein Trägerfunktional von C im Punkt $u \in C$ ist. Umgekehrt sei u^* ein Trägerfunktional von C im Punkt $u \in C$. Aus der Definition der Indikatorfunktion und (3.27) erhalten wir sofort (3.28), d.h. $u^* \in \partial\chi(u)$. Falls dagegen $u \in X \setminus C$, dann ist $\chi(u) = \infty$ und damit $\partial f(u) = \emptyset$ nach Definition 3.6.

Der effektive Definitionsbereich des Subdifferentials der Indikatorfunktion χ ist C, d.h. $D(\partial\chi) = C$, und es gelten folgende Implikationen:

$$\begin{aligned} u \in C & \quad \Rightarrow \quad 0 \in \partial\chi(u), \\ u \in \operatorname{int} C & \quad \Rightarrow \quad \partial\chi(u) = \{0\}. \end{aligned} \tag{3.29}$$

In der Tat ist für $u \in C$ die Ungleichung $0 \leq \langle u^*, u - v \rangle_X$ sogar für alle $v \in X$ erfüllt, wenn man $u^* = 0$ setzt. Falls $u \in \operatorname{int} C$, dann folgt aus $u^* \in \partial\chi(u)$, dass $u^* = 0$. Denn zu $u \in \operatorname{int} C$ gibt es ein $r > 0$ mit $B_r(u) \subseteq C$. Wir haben also für alle $w \in X$ mit $\|w\|_X = 1$, dass $v := u + \frac{r}{2} w \in C$. Aus (3.27) folgt dann

$$0 \le \langle u^*, u - (u + \tfrac{r}{2} w) \rangle_X = -\tfrac{r}{2} \langle u^*, w \rangle_X \,.$$

Wir ersetzen w durch $-w$ und erhalten $0 \le \frac{r}{2} \langle u^*, w \rangle_X$. Insgesamt folgt daher $0 = \langle u^*, w \rangle_X$ für alle $w \in X$ mit $\|w\|_X = 1$, d.h. $u^* = 0$.

3.30 Satz. *Sei C eine nichtleere, abgeschlossene, konvexe Teilmenge eines reflexiven Banachraumes X und $\chi = \chi_C \colon X \to (-\infty, \infty]$ ihre Indikatorfunktion. Dann ist $\partial\chi \colon X \to 2^{X^*}$ maximal monoton.*

Beweis. Wir überprüfen, dass χ die Voraussetzungen des Satzes von Rockafellar 3.23 erfüllt, der dann liefert, dass $\partial\chi \colon X \to 2^{X^*}$ maximal monoton ist.

1. Nach Definition der Indikatorfunktion nimmt χ nur die Werte 0 und ∞ an, d.h. $\chi \colon X \to (-\infty, \infty]$. Da die Menge C nicht leer ist, ist offensichtlich $\chi \not\equiv \infty$.

2. χ ist konvex: Da C konvex ist, gilt für alle $u, v \in C$:

$$\chi\big((1 - t)u + tv\big) = 0 = 0 + 0 = (1 - t)\chi(u) + t\chi(v) \,.$$

Falls $u \notin C$ und/oder $v \notin C$, gilt offensichtlich

$$\chi\big((1 - t)u + tv\big) \le \infty = (1 - t)\chi(u) + t\chi(v) \,.$$

3. χ ist unterhalbstetig: Wir müssen überprüfen, ob für alle $r \in \mathbb{R}$ das Urbild $\chi^{-1}((-\infty, r])$ abgeschlossen ist. Es gilt:

$$\chi^{-1}((-\infty, r]) = \{u \mid \chi(u) \le r\} = \begin{cases} \emptyset, & \text{falls } r < 0, \\ C, & \text{falls } r \ge 0. \end{cases}$$

Da die leere Menge $\emptyset$ und die Teilmenge C, nach Voraussetzung, abgeschlossen sind, ist also χ unterhalbstetig. $\blacksquare$

3.3.2 Der Satz von Browder

Ähnlich wie in den vorangegangenen Abschnitten wollen wir die Lösbarkeit von

$$b \in Au + Bu \,, \qquad u \in C \,, \tag{3.31}$$

untersuchen, wobei $C \subseteq X$ eine Teilmenge eine Banachraumes X ist, $A \colon C \to 2^{X^*}$ eine maximal monotone Abbildung und $B \colon C \to X^*$ ein pseudomonotoner Operator. Die Beziehung (3.31) bedeutet, wenn A eine mehrdeutige Abbildung ist, dass wir für ein gegebenes $b \in X^*$ ein Element $u \in C$ suchen, so dass

$$b = v + Bu \qquad \text{für ein } v \in Au \,.$$

Wenn auch A ein Operator ist, d.h. A bildet auf einelementige Mengen ab, dann ist (3.31) äquivalent zu

$$b = Au + Bu \,, \qquad u \in D(A) \,.$$

Zur Formulierung des Existenzresultats passen wir den Koerzivitätsbegriff an die Problemstellung an.

3.32 Definition. *Sei $C \subseteq X$ eine unbeschränkte, abgeschlossene, konvexe Teilmenge eines Banachraumes X und sei $A\colon C \to 2^{X^*}$ eine Abbildung. Ein Operator $B\colon C \to X^*$ heißt **koerziv bzgl. der Abbildung A und des Elements** $b \in X^*$, falls ein Element $(v_0, v_0^*) \in A$ und eine Zahl $r > 0$ existieren, so dass für alle $u \in C$ mit $\|u\|_X > r$ gilt:*

$$\langle Bu, u - v_0 \rangle_X > \langle b - v_0^*, u - v_0 \rangle_X \,.$$

Wir formulieren den folgenden Satz für Banachräume, die nicht notwendigerweise separabel sein müssen. Dadurch wird der Beweis komplexer, allerdings kann diese Technik in vielen Fällen angewendet werden, um Resultate für nicht separable Banachräume zu beweisen, so dass sich der Aufwand rentiert.

3.33 Satz (Browder 1968). *Sei $C \subseteq X$ eine nichtleere, abgeschlossene, konvexe Teilmenge eines reflexiven Banachraumes X und sei $b \in X^*$. Ferner sei $A\colon C \to 2^{X^*}$ eine maximal monotone Abbildung und $B\colon C \to X^*$ ein pseudomonotoner, beschränkter, demistetiger Operator. Falls C unbeschränkt ist, sei der Operator B koerziv bzgl. der Abbildung A und des Elements b. Dann existiert für dieses $b \in X^*$ eine Lösung $u \in D(A)$ des Problems (3.31).*

Beweis. Die Strategie, die diesem Beweis zugrunde liegt, ist folgende:

- Galerkin–Approximation; aber dieses Mal führen wir sie nicht mit Gleichungen sondern mit Ungleichungen durch.

- Lösbarkeit der Galerkin–Ungleichungen; hierzu verwenden wir ein Abschneide–Argument.

- Apriori Abschätzungen für die Lösungen der Galerkin–Ungleichungen; diese folgen aus der Koerzivität von B.

- Konvergenz der Galerkin–Methode; diese basiert auf der Pseudomonotonie von B.

1. Äquivalente Variationsungleichung: Wir suchen ein $u \in C$ mit:

$$\langle b - Bu - v^*, u - v \rangle_X \geq 0 \qquad \forall (v, v^*) \in A \,. \tag{3.34}$$

Dieses Problem ist äquivalent zu unserem ursprünglichen Problem (3.31). Wenn nämlich $u \in C$ die Ungleichung (3.34) löst, dann folgt aus der maximalen Monotonie von A, dass $(u, b - Bu) \in A$, d.h. insbesondere $b \in Au + Bu$ und $u \in D(A)$. Falls umgekehrt $u \in C$ eine Lösung von (3.31) ist, dann ist $b - Bu \in Au$, also insbesondere $u \in D(A)$, und die Ungleichung gilt aufgrund der Monotonie von A.

2. Apriori Abschätzung: Sei $u \in C$ eine Lösung von (3.34). Falls die Menge C beschränkt ist, gilt für ein geeignetes $r > 0$ die *apriori Abschätzung*

$$\|u\|_X \leq r \,. \tag{3.35}$$

Falls C unbeschränkt ist, folgt aus der Koerzivität von B bezüglich A und b, dass $(v_0, v_0^*) \in A$ und $r > 0$ existieren, so dass für alle $u \in C$ mit $\|u\|_X > r$ gilt:

$$\langle Bu - b + v_0^*, u - v_0 \rangle_X > 0.$$

Andererseits gilt für dieses $(v_0, v_0^*) \in A$ und Lösungen $u \in C$ von (3.34)

$$\langle b - Bu - v_0^*, u - v_0 \rangle_X \geq 0 \qquad \Leftrightarrow \qquad \langle Bu - b + v_0^*, u - v_0 \rangle_X \leq 0.$$

Diese und die obige Ungleichung implizieren, dass auch für unbeschränktes C jede Lösung $u \in C$ von (3.34) die apriori Abschätzung (3.35) erfüllen muss.

3. Galerkin–Ungleichung: Falls C beschränkt ist, sei $(v_0, v_0^*) \in A$ ein beliebiges, aber festes, Element, welches aufgrund von Bemerkung 3.4 (iv) existiert. Für unbeschränktes C sei (v_0, v_0^*) gerade das Element, welches in der Definition der Koerzivität auftritt. Wir bezeichnen mit $\mathcal{L}$ die Menge aller endlich-dimensionalen linearen Unterräume $(Y, \|\cdot\|_X)$ von X, die dieses v_0 enthalten. Wir wählen ein festes $Y \in \mathcal{L}$. Anstelle von (3.34) betrachten wir das *approximative Problem*: Wir suchen $u_Y \in C \cap Y$, das die Ungleichung

$$\langle b - Bu_Y - v^*, u_Y - v \rangle_X \geq 0 \qquad \forall (v, v^*) \in A \text{ mit } v \in C \cap Y \qquad (3.36)$$

löst. Die Identität $\mathrm{id}_Y \colon Y \to X$ liefert mittels der adjungierten Identität $(\mathrm{id}_Y)^* \colon X^* \to Y^*$, gegeben durch

$$\langle (\mathrm{id}_Y)^*(v^*), y \rangle_Y := \langle v^*, \mathrm{id}_Y \, y \rangle_X, \qquad y \in Y, v^* \in X^*, \qquad (3.37)$$

einen Restriktionsoperator. Wir setzen $b_Y := (\mathrm{id}_Y)^*(b) \in Y^*$ und definieren den Operator $B_Y \colon C \cap Y \to Y^*$ durch $B_Y u := (\mathrm{id}_Y)^*(Bu)$ und die Abbildung $A_Y \colon C \cap Y \to 2^{Y^*}$ durch $(u, u^*) \in A_Y$ genau dann, wenn $u \in C \cap Y$ und ein $v^* \in Au$ existiert so, dass $u^* = (\mathrm{id}_Y)^*(v^*)$. Aus den Eigenschaften von $(\mathrm{id}_Y)^*$, insbesondere $(\mathrm{id}_Y)^* \in L(X^*, Y^*)$, sowie einer Folgerung des Satzes von Hahn–Banach (cf. Folgerung A.10.8) und Satz A.8.7 folgt, dass A_Y maximal monoton und B_Y pseudomonoton, beschränkt und demistetig ist. Aufgrund dieser Überlegungen und Bezeichnungen kann man das approximative Problem (3.36) äquivalent schreiben als: Wir suchen $u_Y \in C \cap Y$ so, dass

$$\langle b_Y - B_Y u_Y - v^*, u_Y - v \rangle_Y \geq 0 \qquad \forall (v, v^*) \in A_Y. \qquad (3.38)$$

4. Lösung von (3.38): Wir müssen eine weitere Approximation des Problems (3.38) durchführen. Dazu setzen wir für $R > \|v_0\|_X$ und $Y \in \mathcal{L}$

$$K_R^Y := \{v \in C \cap Y \mid \|v\|_X \leq R\} \subseteq C \cap Y,$$
$$G_R^Y := \{(v, v^*) \in A_Y \mid v \in K_R^Y\} \subseteq (C \cap Y) \times Y^*.$$

Man beachte, dass beide Mengen nichtleer sind, da $(v_0, v_0^*) \in A$ und somit $(v_0, (\mathrm{id}_Y)^*(v_0^*)) \in A_Y$. Wir approximieren (3.38) durch das *abgeschnittene Problem*: Suche $u_R^Y \in K_R^Y$, so dass

$$\langle b_Y - B_Y u_R^Y - v^*, u_R^Y - v \rangle_Y \geq 0 \qquad \forall (v, v^*) \in G_R^Y. \qquad (3.39)$$

(a) Lösung des abgeschnittenen Problems: Auf Problem (3.39) wollen wir Lemma 1.2.24 anwenden. Dazu setzen wir:

(α) $K := K_R^Y$. Die Menge $K \subseteq Y$ ist konvex, aufgrund der Definition, und kompakt, da sie eine abgeschlossene, beschränkte Teilmenge des endlich-dimensionalen Raumes Y ist.

(β) $M := G_R^Y$. Die Menge M ist der Graph von A_Y und somit monoton, da der Operator A_Y insbesondere monoton ist.

(γ) $T\colon K \to Y^*\colon u \mapsto b_Y - B_Y u$. Der Operator T ist stetig, da B_Y demistetig ist, d.h. aus $u_n \to u$ in Y ($n \to \infty$) folgt $B_Y u_n \rightharpoonup B_Y u$ in Y^* ($n \to \infty$). Da $\dim Y^* < \infty$ und in endlich-dimensionalen Räumen schwache Konvergenz starke Konvergenz impliziert (cf. Lemma A.8.9), erhalten wir $B_Y u_n \to B_Y u$ in Y^* ($n \to \infty$), d.h. sowohl B als auch T sind stetig.

Nach Lemma 1.2.24 hat das abgeschnittene Problem (3.39) demnach für beliebige $Y \in \mathcal{L}$ eine Lösung $u_R^Y \in K_R^Y$.

(b) Lösung der Galerkin–Ungleichung (3.38): Für $R > \|v_0\|_X$ und festes $Y \in \mathcal{L}$ setzen wir

$$S_R^Y := \left\{ u_R^Y \in K_R^Y \,\middle|\, u_R^Y \text{ ist eine Lösung von (3.39)} \right\},$$

d.h. $S_R^Y \subseteq K_R^Y$ für alle $R > \|v_0\|_X$. Aus der Koerzivität von B bezüglich A und b folgt wie in Schritt 2, dass für Lösungen u_R^Y von (3.39) gilt:

$$\|u_R^Y\|_X \leq r, \tag{3.40}$$

wobei r unabhängig von R und $Y \in \mathcal{L}$ ist. Die Menge S_R^Y hat folgende Eigenschaften:

(α) S_R^Y ist abgeschlossen: Sei $(u_n) \subseteq S_R^Y$ mit $u_n \to u$ in Y ($n \to \infty$). Da B_Y demistetig ist, folgt also $B_Y u_n \rightharpoonup B_Y u$ in Y^* ($n \to \infty$). Somit bleibt die Ungleichung (3.39) beim Grenzübergang $n \to \infty$ erhalten, d.h. $u \in S_R^Y$.

(β) S_R^Y ist kompakt: Die Menge K_R^Y, als abgeschlossene und beschränkte Teilmenge des endlich-dimensionalen Raumes Y, ist kompakt. Somit ist S_R^Y, als abgeschlossene Teilmenge von K_R^Y, kompakt.

(γ) $S_{R'}^Y \subseteq S_R^Y$ für alle R', R mit $R' \geq R \geq r_0 := \max\{r, \|v_0\|_X\}$: Für $R' \geq R \geq r_0$ gilt aufgrund der Konstruktion: $G_R^Y \subseteq G_{R'}^Y$.

Für eine Folge $R_n \to \infty$ ($n \to \infty$) bilden also die Mengen $S_{R_n}^Y$ eine absteigende Folge kompakter Mengen und somit (cf. endliches Durchschnittsprinzip A.1.3) folgt die Existenz eines Elements u_Y mit

$$u_Y \in \bigcap_{n=1}^{\infty} S_{R_n}^Y.$$

Aus (3.40) und der Definition von K_R^Y erhalten wir sofort

$$\|u_Y\|_X \leq r \qquad \text{und} \qquad u_Y \in C \cap Y \subseteq C, \qquad (3.41)$$

wobei r unabhängig von $Y \in \mathcal{L}$ ist. Für ein beliebiges, aber festes, $(v, v^*) \in A_Y$ existiert ein R_{n_0} so, dass $\|v\|_X \leq R_{n_0}$. Da u_Y in $\mathcal{S}_{R_{n_0}}^Y$ liegt, folgt aus (3.39) insbesondere

$$\langle b_Y - B_Y u_Y - v^*, u_Y - v \rangle_Y \geq 0.$$

Da $(v, v^*) \in A_Y$ beliebig war, ist u_Y also eine Lösung von (3.38).

5. Konvergenz der Galerkin–Lösungen u_Y: Wir wollen zeigen, dass in einem gewissem Sinne gilt: „$u_Y \to u$", wobei u eine Lösung von (3.34) sein wird. Hierbei tritt das Problem auf, dass Pseudomonotonie über (abzählbare) Folgen definiert ist, das System $\mathcal{L}$ aber überabzählbar ist. Also ist eine weitere Approximation nötig. Für $Z \in \mathcal{L}$ setzen wir

$$M_Z := \left\{ (u_Y, Bu_Y) \in C \times X^* \,\middle|\, u_Y \text{ Lösung von (3.38) für } Y \in \mathcal{L} \text{ mit } Y \supseteq Z \right\}.$$

Zuerst zeigen wir, dass es ein Element

$$(u, u^*) \in \bigcap_{Z \in \mathcal{L}} \overline{M_Z}^\omega \qquad (3.42)$$

gibt, wobei $\overline{M_Z}^\omega$ der Abschluss von M_Z in $X \times X^*$ bzgl. der schwachen Topologie ist. Dieses u wird letztendlich die gesuchte Lösung sein.

(a) Beweis von (3.42): Wir wollen das endlichen Durchschnittsprinzip A.1.3 anwenden. Aus der apriori Abschätzung (3.41) erhalten wir, dass für alle $Y \in \mathcal{L}$ gilt $u_Y \in C$ und $\|u_Y\|_X \leq r$. Da $B: C \subseteq X \to X^*$ beschränkt ist, ist die Bildmenge $B(B_r(0))$ auch beschränkt. Also gibt es eine abgeschlossene Kugel $K \subseteq X \times X^*$, so dass

$$\bigcup_{Z \in \mathcal{L}} M_Z \subseteq K. \qquad (3.43)$$

Die Menge K ist aufgrund von Folgerung A.8.14 schwach kompakt, da einerseits $X \times X^*$ reflexiv ist, was aus der Reflexivität von X mithilfe von Lemma A.7.5 folgt, und andererseits K stark abgeschlossen, beschränkt und konvex ist.

Um (3.42) zu beweisen, reicht es also zu zeigen, dass das System $(\overline{M_Z}^\omega)_{Z \in \mathcal{L}}$ in K enthalten und zentriert ist, da die Mengen $\overline{M_Z}^\omega$ offensichtlich schwach abgeschlossen sind. Da K schwach kompakt und somit auch schwach abgeschlossen ist (cf. Lemma A.1.2), folgt aus (3.43) sofort $\overline{M_Z}^\omega \subseteq K$. Zum Nachweis der Zentriertheit betrachten wir beliebige, aber feste, $Y, Z \in \mathcal{L}$. Wir setzen $S := \operatorname{span}(Y, Z)$ und erhalten $M_Y \cap M_Z \supseteq M_S$. In der Tat, sei $(u_S, Bu_S) \in M_S$. Dann ist u_S eine Lösung von (3.38) in einem Raum $U \supseteq S = \operatorname{span}(Y, Z) \supseteq Y$ und $U \supseteq S \supseteq Z$. Das bedeutet aber $(u_S, Bu_S) \in M_Z \cap M_Y$. Wiederholen wir dieses Argument endlich oft, erhalten wir

$$\bigcap_{i=1}^{N} \overline{M}_{Y_i}^{\omega} \neq \emptyset \qquad \forall N \in \mathbb{N}, \ \forall Y_i \in \mathcal{L},$$

d.h. $(\overline{M}_Z^{\omega})_{Z \in \mathcal{L}}$ ist zentriert. Da K schwach kompakt ist, folgt somit (3.42) aus dem endlichen Durchschnittsprinzip A.1.3.

(b) Konstruktion eines speziellen Paares (u_0, u_0^*): Für jedes (u, u^*) das (3.42) erfüllt, existiert ein $(u_0, u_0^*) \in A$, so dass gilt:

$$\langle b - u^* - u_0^*, u - u_0 \rangle_X \leq 0. \tag{3.44}$$

Falls (3.44) falsch wäre, würde für alle $(v, v^*) \in A$

$$\langle b - u^* - v^*, u - v \rangle_X > 0. \tag{3.45}$$

gelten. Da A maximal monoton ist, folgt $(u, b - u^*) \in A$. Somit können wir $v = u$ und $v^* = b - u^*$ wählen und erhalten $\langle b - u^* - v^*, u - v \rangle_X = 0$. Dies ist ein Widerspruch zu (3.45) und somit gilt (3.44).

(c) Spezielle Approximation: Für (u, u^*) gelte (3.42) und $Y \in \mathcal{L}$ sei fest, aber beliebig. Die Menge M_Y ist beschränkt wegen (3.43) und $(u, u^*) \in \overline{M}_Y^{\omega}$ wegen (3.42). Aus Lemma A.8.19 folgt, dass es eine Folge $((u_n, u_n^*)) \subseteq M_Y$ gibt mit $(u_n, u_n^*) \rightharpoonup (u, u^*)$ in $X \times X^*$ ($n \to \infty$). Nach Konstruktion von M_Y gilt $u_n^* = Bu_n$ und insbesondere $u_n \in C$. Die Menge C ist stark abgeschlossen und konvex, also auch schwach abgeschlossen (cf. Satz A.8.10), daher liegt auch u in C. Somit gilt für die Folge $(u_n) \subseteq C$

$$\begin{aligned} u_n &\rightharpoonup u \quad \text{in } X \\ Bu_n &\rightharpoonup u^* \quad \text{in } X^* \end{aligned} \qquad (n \to \infty), \tag{3.46}$$

und für alle $(v, v^*) \in A$ mit $v \in Y \cap C$

$$\langle Bu_n, u_n - v \rangle_X \leq \langle b - v^*, u_n - v \rangle_X, \tag{3.47}$$

denn $u_n \in M_Y$ und Elemente von M_Y sind Lösungen von (3.38), welches äquivalent zu (3.36) ist. Weiterhin ist (3.47) nur eine andere Schreibweise von (3.36).

(d) Elemente (u, u^*) aus (3.42) lösen (3.36): Wir wollen dies für geeignete $Y \in \mathcal{L}$ zeigen. Wir betrachten nur solche $Y \in \mathcal{L}$ mit $u_0 \in Y$, wobei u_0 das Element aus Schritt 5 (b) ist. Wir wählen ein festes, aber beliebiges, Y mit dieser Eigenschaft. Aus (3.47) folgt für alle $w \in C$, $(v, v^*) \in A, v \in Y \cap C$, und alle $n \in \mathbb{N}$

$$\langle Bu_n, u_n - w \rangle_X \leq \langle b - v^*, u_n - v \rangle_X + \langle Bu_n, v - w \rangle_X.$$

Wenn wir in dieser Ungleichung $w = u$, $v = u_0$ und $v^* = u_0^*$ wählen, wobei (u_0, u_0^*) das spezielle Paar aus Schritt 5 (b) ist, erhalten wir

$$\langle Bu_n, u_n - u \rangle_X \leq \langle b - u_0^*, u_n - u_0 \rangle_X + \langle Bu_n, u_0 - u \rangle_X$$

und somit mithilfe von (3.46) und (3.44)

$$\limsup_{n \to \infty} \langle Bu_n, u_n - u \rangle_X \leq \langle b - u_0^* - u^*, u - u_0 \rangle_X \leq 0. \tag{3.48}$$

Da der Operator B pseudomonoton ist, folgt aus $(3.46)_1$ und (3.48), mithilfe von (3.47), für alle $(v, v^*) \in A, v \in Y \cap C$

$$\langle Bu, u - v \rangle_X \leq \liminf_{n \to \infty} \langle Bu_n, u_n - v \rangle_X \leq \langle b - v^*, u - v \rangle_X.$$

Somit ist jedes (u, u^*) aus (3.42) eine Lösung von (3.36), d.h. für alle $(v, v^*) \in A$ mit $v \in Y \cap C$ gilt:

$$\langle b - Bu - v^*, u - v \rangle_X \geq 0.$$

Zu beliebigem $(v, v^*) \in A$ gibt es ein $Y \in \mathcal{L}$ mit $v \in Y$, denn $\bigcup\limits_{\substack{Y \in \mathcal{L} \\ u_0 \in Y}} Y = X$.

Damit haben wir gezeigt, dass für jedes (u, u^*) aus (3.42) gilt

$$\langle b - Bu - v^*, u - v \rangle_X \geq 0 \qquad \forall (v, v^*) \in A,$$

d.h. $u \in C$ ist eine Lösung von (3.34), was äquivalent zu (3.31) ist. Der Beweis des Satzes ist vollständig. ∎

Unter einer etwas stärkeren Koerzivitätsbedingung kann man die Surjektivität des Operators $A + B$ zeigen.

3.49 Folgerung. *Sei $C \subseteq X$ eine nichtleere, abgeschlossene, konvexe Teilmenge eines reflexiven Banachraumes X. Ferner sei $A \colon C \to 2^{X^*}$ eine maximal monotone Abbildung und $B \colon C \to X^*$ ein pseudomonotoner, beschränkter, demistetiger Operator. Falls C unbeschränkt ist, sei B koerziv bzgl. A, d.h. es existiere ein Element $v_0 \in D(A)$, so dass*

$$\lim_{\substack{\|u\|_X \to \infty \\ u \in C}} \frac{\langle Bu, u - v_0 \rangle_X}{\|u\|_X} = \infty. \tag{3.50}$$

Dann existiert für alle $b \in X^*$ eine Lösung $u \in D(A)$ des Problems (3.31), d.h. $R(A + B) = X^*$.

Beweis. Die Behauptung folgt, wenn wir zeigen, dass die Voraussetzungen des Satzes von Browder 3.33 für alle $b \in X^*$ erfüllt sind. Sei $v_0 \in D(A)$ so, dass (3.50) gilt und sei $v_0^* \in Av_0$. Dann haben wir für beliebige $\|u\|_X > \|v_0\|_X$

$$\frac{\langle Bu - b + v_0^*, u - v_0\rangle_X}{\|u\|_X} \geq \frac{\langle Bu, u - v_0\rangle_X}{\|u\|_X} - \frac{(\|b\|_{X^*} + \|v_0^*\|_{X^*})\|u - v_0\|_X}{\|u\|_X}$$

$$\geq \frac{\langle Bu, u - v_0\rangle_X}{\|u\|_X} - (\|b\|_{X^*} + \|v_0^*\|_{X^*})\frac{\|u\|_X + \|v_0\|_X}{\|u\|_X}$$

$$\geq \frac{\langle Bu, u - v_0\rangle_X}{\|u\|_X} - 2(\|b\|_{X^*} + \|v_0^*\|_{X^*}) \to \infty,$$

falls $\|u\|_X \to \infty$. Somit existiert für jedes $b \in X^*$ ein Element $(v_0, v_0^*) \in A$, so dass $\langle Bu, u - u_0\rangle_X > \langle b - v_0^*, u - u_0\rangle_X$ für alle $\|u\|_X > r$ mit r groß genug, d.h. die Bedingungen des Satzes von Browder 3.33 sind für alle $b \in X^*$ erfüllt. ∎

Wir können nun den Satz von Brezis 2.9 über pseudomonotone Operatoren auch ohne die Voraussetzung der Separabilität für nur reflexive Banachräume formulieren.

3.51 Folgerung. *Sei X ein reflexiver Banachraum und $B\colon X \to X^*$ ein pseudomonotoner, beschränkter, koerziver Operator. Dann existiert für alle $b \in X^*$ eine Lösung $u \in X$ von*

$$Bu = b\,.$$

Beweis. Wir wollen Folgerung 3.49 anwenden mit $C = X$ und $A \equiv 0$. Offenbar ist X nichtleer, abgeschlossen und konvex und $A\colon X \to X^*$ maximal monoton. Der beschränkte, koerzive Operator B ist nach Lemma 2.6 demistetig. Aufgrund der Koerzivität erfüllt er auch (3.50), da man dort $v_0 = 0$ wählen kann. Somit sind alle Voraussetzungen von Folgerung 3.49 erfüllt. Diese liefert die Surjektivität von B, da $A = 0$. ∎

3.3.3 Variationsungleichungen

Wir wollen nun den Satz von Browder 3.33 auf Variationsungleichungen anwenden. Gegeben sei ein Operator $A\colon C \to X^*$, wobei $C \subseteq X$ eine konvexe, abgeschlossene Menge ist, und $b \in X^*$. Wir suchen ein $u \in C$ so, dass

$$\langle b - Au, u - v\rangle_X \geq 0 \qquad \forall v \in C\,. \tag{3.52}$$

Eine äquivalente Formulierung von (3.52) ist: Suche ein $u \in C$, so dass

$$b \in \partial\chi(u) + Au\,, \tag{3.53}$$

wobei χ die Indikatorfunktion von C ist, d.h.

$$\chi(u) = \begin{cases} 0 & u \in C\,, \\ \infty & u \in X \setminus C\,. \end{cases}$$

Wir haben gezeigt, dass das Subdifferential $\partial\chi$ gegeben ist durch:

$$\partial\chi(u) = \begin{cases} \{u^* \in X^* \mid \langle u^*, u - v\rangle_X \geq 0 \quad \forall v \in C\} & u \in C, \\ \emptyset & u \in X \setminus C. \end{cases}$$

Daher sind die Formulierungen (3.52) und (3.53) äquivalent. Im Spezialfall $C = X$ gilt $\partial\chi(u) = \{0\}$ für alle $u \in X$, aufgrund von (3.29), und somit ist (3.52) äquivalent zur Operatorgleichung $Au = b$.

3.54 Satz. *Sei $C \neq \emptyset$ eine konvexe, abgeschlossene Teilmenge eines reflexiven Banachraumes X. Der Operator $A\colon C \to X^*$ sei pseudomonoton, demistetig und beschränkt. Falls C unbeschränkt ist, existiere ein $v_0 \in C$, so dass*

$$\lim_{\substack{\|u\|_X \to \infty \\ u \in C}} \frac{\langle Au, u - v_0\rangle_X}{\|u\|_X} = \infty.$$

Dann gilt:

(i)   *Für alle $b \in X^*$ gibt es eine Lösung u von (3.52).*

(ii) *Falls $A\colon C \to X^*$ monoton ist, ist die Lösungsmenge von (3.52) abgeschlossen und konvex.*

(iii) *Falls $A\colon C \to X^*$ strikt monoton ist, ist (3.52) eindeutig lösbar.*

Beweis. ad (i): Die Menge C ist konvex, abgeschlossen und nichtleer, daher ist nach Satz 3.30 das Subdifferential der Indikatorfunktion $\partial\chi : X \to 2^{X^*}$ maximal monoton. Da $D(\partial\chi) = C$ folgt sofort, dass auch $\partial\chi : C \to 2^{X^*}$ maximal monoton ist. Um Folgerung 3.49 anwenden zu können, wählen wir $A = \partial\chi$ und $B = A$. Also existiert ein $u \in C$, so dass

$$b \in \partial\chi(u) + Au.$$

Dies ist aufgrund obiger Überlegungen äquivalent zur Existenz einer Lösung von (3.52).

ad (ii): Wenn $A\colon C \to X^*$ monoton ist, ist (3.52) äquivalent zu: Suche $u \in C$, so dass

$$\langle b - Av, u - v\rangle_X \geq 0 \qquad \forall v \in C. \tag{3.55}$$

In der Tat, sei u eine Lösung von (3.52), dann haben wir aufgrund der Monotonie von A

$$\langle Av, v - u\rangle_X = \langle Au, v - u\rangle_X + \langle Av - Au, v - u\rangle_X$$

$$\geq \langle Au, v - u\rangle_X \overset{(3.52)}{\geq} \langle b, v - u\rangle_X,$$

d.h. u ist eine Lösung von (3.55). Sei umgekehrt u eine Lösung von (3.55). Wir setzen $v := (1 - t)u + tw$, $w \in C$, $0 < t < 1$. Da C konvex ist, folgt

$v \in C$. Die Ungleichung (3.55) impliziert daher

$$\langle b - A((1-t)u + tw)), u - w\rangle_X t \geq 0$$

oder äquivalent

$$\langle b - A((1-t)u + tw), u - w\rangle_X \geq 0\,.$$

Im Grenzübergang $t \searrow 0^+$ folgt, da A demistetig ist,

$$\langle b - Au, u - w\rangle_X \geq 0\,.$$

Das ist aber gerade (3.52).

Sei S die Lösungsmenge von (3.55) und seien $u, \bar{u} \in S$. Dann gilt für $w = (1-t)u + t\bar{u}$:

$$\begin{aligned}
\langle b - Av, w - v\rangle_X &= \langle b - Av, (1-t)u + t\bar{u} - ((1-t)v + tv)\rangle_X \\
&= (1-t)\langle b - Av, u - v\rangle_X + t\langle b - Av, \bar{u} - v\rangle_X \geq 0\,,
\end{aligned}$$

aufgrund von (3.55), d.h. die Lösungsmenge S ist konvex. Sei $(u_n) \subseteq S$ eine Folge mit $u_n \to u$ in X ($n \to \infty$). Dann gilt:

$$\langle b - Av, u_n - v\rangle_X \geq 0\,.$$

Für $n \to \infty$ folgt $\langle b - Av, u - v\rangle_X \geq 0$ und damit $u \in S$. Also ist S abgeschlossen.

ad (iii): Für $u, \bar{u} \in S$ folgt aus (3.52):

$$\begin{aligned}
\langle b - Au, u - v\rangle_X \geq 0\,, \\
\langle b - A\bar{u}, \bar{u} - v\rangle_X \geq 0\,.
\end{aligned}$$

Wir setzen $v = \bar{u}$ in die 1. Ungleichung ein und $v = u$ in die 2. Ungleichung, danach addieren wir beide Ungleichungen. Dies ergibt

$$\langle -Au + A\bar{u}, u - \bar{u}\rangle_X \geq 0 \qquad \Leftrightarrow \qquad \langle Au - A\bar{u}, u - \bar{u}\rangle_X \leq 0\,.$$

Da A strikt monoton ist, folgt daraus $u = \bar{u}$. ∎

Beispiel. Wir betrachten folgendes *Hindernisproblem*: Gesucht ist ein Element $u \in W_0^{1,2}(\Omega)$, so dass

$$\begin{aligned}
-\Delta u &= f && \text{in } \Omega\,, \\
u &= 0 && \text{auf } \partial\Omega\,, && (3.56) \\
u &\geq g && \text{in } \Omega\,,
\end{aligned}$$

wobei f, g gegebene Funktionen sind und $\Omega \subseteq \mathbb{R}^d$ ein beschränktes Gebiet ist. Diese Gleichung beschreibt das Verhalten einer elastischen Membran unter dem Einfluss einer Kraft f, falls die Bewegung durch ein Hindernis g beeinflusst wird.

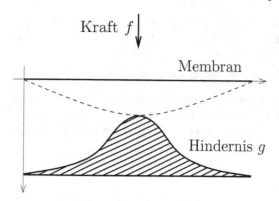

Wir setzen

$$C := \left\{ u \in W_0^{1,2}(\Omega) \,\middle|\, u \geq g \right\},$$

$$\langle Au, v \rangle_X := \int_{\Omega} \nabla u \cdot \nabla v \, dx,$$

$$\langle b, v \rangle_X := \int_{\Omega} fv \, dx,$$

und betrachten die folgende *Variationsungleichung*: Suche ein $u \in C$ mit

$$\langle b - Au, u - v \rangle_X \geq 0, \qquad \forall v \in C, \qquad (3.57)$$

d.h. suche ein $u \in C$ mit

$$\int_{\Omega} f(u - v) \, dx - \int_{\Omega} \nabla u \cdot \nabla (u - v) \, dx \geq 0 \qquad \forall v \in C.$$

3.58 Satz. *Sei $\Omega \subseteq \mathbb{R}^d$ ein beschränktes Gebiet mit Rand $\partial\Omega \in C^{0,1}$. Dann existiert für alle $f \in L^2(\Omega)$ und $g \in W^{1,2}(\Omega)$ mit $g \leq 0$ auf $\partial\Omega$, genau eine schwache Lösung $u \in C$ der Variationsungleichung (3.57).*

Beweis. 1. Die Menge C ist nichtleer, da für

$$v = \max(g, 0) = g^+$$

offensichtlich $v \geq g$ gilt und man zeigen kann, dass v zum Raum $W^{1,2}(\Omega)$ gehört (cf. [13, Satz 4.2.4 (iii)]). Da auf dem Rand $\partial\Omega$ aufgrund unserer Voraussetzungen $v = 0$ gilt, ist also $v \in W_0^{1,2}(\Omega)$. Offensichtlich ist C konvex. Die Menge C ist auch abgeschlossen, da für eine Folge $(u_n) \subseteq C$ mit $u_n \to u$ in $W^{1,2}(\Omega)$ $(n \to \infty)$ folgt, dass es eine Teilfolge gibt mit $u_{n_k}(x) \to u(x)$ fast überall in Ω $(k \to \infty)$ (cf. Satz A.12.21, Satz A.11.12). Somit folgt $u \in C$.

2. Der Operator A ist beschränkt, strikt monoton und koerziv, wie wir in Lemma 1.34 gezeigt haben ($p = 2, s = 0$). Daraus folgt sofort, dass A die Koerzivitätsbedingung aus Satz 3.54 erfüllt.

Satz 3.54 liefert also sofort die Behauptung.   ∎

Welcher Zusammenhang besteht nun zwischen der Lösung der *Variations-ungleichung* (3.57) und der Lösung unseres *ursprünglichen Problems* (3.56)? Falls die Lösung u und die Daten f, g zusätzlich stetig sind, dann erhalten wir, dass

$$O := \{x \in \Omega \mid u(x) > g(x)\}$$

offen ist und dass

$$B := \{x \in \Omega \mid u(x) = g(x)\}$$

abgeschlossen ist. Wir setzen $v := u + \tau\varphi$ mit $\varphi \in C_0^\infty(O)$ und $|\tau|$ klein. Da u und g stetig sind, ist $v \in C$ und es folgt

$$-\tau \int_\Omega f\varphi\,dx + \tau \int_\Omega \nabla u \cdot \nabla\varphi\,dx = \tau \int_O \nabla u \cdot \nabla\varphi - f\varphi\,dx \geq 0\,.$$

Wir ersetzen τ durch $-\tau$ und erhalten insgesamt

$$\int_O f\varphi\,dx - \int_O \nabla u \cdot \nabla\varphi\,dx = 0 \qquad \forall\varphi \in C_0^\infty(O)\,.$$

Falls $u \in W^{2,2}(\Omega)$, folgt daraus durch partielle Integration (cf. (A.12.15)), dass

$$\int_O (f + \Delta u)\,\varphi\,dx = 0 \qquad \forall\varphi \in C_0^\infty(O)\,,$$

woraus wir schließen

$$-\Delta u = f \qquad \text{in } O\,.$$

Sei nun $\varphi \in C_0^\infty(\Omega)$, $\varphi \geq 0$, $0 < \tau \leq 1$. Wir setzen $v := u + \tau\varphi$. Dann ist $v \in C$ und es gilt:

$$-\tau \int_\Omega f\varphi\,dx + \tau \int_\Omega \nabla u \cdot \nabla\varphi\,dx \geq 0\,.$$

Partielle Integration der Gleichung ergibt

$$-\int_\Omega (f + \Delta u)\,\varphi\,dx \geq 0 \qquad \forall\varphi \in C_0^\infty(\Omega),\, \varphi \geq 0\,,$$

woraus wir

$$-\Delta u \geq f \qquad \text{in } \Omega$$

folgern. Wir haben also gezeigt, dass eine hinreichend glatte Lösung u der Variationsungleichung (3.57) das Problem

$$-\Delta u \geq f, \quad u \geq g \qquad \text{in } \Omega\,,$$
$$-\Delta u = f, \quad u > g \qquad \text{in } O\,.$$

löst. Man vergleiche dies mit dem Originalproblem (3.56).

4 Der Abbildungsgrad

Der *Abbildungsgrad* ist eine Möglichkeit, die Lösbarkeit von Gleichungen

$$f(x) = y$$

mithilfe topologischer Überlegungen zu untersuchen. Wir werden ihn definieren für Funktionen $\mathbf{f} \colon \mathbb{R}^d \to \mathbb{R}^d$ und für Operatoren $T \colon X \to X$, wobei X ein Banachraum ist. Mithilfe des Abbildungsgrades können wir einen einfachen Beweis für die Fixpunktsätze von Brouwer 1.2.14 und von Schauder 1.2.42 finden. Die hier gewählte Darstellung ist rein analytisch und beruht auf Nagumo und Heinz (cf. auch die Darstellung in [8]).

4.1 Der Abbildungsgrad von Brouwer

In diesem Abschnitt ist $\Omega \subseteq \mathbb{R}^d$ immer eine nichtleere, beschränkte, offene Menge. Wir wollen folgenden Satz beweisen:

1.1 Satz (Brouwer 1912, Nagumo 1951). *Sei* $\mathbf{f} \colon \overline{\Omega} \to \mathbb{R}^d$ *eine stetige Funktion und sei* $\mathbf{p} \in \mathbb{R}^d \setminus \mathbf{f}(\partial\Omega)$. *Dann existiert eine ganze Zahl* $d(\mathbf{f}, \Omega, \mathbf{p})$, *der* **Abbildungsgrad**, *mit folgenden Eigenschaften:*

(i) *Falls* $d(\mathbf{f}, \Omega, \mathbf{p}) \neq 0$, *dann existiert ein* $x_0 \in \Omega$, *so dass*

$$\mathbf{f}(x_0) = \mathbf{p}\,.$$

(Existenz von Lösungen)

(ii) *Falls* $\mathbf{f}(\cdot, \cdot) \colon \overline{\Omega} \times [0,1] \to \mathbb{R}^d$ *eine stetige Abbildung ist und für* $\mathbf{p} \in \mathbb{R}^d$ *gilt, dass* $\mathbf{p} \neq \mathbf{f}(x, t)$ *für alle* $x \in \partial\Omega$ *und* $t \in [0,1]$, *dann gilt:*

$$d(\mathbf{f}(\cdot, 0), \Omega, \mathbf{p}) = d(\mathbf{f}(\cdot, 1), \Omega, \mathbf{p})\,.$$

(Invarianz unter Homotopien)

(iii) *Sei* $\Omega = \bigcup_{i=1}^{m} \Omega_i$, *wobei* Ω_i *nichtleere, offene, paarweise disjunkte, beschränkte Mengen sind. Dann gilt für alle* $\mathbf{p} \notin \mathbf{f}(\bigcup_{i=1}^{m} \partial\Omega_i)$:

$$d(\mathbf{f}, \Omega, \mathbf{p}) = \sum_{i=1}^{m} d(\mathbf{f}, \Omega_i, \mathbf{p})\,.$$

(Zerlegungseigenschaft)

© Springer-Verlag GmbH Deutschland, ein Teil von Springer Nature 2020
M. Růžička, *Nichtlineare Funktionalanalysis*, Masterclass,
https://doi.org/10.1007/978-3-662-62191-2_4

Satz 1.1 verallgemeinert folgendes Konzept von den komplexen Zahlen $\mathbb{C}$ auf den Euklidischen Raum $\mathbb{R}^d$. Für eine geschlossene C^1-Kurve Γ und einen Punkt $a \in \mathbb{C} \setminus \Gamma$ ist die **Umlaufzahl** $n(\Gamma, a)$ von Γ bzgl. a definiert durch

$$n(\Gamma, a) := \frac{1}{2\pi i} \int_{\Gamma} \frac{dz}{z - a} \,.$$

Für ein einfach zusammenhängendes Gebiet $G \subseteq \mathbb{C}$, eine holomorphe Funktion $f : G \subseteq \mathbb{C} \to \mathbb{C}$ und eine nullhomologe C^1-Kurve $\Gamma \subseteq G$ mit $f \neq 0$ auf Γ gilt aufgrund des Argument–Prinzips

$$n(f(\Gamma), 0) = \frac{1}{2\pi i} \int_{f(\Gamma)} \frac{dz}{z} = \frac{1}{2\pi i} \int_{\Gamma} \frac{f'(z)}{f(z)} \, dz = \sum_{z \in N} k(z) n(\Gamma, z) \,,$$

wobei N die Menge der Nullstellen von f ist und $k(z) \in \mathbb{N}$ die Vielfachheit der Nullstelle $z \in N$. Falls Γ injektiv und positiv orientiert ist, kann man zeigen, dass $f(\Gamma)$ positiv orientiert ist und dass $n(f(\Gamma), 0)$ gerade die Anzahl der Nullstellen von f mit Vielfachheit ist, die im von Γ umfahrenen Gebiet Ω liegen. Dies motiviert die Definition $deg(f, \Omega, 0) := n(f(\Gamma), 0)$. Wenn man $\mathbb{C}$ mit dem $\mathbb{R}^2$ identifiziert, kann man zeigen, dass $deg(\cdot, \cdot, \cdot)$ mit dem Abbildungsgrad $d(\cdot, \cdot, \cdot)$ übereinstimmt. Insbesondere erfüllt $deg(\cdot, \cdot, \cdot)$ die Bedingungen aus Satz 1.1.

4.1.1 Die Konstruktion des Abbildungsgrades von Brouwer

Sei $\mathbf{f} : \overline{\Omega} \subseteq \mathbb{R}^d \to \mathbb{R}^d$ eine Funktion mit $\mathbf{f} \in C^1(\Omega; \mathbb{R}^d) \cap C(\overline{\Omega}; \mathbb{R}^d)$. Die Determinante der *Jacobi–Matrix* von $\mathbf{f}$ im Punkte $x \in \Omega$ bezeichnen wir mit $J(\mathbf{f})(x)$, d.h.

$$J(\mathbf{f})(x) := \det \left(\nabla \mathbf{f}(x) \right) .$$

Ferner setzen wir für $\mathbf{p} \in \mathbb{R}^d$

$$\mathbf{f}^{-1}(\mathbf{p}) := \{ x \in \overline{\Omega} \,|\, \mathbf{f}(x) = \mathbf{p} \} \,.$$

Der Punkt $x \in \mathbf{f}^{-1}(\mathbf{p})$ heißt **regulär**, wenn $J(\mathbf{f})(x) \neq 0$.

1.2 Lemma. *Sei* $\mathbf{f} \in C^1(\Omega; \mathbb{R}^d) \cap C(\overline{\Omega}; \mathbb{R}^d)$, $\mathbf{p} \in \mathbf{f}(\overline{\Omega}) \setminus \mathbf{f}(\partial \Omega)$ *und sei jeder Punkt der Menge* $\mathbf{f}^{-1}(\mathbf{p})$ *regulär. Dann ist* $\mathbf{f}^{-1}(\mathbf{p})$ *endlich.*

Beweis. Sei $\mathbf{f}^{-1}(\mathbf{p})$ nicht endlich. Dann gibt es eine Folge $(x_n) \subseteq \mathbf{f}^{-1}(\mathbf{p})$ mit $x_m \neq x_n$ für $m \neq n$. Da Ω beschränkt ist, ist auch die Folge (x_n) beschränkt und es gibt ein $x_0 \in \overline{\Omega}$ und eine Teilfolge (x_{n_k}) mit $x_{n_k} \to x_0$ $(k \to \infty)$. Für diese Teilfolge gilt:

$$\mathbf{f}(x_{n_k}) = \mathbf{p}$$

und somit $\mathbf{f}(x_0) = \mathbf{p}$, da $\mathbf{f}$ stetig ist. Nach Voraussetzung haben wir also $x_0 \notin \partial \Omega$ und $x_0 \in \mathbf{f}^{-1}(\mathbf{p})$. Da $\mathbf{f}^{-1}(\mathbf{p})$ nur aus regulären Punkten besteht, erhalten wir $J(\mathbf{f})(x_0) \neq 0$, d.h. der Rang von $\nabla \mathbf{f}(x_0)$ ist d. Demzufolge ist $\nabla \mathbf{f}(x_0)$ ein Isomorphismus. Aus dem Satz über die inverse Funktion 2.2.23 folgt, dass es eine Umgebung $V(x_0)$ gibt, so dass $\mathbf{f}|_{V(x_0)}$ ein Homöomorphismus und insbesondere bijektiv ist. Dies ist ein Widerspruch, denn einerseits haben wir $\mathbf{f}(x_0) = \mathbf{p}$ und andererseits existiert ein $k_0 \in \mathbb{N}$, so dass für alle $k \geq k_0$ gilt $x_{n_k} \in V(x_0)$ und $\mathbf{f}(x_{n_k}) = \mathbf{p}$.   ∎

Da $deg(\cdot, \cdot, \cdot)$ für komplexe Funktionen als Anzahl umfahrener Nullstellen interpretiert werden kann, wollen wir $deg(\cdot, \cdot, \cdot)$ nun auf Funktionen $\mathbf{f} : \mathbb{R}^d \to \mathbb{R}^d$ verallgemeinern. Schon für Funktionen in $d = 2$ kann es, anders als im Fall holomorpher Funktionen, passieren, dass zwei Nullstellen in verschiedenen Richtungen umfahren werden. In diesem Fall kann die betrachtete Funktion homotop zu einer Funktion ohne Nullstellen sein und wegen der gewünschten Homotopieinvarianz müsste ihr Abbildungsgrad dann Null sein. Also müssen wir berücksichtigen in welchen Richtungen die Nullstellen umfahren werden. Dies kann mithilfe des Ausdrucks $sgn\, J(\mathbf{f})(x)$ erreicht werden. In der Tat, hat für $d = 2$ das Bild $\mathbf{f}(K)$ eines orientierten Kreises K um x_0, mit genügend kleinem Radius, dieselbe bzw. entgegengesetzte Orientierung, falls $sgn\, J(\mathbf{f})(x) > 0$ bzw. $sgn\, J(\mathbf{f})(x) < 0$. In allen Dimensionen $d \geq 2$ misst $sgn\, J(\mathbf{f})(x)$, ob $\nabla \mathbf{f}$ die Orientierung des $\mathbb{R}^d$ erhält oder nicht und damit, ob kleine Sphären um die Nullstellen orientierungstreu abgebildet werden oder nicht.

In Anlehnung an die Definition von deg können wir somit den Abbildungsgrad für Funktionen aus $C^1(\Omega; \mathbb{R}^d) \cap C(\overline{\Omega}; \mathbb{R}^d)$ und Punkte, die nur reguläre Urbilder haben, auf sehr einfache Weise definieren.

1.3 Definition. *Sei* $\mathbf{f} \in C^1(\Omega; \mathbb{R}^d) \cap C(\overline{\Omega}; \mathbb{R}^d)$ *und sei* $\mathbf{p} \in \mathbb{R}^d \setminus \mathbf{f}(\partial\Omega)$ *derart, dass alle Punkte in* $\mathbf{f}^{-1}(\mathbf{p})$ *regulär sind. Dann definieren wir den* **Abbildungsgrad** *durch*

$$d(\mathbf{f}, \Omega, \mathbf{p}) := \sum_{x \in \mathbf{f}^{-1}(\mathbf{p})} sgn\, J(\mathbf{f})(x).$$

Bemerkungen. (i) Aus Lemma 1.2 folgt, dass die Summe in der Definition endlich ist.

(ii) Offensichtlich ist $d(\mathbf{f}, \Omega, \mathbf{p}) \in \mathbb{Z}$.

(iii) Falls $\mathbf{f}^{-1}(\mathbf{p}) = \emptyset$, dann definieren wir $d(\mathbf{f}, \Omega, \mathbf{p}) := 0$.

Wir wollen nun die Definition auf solche Fälle verallgemeinern, bei denen

(a) $\mathbf{f}^{-1}(\mathbf{p})$ nichtreguläre Punkte enthält,

(b) $\mathbf{f}$ nur stetig ist.

In beiden Fällen benutzen wir dazu Approximationsargumente. Wir werden dabei wie folgt vorgehen:

ad (a): Sei K die Menge der nichtregulären Punkte, d.h.

$$K := \{x \in \Omega \mid J(\mathbf{f})(x) = 0\}$$

und sei $\mathbf{p} \in \mathbf{f}(K) \setminus \mathbf{f}(\partial\Omega)$. Der Satz von Sard 1.4 liefert, dass $\mu(\mathbf{f}(K)) = 0$, wobei μ das Lebesgue–Maß bezeichnet. Daher hat $\mathbf{f}(K)$ keine inneren Punkte und es gibt eine Folge $\mathbf{p}_n \to \mathbf{p}$ $(n \to \infty)$ mit

$$\mathbf{p}_n \notin \mathbf{f}(K), \qquad \mathbf{p}_n \notin \mathbf{f}(\partial\Omega).$$

Wir werden zeigen, dass der Grenzwert

$$\lim_{n\to\infty} d(\mathbf{f}, \Omega, \mathbf{p}_n)$$

existiert und zwar unabhängig von der Wahl der Folge $(\mathbf{p}_n)$. Daher können wir für $\mathbf{f} \in C^1(\Omega; \mathbb{R}^d) \cap C(\overline{\Omega}; \mathbb{R}^d)$ und $\mathbf{p} \notin \mathbf{f}(\partial\Omega)$ definieren

$$d(\mathbf{f}, \Omega, \mathbf{p}) := \lim_{n\to\infty} d(\mathbf{f}, \Omega, \mathbf{p}_n).$$

ad (b): Sei $\mathbf{f} \in C(\overline{\Omega}; \mathbb{R}^d)$ und sei $\mathbf{p} \in \mathbb{R}^d \setminus \mathbf{f}(\partial\Omega)$. Dann gibt es nach dem Approximationssatz von Weierstrass A.12.1 eine Folge von Polynomen $(\mathbf{f}_n)$, so dass $\mathbf{f}_n \rightrightarrows \mathbf{f}$ auf $\overline{\Omega}$ $(n \to \infty)$ mit

$$\mathbf{f}_n \in C^1(\Omega; \mathbb{R}^d) \cap C(\overline{\Omega}; \mathbb{R}^d), \qquad \mathbf{p} \notin \mathbf{f}_n(\partial\Omega).$$

Wir werden beweisen, dass der Grenzwert

$$\lim_{n\to\infty} d(\mathbf{f}_n, \Omega, \mathbf{p})$$

existiert und unabhängig von der Wahl der Folge $(\mathbf{f}_n)$ ist. Daher können wir für $\mathbf{f} \in C(\overline{\Omega}; \mathbb{R}^d)$ und $\mathbf{p} \in \mathbb{R}^d \setminus \mathbf{f}(\partial\Omega)$ definieren

$$d(\mathbf{f}, \Omega, \mathbf{p}) := \lim_{n\to\infty} d(\mathbf{f}_n, \Omega, \mathbf{p}).$$

*Für die praktische Anwendbarkeit des Abbildungsgrades ist Definition 1.3 unpraktisch, da man die Nullstellen schon kennen muß. Eine weitere Aufgabe, die wir lösen müssen, ist also Formeln herzuleiten, die ohne die Kenntnis der Nullstellen den Abbildungsgrad liefern.

4.1.2 Technische Hilfsmittel

Es folgen nun einige technische Lemmata, die uns die Erweiterung der Definition 1.3 auf nichtreguläre Punkte und stetige Funktionen ermöglichen werden.

1.4 Satz (Sard 1942). *Für* $\mathbf{f} \in C^1(\Omega; \mathbb{R}^d)$ *gilt:*

$$\mu\big(\mathbf{f}(K)\big) = 0,$$

wobei $K = \{x \in \Omega \mid J(\mathbf{f})(x) = 0\}$ *die Menge aller nichtregulären Punkte ist.*

Beweis. Sei G eine offene Teilmenge von Ω mit $\overline{G} \subseteq \Omega \subset \mathbb{R}^d$. Wir überdecken die Menge $\overline{G}$ mit abgeschlossenen Würfeln w_i der Seitenlänge $\ell < \frac{1}{2\sqrt{d}} \operatorname{dist}(\overline{G}, \mathbb{R}^d \setminus \Omega)$. Da Ω beschränkt ist, gibt es endlich viele solche Würfel $w_i \subseteq \Omega$, $i = 1, \ldots, N$, mit

$$\overline{G} \subseteq \bigcup_{i=1}^{N} w_i =: G_1 \subseteq \Omega.$$

Wir zeigen zunächst, dass das Bild der Menge aller nichtregulären Punkte in G, d.h. die Menge $\mathbf{f}(K \cap G)$, eine Lebesgue–Nullmenge ist. Der Beweis beruht auf der Approximation der Funktion durch affine Funktionen und der Beobachtung, dass für nichtreguläre Punkte die Bilder der Approximationen in einem $(d-1)$-dimensionalen Raum enthalten sind.

(a) Sei dazu w_i einer der Würfel mit Seitenlänge ℓ. Aufgrund der Voraussetzung ist $\nabla \mathbf{f} \in C(\Omega; \mathbb{R}^{d \times d})$, also auf der kompakten Menge G_1 gleichmäßig stetig und beschränkt, d.h. es existiert ein $L > 0$ mit

$$|\nabla \mathbf{f}(x)| \leq L \qquad \forall x \in G_1,$$

und es existiert für alle $\varepsilon > 0$ ein $m \in \mathbb{N}$, so dass für alle $y_1, y_2 \in G_1$ mit $|y_1 - y_2| < \frac{\ell}{m}\sqrt{d} =: \delta$ gilt:

$$|\nabla \mathbf{f}(y_1) - \nabla \mathbf{f}(y_2)| \leq \varepsilon.$$

Also gilt mit der Taylor–Formel für alle $x_1, x_2 \in G_1$ mit $|x_1 - x_2| < \delta$:

$$\begin{aligned}
&|\mathbf{f}(x_1) - \mathbf{f}(x_2) - \nabla \mathbf{f}(x_2)(x_1 - x_2)| \\
&\leq \int_0^1 |\nabla \mathbf{f}(x_2 + t(x_1 - x_2)) - \nabla \mathbf{f}(x_2)| \, |x_1 - x_2| \, dt \\
&\leq \varepsilon \frac{\ell}{m}\sqrt{d} = \varepsilon \, \delta.
\end{aligned}$$

(b) Nun zerlegen wir den Würfel w_i in m^d Würfel w_{ij} der Seitenlänge $\frac{\ell}{m} = \frac{\delta}{\sqrt{d}}$ und wählen einen festen, aber beliebigen, Würfel w_{ij}. Nach Schritt (a) gilt für alle $x_1, x_2 \in w_{ij}$:

$$\mathbf{f}(x_1) = \mathbf{f}(x_2) + \nabla \mathbf{f}(x_2)(x_1 - x_2) + \mathbf{R}(x_2, x_1) \tag{1.5}$$

mit

$$|\mathbf{R}(x_2, x_1)| \leq \varepsilon \frac{\ell}{m}\sqrt{d} = \varepsilon \, \delta. \tag{1.6}$$

Sei nun $x_2 \in w_{ij}$ ein nichtregulärer Punkt. Wir bezeichnen den um $-x_2$ verschobenen Würfel w_{ij} mit

$$w_{ij} - x_2 := \{ y - x_2 \in \mathbb{R}^d \,|\, y \in w_{ij} \},$$

und definieren eine Abbildung $\mathbf{T}\colon w_{ij} - x_2 \to \mathbb{R}^d\colon x \mapsto \mathbf{T}(x)$ durch

$$\mathbf{T}(x) := \mathbf{f}(x_2 + x) - \mathbf{f}(x_2)$$
$$= \nabla\mathbf{f}(x_2)\, x + \widetilde{\mathbf{R}}(x)\,,$$

mit $\widetilde{\mathbf{R}}(x) := \mathbf{R}(x_2, x + x_2)$. Aus (1.5) und (1.6) (ersetze x_1 durch $x + x_2$) erhalten wir

$$|\widetilde{\mathbf{R}}(x)| \le \varepsilon\frac{\ell}{m}\sqrt{d} = \varepsilon\,\delta\,.$$

Da x_2 ein nichtregulärer Punkt ist, gilt $\det(\nabla\mathbf{f}(x_2)) = 0$, d.h. der Rang von $\nabla\mathbf{f}(x_2)$ ist höchstens $d - 1$. Also ist das Bild der Menge $w_{ij} - x_2$ unter $\nabla\mathbf{f}(x_2)$ in einem $(d-1)$-dimensionalen Raum enthalten. Deshalb gibt es einen Vektor $\mathbf{b}_1 \in \mathbb{R}^d$, $|\mathbf{b}_1| = 1$, mit

$$(\mathbf{b}_1, y)_{\mathbb{R}^d} = 0 \qquad \forall y \in (\nabla\mathbf{f}(x_2))(w_{ij} - x_2)\,,$$

wobei $(\cdot,\cdot)_{\mathbb{R}^d}$ für das Standardskalarprodukt im $\mathbb{R}^d$ steht. Wir ergänzen $\mathbf{b}_1$ durch $\mathbf{b}_2, \ldots, \mathbf{b}_d$ zu einer Orthonormalbasis des $\mathbb{R}^d$. Somit folgt

$$\mathbf{T}(x) = \sum_{k=1}^{d}(\mathbf{T}(x), \mathbf{b}_k)_{\mathbb{R}^d}\, \mathbf{b}_k\,.$$

Es gilt für alle $x \in w_{ij} - x_2$

$$|(\mathbf{T}(x), \mathbf{b}_1)_{\mathbb{R}^d}| \le |(\nabla\mathbf{f}(x_2)\, x, \mathbf{b}_1)_{\mathbb{R}^d}| + |(\widetilde{\mathbf{R}}(x), \mathbf{b}_1)_{\mathbb{R}^d}|$$
$$\le 0 + \varepsilon\frac{\ell}{m}\sqrt{d} = \varepsilon\,\delta\,, \tag{1.7}$$

$$|(\mathbf{T}(x), \mathbf{b}_k)_{\mathbb{R}^d}| \le |(\nabla\mathbf{f}(x_2)\, x, \mathbf{b}_k)_{\mathbb{R}^d}| + |(\widetilde{\mathbf{R}}(x), \mathbf{b}_k)_{\mathbb{R}^d}| \qquad k = 2, \ldots, d$$
$$\le L\,|x|\,|\mathbf{b}_k| + |\widetilde{\mathbf{R}}(x)|\,|\mathbf{b}_k|$$
$$\le L\frac{\ell}{m}\sqrt{d} + \varepsilon\frac{\ell}{m}\sqrt{d} \tag{1.8}$$
$$\le L\,\delta + \varepsilon\,\delta\,,$$

da $|x| \le \frac{\ell}{m}\sqrt{d}$. Aufgrund der Definition der Abbildung $\mathbf{T}(\cdot)$ gilt:

$$\mathbf{T}(w_{ij} - x_2) = \mathbf{f}(w_{ij}) - \mathbf{f}(x_2)\,.$$

Da das Lebesgue–Maß μ invariant gegenüber Verschiebungen ist, erhalten wir aus (1.7) und (1.8)

$$\mu(\mathbf{f}(w_{ij})) = \mu(\mathbf{T}(w_{ij} - x_2)) \le 2^d \left(L\frac{\ell}{m}\sqrt{d} + \varepsilon\frac{\ell}{m}\sqrt{d} \right)^{d-1} \varepsilon\frac{\ell}{m}\sqrt{d}\,,$$

falls w_{ij} einen nichtregulären Punkt enthält.

$\nabla \mathbf{f}_n \rightrightarrows \nabla \mathbf{f}$ auf allen Mengen $K \subset\subset \Omega$ gilt. Insbesondere existiert ein $n_0 \in \mathbb{N}$, so dass für alle $n \geq n_0$ und alle $x \in \overline{\Omega} \setminus M$ gilt:

$$|\mathbf{f}_n(x) - \mathbf{f}(x)| \leq \frac{1}{2} \left(\min_{y \in \partial\Omega} |\mathbf{f}(y)| - \varepsilon \right).$$

Dies zusammen mit (1.21) impliziert, dass für alle $n \geq n_0$ und alle $x \in \overline{\Omega} \setminus M$ gilt:

$$|\mathbf{f}_n(x)| \geq |\mathbf{f}(x)| - |\mathbf{f}_n(x) - \mathbf{f}(x)| \geq \varepsilon.$$

Aufgrund der Eigenschaften von φ erhalten wir somit, dass für alle $n \geq n_0$ und alle $x \in \overline{\Omega} \setminus M$ gilt $\varphi(|\mathbf{f}_n(x)|) = 0$. Dies und Schritt 1 des Beweises liefern:

$$0 = \int_\Omega \varphi(|\mathbf{f}_n(x)|)\, J(\mathbf{f}_n)(x)\, dx = \int_M \varphi(|\mathbf{f}_n(x)|)\, J(\mathbf{f}_n)(x)\, dx.$$

Der Grenzübergang $n \to \infty$, der aufgrund der Eigenschaften der Folge $(\mathbf{f}_n)$ möglich ist, liefert somit

$$0 = \int_M \varphi(|\mathbf{f}(x)|)\, J(\mathbf{f})(x)\, dx = \int_\Omega \varphi(|\mathbf{f}(x)|)\, J(\mathbf{f})(x)\, dx,$$

wobei wir benutzt haben, dass für alle $x \in \overline{\Omega} \setminus M$ gilt $\varphi(|\mathbf{f}(x)|) = 0$. Also ist (1.17) bewiesen. ∎

1.22 Lemma. *Sei $G \subseteq \mathbb{R}^d$ eine offene, beschränkte Menge, $\mathbf{g} \in C^1(G; \mathbb{R}^d) \cap C(\overline{G}; \mathbb{R}^d)$ und $\mathbf{p} \in \mathbb{R}^d \setminus \mathbf{g}(\partial G)$. Sei $\varepsilon > 0$ so, dass für alle $x \in \partial G$ gilt:*

$$|\mathbf{g}(x) - \mathbf{p}| > \varepsilon.$$

Ferner seien $\varphi_i \in C_0^\infty(0, \infty)$, $i = 1, 2$, Funktionen mit $\varphi_i(r) = 0$ für $r \geq \varepsilon$, $i = 1, 2$, und

$$\int_{\mathbb{R}^d} \varphi_i(|x|)\, dx = 1, \qquad i = 1, 2. \tag{1.23}$$

Dann gilt:

$$\int_G \varphi_1(|\mathbf{g}(x) - \mathbf{p}|) J(\mathbf{g})(x)\, dx = \int_G \varphi_2(|\mathbf{g}(x) - \mathbf{p}|) J(\mathbf{g})(x)\, dx.$$

Beweis. Wir bezeichnen mit D den linearen Unterraum von $C_0^\infty(0, \infty)$ von Funktionen φ mit $\varphi(r) = 0$ für $r \geq \varepsilon$ und setzen für $\varphi \in D$:

$$L(\varphi) := \int_0^\infty r^{d-1} \varphi(r)\, dr,$$

$$M(\varphi) := \int_{\mathbb{R}^d} \varphi(|x|) \, dx \,,$$

$$N(\varphi) := \int_G \varphi(|\mathbf{g}(x) - \mathbf{p}|) J(\mathbf{g})(x) \, dx \,.$$

Dies sind offensichtlich lineare Funktionale auf D. Wenn wir Lemma 1.15 auf $\mathbf{f}(x) = x$, $\Omega = B_{2\varepsilon}(0)$ bzw. $\mathbf{f}(x) = \mathbf{g}(x) - \mathbf{p}$, $\Omega = G$ anwenden, erhalten wir, dass für $\varphi \in D$ gilt:

$$L(\varphi) = 0 \quad \Longrightarrow \quad M(\varphi) = N(\varphi) = 0 \,. \tag{1.24}$$

Seien nun φ_i, $i = 1, 2$, zwei Funktionen aus D, die (1.23) erfüllen. Da L ein lineares Funktional auf D ist erhalten wir

$$L\big(L(\varphi_1)\, \varphi_2 - L(\varphi_2)\, \varphi_1\big) = 0 \,,$$

also liefert die Implikation (1.24):

$$\begin{aligned}
0 &= M\big(L(\varphi_1)\, \varphi_2 - L(\varphi_2)\, \varphi_1\big) \\
&= L(\varphi_1)\, M(\varphi_2) - L(\varphi_2)\, M(\varphi_1) \\
&= L(\varphi_1) - L(\varphi_2) \\
&= L(\varphi_1 - \varphi_2) \,,
\end{aligned}$$

da (1.23) sich als $M(\varphi_1) = M(\varphi_2) = 1$ schreiben lässt. Aus (1.24) folgt somit $N(\varphi_1 - \varphi_2) = 0$, d.h.

$$N(\varphi_1) = N(\varphi_2)$$

und das Lemma ist bewiesen.   ∎

Das vorherige Lemma erlaubt es uns eine weitere Formel zur Berechnung des Abbildungsgrades herzuleiten. Diese setzt nicht mehr die Kenntnis der Urbildmenge $\mathbf{f}^{-1}(\mathbf{p})$ voraus, sondern nur noch die Kenntnis des Verhaltens der Funktion auf dem Rand.

1.25 Lemma. *Sei* $\mathbf{f} \in C^1(\Omega; \mathbb{R}^d) \cap C(\overline{\Omega}; \mathbb{R}^d)$, *sei* $\mathbf{p} \in \mathbb{R}^d \setminus \mathbf{f}(\partial\Omega)$ *und enthalte* $\mathbf{f}^{-1}(\mathbf{p})$ *nur reguläre Punkte. Sei* $\varepsilon > 0$ *so, dass für alle* $x \in \partial\Omega$ *gilt:*

$$|\mathbf{f}(x) - \mathbf{p}| > \varepsilon \,.$$

Ferner sei $\varphi \in C_0^\infty(0, \infty)$ *eine Funktion mit* $\varphi(r) = 0$ *für* $r \geq \varepsilon$ *und*

$$\int_{\mathbb{R}^d} \varphi(|x|) \, dx = 1 \,. \tag{1.26}$$

Dann gilt:

$$\int_\Omega \varphi(|\mathbf{f}(x) - \mathbf{p}|) J(\mathbf{f})(x) \, dx = d(\mathbf{f}, \Omega, \mathbf{p}) \,. \tag{1.27}$$

Beweis. (i) Falls $\mathbf{p} \in \mathbf{f}(\overline{\Omega}) \backslash \mathbf{f}(\partial\Omega)$ setzen wir $\varphi_1 := \varphi$ und wählen eine Funktion $\varphi_2 \in C_0^\infty(0, \infty)$ so, dass (1.26) und supp $(\varphi_2) \subseteq \big(0, \min(\varepsilon, \delta, \eta)\big)$ gilt mit η, δ aus (1.11) und (1.10). Somit erfüllen φ_2 und $\mathbf{p}$ die Voraussetzungen vom Lemma 1.12 und φ_i, $i = 1, 2$, erfüllen die Voraussetzungen von Lemma 1.22. Also erhalten wir

$$d(\mathbf{f}, \Omega, \mathbf{p}) = \int_\Omega \varphi_2(|\mathbf{f}(x) - \mathbf{p}|) J(\mathbf{f})(x) \, dx$$

$$= \int_\Omega \varphi_1(|\mathbf{f}(x) - \mathbf{p}|) J(\mathbf{f})(x) \, dx$$

und (1.27) ist bewiesen, da $\varphi_1 = \varphi$.

(ii) Für $\mathbf{p} \notin \mathbf{f}(\overline{\Omega})$ nimmt die Funktion $|\mathbf{f}(\cdot) - \mathbf{p}|$ ein strikt positives Minimum $m > 0$ auf $\overline{\Omega}$ an. Wir setzen wiederum $\varphi_1 := \varphi$ und wählen eine Funktion $\varphi_2 \in C_0^\infty(0, \infty)$ so, dass (1.26) und supp $(\varphi_2) \subseteq \big(0, \min(m, \varepsilon)\big)$ gelten. Offenbar gilt dann aufgrund der Definition des Abbildungsgrades, der Eigenschaften von $|\mathbf{f}(\cdot) - \mathbf{p}|$ und φ_2, sowie Lemma 1.22

$$d(\mathbf{f}, \Omega, \mathbf{p}) = 0 = \int_\Omega \varphi_2(|\mathbf{f}(x) - \mathbf{p}|) J(\mathbf{f})(x) \, dx$$

$$= \int_\Omega \varphi_1(|\mathbf{f}(x) - \mathbf{p}|) J(\mathbf{f})(x) \, dx$$

und (1.27) ist bewiesen, da $\varphi_1 = \varphi$. ∎

1.28 Lemma (7ε-Lemma, Heinz 1959). *Sei $\mathbf{p} \in \mathbb{R}^d$ und seien die Funktionen $\mathbf{f}_i \colon \overline{\Omega} \to \mathbb{R}^d$, $i = 1, 2$, Elemente des Raumes $C(\overline{\Omega}; \mathbb{R}^d) \cap C^1(\Omega; \mathbb{R}^d)$. Sei $\varepsilon > 0$ so, dass*

$$
\begin{aligned}
|\mathbf{f}_i(x) - \mathbf{p}| &\geq 7\varepsilon && \text{für } i = 1, 2 \text{ und } x \in \partial\Omega, \\
|\mathbf{f}_1(x) - \mathbf{f}_2(x)| &< \varepsilon && \text{für } x \in \overline{\Omega}.
\end{aligned}
\tag{1.29}
$$

Ferner seien alle Punkte aus $\mathbf{f}_i^{-1}(\mathbf{p})$, $i = 1, 2$, regulär. Dann gilt:

$$d(\mathbf{f}_1, \Omega, \mathbf{p}) = d(\mathbf{f}_2, \Omega, \mathbf{p}).$$

Beweis. O.B.d.A. sei $\mathbf{p} = \mathbf{0}$. Wir wählen eine glatte Abschneidefunktion $\gamma \colon [0, \infty) \to [0, 1]$ mit

$$
\begin{aligned}
\gamma(r) &= 1, && \text{falls } 0 \leq r \leq 2\varepsilon, \\
\gamma(r) &= 0, && \text{falls } 3\varepsilon \leq r,
\end{aligned}
$$

und definieren

$$\mathbf{f}_3(x) := \big(1 - \gamma(|\mathbf{f}_1(x)|)\big)\mathbf{f}_1(x) + \gamma(|\mathbf{f}_1(x)|)\mathbf{f}_2(x).$$

Offensichtlich ist $\mathbf{f}_3 \in C^1(\Omega \setminus \mathbf{f}_1^{-1}(\mathbf{0}); \mathbb{R}^d) \cap C(\overline{\Omega}; \mathbb{R}^d)$ und es gilt:

$$\begin{aligned} \mathbf{f}_3(x) &= \mathbf{f}_1(x)\,, && \text{falls } |\mathbf{f}_1(x)| > 3\,\varepsilon\,, \\ \mathbf{f}_3(x) &= \mathbf{f}_2(x)\,, && \text{falls } |\mathbf{f}_1(x)| < 2\,\varepsilon\,. \end{aligned} \tag{1.30}$$

Falls $\mathbf{f}_1^{-1}(\mathbf{0}) = \emptyset$ haben wir $\mathbf{f}_3 \in C^1(\Omega; \mathbb{R}^d) \cap C(\overline{\Omega}; \mathbb{R}^d)$, da die Betragsfunktion außerhalb der Null glatt ist. Falls es ein $x \in \mathbf{f}_1^{-1}(\mathbf{0})$ gibt, existiert aufgrund der Stetigkeit von $\mathbf{f}_1$ eine Umgebung $V(x)$, so dass für alle $y \in V(x)$ gilt $|\mathbf{f}_1(y)| < 2\,\varepsilon$. Für alle $y \in V(x)$ erhalten wir somit $\mathbf{f}_3(y) = \mathbf{f}_2(y)$. Also ist auch $\mathbf{f}_3$ in $x \in \mathbf{f}_1^{-1}(\mathbf{0})$ stetig differenzierbar. Also gilt immer $\mathbf{f}_3 \in C^1(\Omega; \mathbb{R}^d) \cap C(\overline{\Omega}; \mathbb{R}^d)$. Darüber hinaus gilt aufgrund von (1.29) für $x \in \overline{\Omega}$, $i = 1, 2$:

$$\begin{aligned} |\mathbf{f}_i(x) - \mathbf{f}_3(x)| &= \Big|\big(1 - \gamma(|\mathbf{f}_1(x)|)\big)\mathbf{f}_i(x) + \gamma(|\mathbf{f}_1(x)|)\mathbf{f}_i(x) \\ &\quad - \big(1 - \gamma(|\mathbf{f}_1(x)|)\big)\mathbf{f}_1(x) - \gamma(|\mathbf{f}_1(x)|)\mathbf{f}_2(x)\Big| \\ &\leq \big(1 - \gamma(|\mathbf{f}_1(x)|)\big)\big|\mathbf{f}_i(x) - \mathbf{f}_1(x)\big| + \gamma(|\mathbf{f}_1(x)|)\big|\mathbf{f}_i(x) - \mathbf{f}_2(x)\big| \\ &< \varepsilon\,. \end{aligned} \tag{1.31}$$

Für $x \in \partial\Omega$ gilt $7\,\varepsilon \leq |\mathbf{f}_1(x)| \leq |\mathbf{f}_1(x) - \mathbf{f}_3(x)| + |\mathbf{f}_3(x)| \leq \varepsilon + |\mathbf{f}_3(x)|$, d.h.

$$|\mathbf{f}_3(x)| \geq 6\,\varepsilon \qquad \text{für } x \in \partial\Omega\,, \tag{1.32}$$

und somit $\mathbf{0} \notin \mathbf{f}_3(\partial\Omega)$.

Sei $x_0 \in \mathbf{f}_3^{-1}(\mathbf{0})$ und $\delta > 0$ so, dass für alle $x \in B_\delta(x_0)$ gilt $|\mathbf{f}_3(x)| < \varepsilon$. Für diese x erhalten wir aufgrund von (1.31)

$$|\mathbf{f}_1(x)| \leq |\mathbf{f}_1(x) - \mathbf{f}_3(x)| + |\mathbf{f}_3(x)| < 2\,\varepsilon\,.$$

Dies zusammen mit (1.30) liefert $\mathbf{f}_2(x) = \mathbf{f}_3(x)$ für alle $x \in B_\delta(x_0)$, insbesondere $\mathbf{f}_2(x_0) = \mathbf{0}$, d.h. x_0 ist ein regulärer Punkt. Zusammen mit (1.32) und den Voraussetzungen für $\mathbf{f}_i$, $i = 1, 2$, erhalten wir, dass $\mathbf{f}_i$, $i = 1, 2, 3$, und der Punkt $\mathbf{0}$ die Voraussetzungen von Lemma 1.25 und Lemma 1.22, mit ε ersetzt durch 6ε, erfüllen und insbesondere

$$|\mathbf{f}_i(x)| \geq 6\,\varepsilon \qquad \text{für } x \in \partial\Omega\,, i = 1, 2, 3$$

gilt. Wir wählen Funktionen $\varphi_1, \varphi_2 \in C_0^\infty(0, \infty)$ mit $\mathrm{supp}\,(\varphi_i) \subseteq (0, 6\,\varepsilon)$, $i = 1, 2$, die (1.26) und

$$\begin{aligned} \varphi_1(r) &= 0\,, && \text{für } r \in [0, 4\,\varepsilon] \cup [5\,\varepsilon, \infty)\,, \\ \varphi_2(r) &= 0\,, && \text{für } r \in [\varepsilon, \infty)\,, \end{aligned}$$

erfüllen, d.h. φ_i, $i = 1, 2$, erfüllen die Voraussetzungen von Lemma 1.25 und Lemma 1.22 mit ε ersetzt durch 6ε. Weiterhin erhalten wir für alle $x \in \Omega$

$$\varphi_1(|\mathbf{f}_3(x)|)J(\mathbf{f}_3)(x) = \varphi_1(|\mathbf{f}_1(x)|)J(\mathbf{f}_1)(x)\,. \tag{1.33}$$

Um dies zu beweisen, benutzen wir, dass $\varphi_1(r)$ nur ungleich Null ist, falls $r > 4\varepsilon$. Falls $|\mathbf{f}_1(x)| \leq 4\varepsilon$ und $|\mathbf{f}_3(x)| \leq 4\varepsilon$ gilt, dann sind beide Seiten in (1.33) gleich Null. Falls $|\mathbf{f}_1(x)| > 4\varepsilon$, erhalten wir $\mathbf{f}_3(x) = \mathbf{f}_1(x)$, aufgrund von (1.30). Falls $|\mathbf{f}_3(x)| > 4\varepsilon$, folgt:

$$|\mathbf{f}_1(x)| \geq |\mathbf{f}_3(x)| - |\mathbf{f}_1(x) - \mathbf{f}_3(x)| > 4\varepsilon - \varepsilon = 3\varepsilon,$$

und wir erhalten wiederum $\mathbf{f}_1(x) = \mathbf{f}_3(x)$. Dies gilt, aufgrund der Stetigkeit von $\mathbf{f}_1$ und $\mathbf{f}_3$, auch in einer Umgebung des Punktes x, woraus $J\mathbf{f}_1(x) = J\mathbf{f}_3(x)$ folgt. Also gilt (1.33). Weiterhin haben wir für alle $x \in \Omega$

$$\varphi_2(|\mathbf{f}_3(x)|)J(\mathbf{f}_3)(x) = \varphi_2(|\mathbf{f}_2(x)|)J(\mathbf{f}_2)(x). \tag{1.34}$$

Um dies zu beweisen, benutzen wir, dass $\varphi_2(r)$ nur ungleich Null ist, falls $r < \varepsilon$. Falls $|\mathbf{f}_2(x)| \geq \varepsilon$ und $|\mathbf{f}_3(x)| \geq \varepsilon$ gilt, dann sind beide Seiten in (1.34) gleich Null. Für $|\mathbf{f}_3(x)| < \varepsilon$ gilt dann

$$|\mathbf{f}_1(x)| \leq |\mathbf{f}_1(x) - \mathbf{f}_3(x)| + |\mathbf{f}_3(x)| < \varepsilon + \varepsilon = 2\varepsilon,$$

also $\mathbf{f}_3(x) = \mathbf{f}_2(x)$. Für $|\mathbf{f}_2(x)| < \varepsilon$ gilt analog

$$|\mathbf{f}_1(x)| \leq |\mathbf{f}_1(x) - \mathbf{f}_2(x)| + |\mathbf{f}_2(x)| < \varepsilon + \varepsilon = 2\varepsilon,$$

also wiederum $\mathbf{f}_3(x) = \mathbf{f}_2(x)$. Dies gilt, aufgrund der Stetigkeit von $\mathbf{f}_2$ und $\mathbf{f}_3$, auch in einer Umgebung des Punktes x, woraus $J\mathbf{f}_2(x) = J\mathbf{f}_3(x)$ folgt. Also gilt (1.34). Aufgrund von Lemma 1.25, (1.33), Lemma 1.22, (1.34) und nochmals Lemma 1.25 folgt

$$\begin{aligned}
d(\mathbf{f}_1, \Omega, \mathbf{0}) &= \int_\Omega \varphi_1(|\mathbf{f}_1(x)|)J(\mathbf{f}_1)(x)\,dx \\
&= \int_\Omega \varphi_1(|\mathbf{f}_3(x)|)J(\mathbf{f}_3)(x)\,dx \\
&= \int_\Omega \varphi_2(|\mathbf{f}_3(x)|)J(\mathbf{f}_3)(x)\,dx \\
&= \int_\Omega \varphi_2(|\mathbf{f}_2(x)|)J(\mathbf{f}_2)(x)\,dx = d(\mathbf{f}_2, \Omega, \mathbf{0}),
\end{aligned}$$

und somit ist die Behauptung bewiesen.   ∎

1.35 Lemma. *Seien* $\mathbf{f}_i \in C^1(\Omega; \mathbb{R}^d) \cap C(\overline{\Omega}; \mathbb{R}^d), \mathbf{p}_i \in \mathbb{R}^d, i = 1, 2$ *und sei* $\varepsilon > 0$ *so, dass*

$$\begin{aligned}
|\mathbf{f}_i(x) - \mathbf{p}_j| &\geq 7\varepsilon, &&\text{für } i, j = 1, 2 \text{ und } x \in \partial\Omega, \\
|\mathbf{f}_1(x) - \mathbf{f}_2(x)| &< \varepsilon, &&\text{für } x \in \overline{\Omega}, \\
|\mathbf{p}_1 - \mathbf{p}_2| &< \varepsilon.
\end{aligned}$$

Ferner seien alle Punkte von $\mathbf{f}_i^{-1}(\mathbf{p}_j)$, $i,j = 1,2$, *regulär. Dann gilt:*

$$d(\mathbf{f}_1, \Omega, \mathbf{p}_1) = d(\mathbf{f}_2, \Omega, \mathbf{p}_2)\,.$$

Beweis.   Aus Lemma 1.28 folgt $d(\mathbf{f}_1, \Omega, \mathbf{p}_1) = d(\mathbf{f}_2, \Omega, \mathbf{p}_1)$. Wir setzen

$$\mathbf{g}_1(x) := \mathbf{f}_2(x)\,,$$
$$\mathbf{g}_2(x) := \mathbf{f}_2(x) + (\mathbf{p}_1 - \mathbf{p}_2)\,.$$

Die Funktionen $\mathbf{g}_1, \mathbf{g}_2 \in C^1(\Omega; \mathbb{R}^d) \cap C(\overline{\Omega}; \mathbb{R}^d)$ und der Punkt $\mathbf{p}_1$ erfüllen die Voraussetzungen von Lemma 1.28, denn es gilt für alle $x \in \partial\Omega$ und alle $y \in \overline{\Omega}$:

$$|\mathbf{g}_1(x) - \mathbf{p}_1| = |\mathbf{f}_2(x) - \mathbf{p}_1| \geq 7\varepsilon\,,$$
$$|\mathbf{g}_2(x) - \mathbf{p}_1| = |\mathbf{f}_2(x) + \mathbf{p}_1 - \mathbf{p}_2 - \mathbf{p}_1| \geq 7\varepsilon\,,$$
$$|\mathbf{g}_2(y) - \mathbf{g}_1(y)| = |\mathbf{f}_2(y) + \mathbf{p}_1 - \mathbf{p}_2 - \mathbf{f}_2(y)| < \varepsilon\,,$$

sowie $\mathbf{g}_1^{-1}(\mathbf{p}_1) = \mathbf{f}_2^{-1}(\mathbf{p}_1)$ und

$$\begin{aligned}
\mathbf{g}_2^{-1}(\mathbf{p}_1) &= \{x \in \overline{\Omega} \,|\, \mathbf{f}_2(x) + \mathbf{p}_1 - \mathbf{p}_2 = \mathbf{p}_1\}\\
&= \{x \in \overline{\Omega} \,|\, \mathbf{f}_2(x) = \mathbf{p}_2\} \qquad\qquad (1.36)\\
&= \mathbf{f}_2^{-1}(\mathbf{p}_2)\,,
\end{aligned}$$

d.h. alle Punkte von $\mathbf{g}_i^{-1}(\mathbf{p}_1)$, $i = 1, 2$, sind regulär. Lemma 1.28 liefert also

$$d(\mathbf{f}_2, \Omega, \mathbf{p}_1) = d(\mathbf{f}_2 + (\mathbf{p}_1 - \mathbf{p}_2), \Omega, \mathbf{p}_1)\,.$$

Außerdem haben wir $\nabla \mathbf{f}_2 = \nabla \mathbf{g}_2$ und somit folgt aus (1.36)

$$\sum_{x \in \mathbf{f}_2^{-1}(\mathbf{p}_2)} \operatorname{sgn} J(\mathbf{f}_2)(x) = \sum_{x \in \mathbf{g}_2^{-1}(\mathbf{p}_1)} \operatorname{sgn} J(\mathbf{g}_2)(x)\,,$$

d.h.

$$d(\mathbf{f}_2 + (\mathbf{p}_1 - \mathbf{p}_2), \Omega, \mathbf{p}_1) = d(\mathbf{f}_2, \Omega, \mathbf{p}_2)\,.$$

Insgesamt haben wir gezeigt:

$$\begin{aligned}
d(\mathbf{f}_1, \Omega, \mathbf{p}_1) &= d(\mathbf{f}_2, \Omega, \mathbf{p}_1)\\
&= d(\mathbf{f}_2 + (\mathbf{p}_1 - \mathbf{p}_2), \Omega, \mathbf{p}_1)\\
&= d(\mathbf{f}_2, \Omega, \mathbf{p}_2)\,,
\end{aligned}$$

somit ist die Behauptung des Lemmas bewiesen.   ∎

4.1.3 Erweiterung auf nichtreguläre Punkte und stetige Funktionen

Nun können wir die Idee zur Konstruktion des Abbildungsgrades $d(\mathbf{f}, \Omega, \mathbf{p})$ für Punkte $\mathbf{p} \in \mathbb{R}^d$, deren Urbild $\mathbf{f}^{-1}(\mathbf{p})$ nichtreguläre Punkte enthält, rigoros ausführen.

Sei $\mathbf{f} \in C^1(\Omega; \mathbb{R}^d) \cap C(\overline{\Omega}; \mathbb{R}^d)$ und sei $\mathbf{p} \in \mathbf{f}(K) \setminus \mathbf{f}(\partial\Omega)$, wobei

$$K := \{x \in \Omega \mid J(\mathbf{f})(x) = 0\}$$

die Menge aller nichtregulären Punkte ist. Der Rand $\partial\Omega$ ist abgeschlossen und beschränkt, also kompakt. Folglich erhalten wir, da $\mathbf{p} \notin \mathbf{f}(\partial\Omega)$, dass gilt:

$$|\mathbf{f}(x) - \mathbf{p}| > 0 \qquad \forall x \in \partial\Omega$$

und somit gibt es ein $\varepsilon > 0$, so dass für alle $x \in \partial\Omega$ gilt:

$$|\mathbf{f}(x) - \mathbf{p}| \geq 8\varepsilon.$$

Aus dem Satz von Sard 1.4 folgt $\mu(\mathbf{f}(K)) = 0$. Also hat $\mathbf{f}(K)$ keine inneren Punkte und es gibt eine Folge $(\mathbf{p}_n)$ mit

$$
\begin{aligned}
\mathbf{p}_n &\to \mathbf{p} & (n \to \infty)\,, \\
|\mathbf{p}_n - \mathbf{p}| &\leq \frac{\varepsilon}{2}\,, & n \in \mathbb{N}\,, \\
\mathbf{p}_n &\notin \mathbf{f}(\partial\Omega) \cup \mathbf{f}(K)\,, & n \in \mathbb{N}\,.
\end{aligned}
\tag{1.37}
$$

Daraus ergibt sich für alle $n \in \mathbb{N}$ und alle $x \in \partial\Omega$:

$$|\mathbf{f}(x) - \mathbf{p}_n| \geq |\mathbf{f}(x) - \mathbf{p}| - |\mathbf{p} - \mathbf{p}_n| \geq 7\varepsilon.$$

Da $|\mathbf{p}_n - \mathbf{p}_k| \leq \varepsilon$, $k, n \in \mathbb{N}$, impliziert Lemma 1.35, dass für alle $n, k \in \mathbb{N}$ gilt:

$$d(\mathbf{f}, \Omega, \mathbf{p}_k) = d(\mathbf{f}, \Omega, \mathbf{p}_n)\,.$$

Der Grenzwert $\lim\limits_{n\to\infty} d(\mathbf{f}, \Omega, \mathbf{p}_n)$ existiert also und wir setzen

$$d(\mathbf{f}, \Omega, \mathbf{p}) := \lim_{n\to\infty} d(\mathbf{f}, \Omega, \mathbf{p}_n)\,.$$

Es bleibt zu zeigen, dass der Grenzwert unabhängig von der Wahl der Folge $(\mathbf{p}_n)$ ist. Sei dazu $(\mathbf{q}_n)$ eine weitere Folge mit $\mathbf{q}_n \to \mathbf{p}\,(n \to \infty)$, die (1.37) erfüllt. Also gilt $|\mathbf{p}_n - \mathbf{q}_n| \leq \varepsilon$ und somit liefert Lemma 1.35

$$d(\mathbf{f}, \Omega, \mathbf{q}_n) = d(\mathbf{f}, \Omega, \mathbf{p}_n)\,.$$

Damit ist nun $d(\mathbf{f}, \Omega, \mathbf{p})$ für $\mathbf{f} \in C^1(\Omega; \mathbb{R}^d) \cap C(\overline{\Omega}; \mathbb{R}^d)$ und $\mathbf{p} \notin \mathbf{f}(\partial\Omega)$ eindeutig definiert.

Um den Abbildungsgrad auf Funktionen $\mathbf{f} \in C(\overline{\Omega}; \mathbb{R}^d)$ zu verallgemeinern, benötigen wir noch ein Lemma.

1.38 Lemma. *Seien* $\mathbf{f}_i \in C^1(\Omega; \mathbb{R}^d) \cap C(\overline{\Omega}; \mathbb{R}^d)$, $i = 1, 2$, $\mathbf{p} \in \mathbb{R}^d \setminus \mathbf{f}_i(\partial\Omega)$, $i = 1, 2$, *und sei* $\varepsilon > 0$ *klein genug, so dass gilt:*

$$|\mathbf{f}_i(x) - \mathbf{p}| \geq 8\,\varepsilon \qquad \forall x \in \partial\Omega\,, \, i = 1, 2\,,$$

$$|\mathbf{f}_1(x) - \mathbf{f}_2(x)| < \varepsilon \qquad \forall x \in \overline{\Omega}\,.$$

Dann gilt auch:

$$d(\mathbf{f}_1, \Omega, \mathbf{p}) = d(\mathbf{f}_2, \Omega, \mathbf{p})\,.$$

Beweis. 1. Falls $\mathbf{f}_1^{-1}(\mathbf{p}) \cup \mathbf{f}_2^{-1}(\mathbf{p})$ nur reguläre Punkte enthält, folgt die Behauptung aus Lemma 1.28.

2. Falls $\mathbf{f}_1^{-1}(\mathbf{p}) \cup \mathbf{f}_2^{-1}(\mathbf{p})$ nichtreguläre Punkte enthält, wählen wir eine Folge $(\mathbf{p}_n)$, die (1.37) bezüglich $\mathbf{f}_1$ und $\mathbf{f}_2$ erfüllt. Dies ist möglich, da $\mu(\mathbf{f}_1(K_1) \cup \mathbf{f}_2(K_2)) = 0$, wobei K_i, $i = 1, 2$, die Menge der nichtregulären Punkte der Funktion $\mathbf{f}_i$, $i = 1, 2$, ist. Dann gilt für $x \in \partial\Omega$ und alle $n \in \mathbb{N}$:

$$|\mathbf{f}_i(x) - \mathbf{p}_n| \geq |\mathbf{f}_i(x) - \mathbf{p}| - |\mathbf{p} - \mathbf{p}_n| \geq 7\varepsilon \qquad i = 1, 2\,.$$

Aus Lemma 1.28 folgt daher $d(\mathbf{f}_1, \Omega, \mathbf{p}_n) = d(\mathbf{f}_2, \Omega, \mathbf{p}_n)$. Im Grenzübergang $n \to \infty$ ergibt sich die Behauptung

$$d(\mathbf{f}_1, \Omega, \mathbf{p}) = d(\mathbf{f}_2, \Omega, \mathbf{p})\,. \qquad\blacksquare$$

Sei jetzt $\mathbf{f} \in C(\overline{\Omega}; \mathbb{R}^d)$ und $\mathbf{p} \notin \mathbf{f}(\partial\Omega)$. Da $\partial\Omega$ abgeschlossen und beschränkt ist, gibt es ein $\varepsilon > 0$, so dass für alle $x \in \partial\Omega$ gilt:

$$|\mathbf{f}(x) - \mathbf{p}| \geq 9\,\varepsilon\,.$$

Also gibt es nach dem Approximationssatz von Weierstrass A.12.1 eine Folge von Funktionen mit

$$\begin{aligned} \mathbf{f}_n &\rightrightarrows \mathbf{f} \ \text{ in } \overline{\Omega} \ \ (n \to \infty)\,, \\ \mathbf{f}_n &\in C^1(\Omega; \mathbb{R}^d) \cap C(\overline{\Omega}; \mathbb{R}^d)\,, \quad n \in \mathbb{N}\,. \end{aligned} \qquad (1.39)$$

Ferner existiert ein $n_0 \in \mathbb{N}$, so dass für alle $n, k \geq n_0$ und $x \in \overline{\Omega}$ gilt:

$$\begin{aligned} |\mathbf{f}_n(x) - \mathbf{f}_k(x)| &< \varepsilon\,, \\ |\mathbf{f}_n(x) - \mathbf{f}(x)| &< \varepsilon\,, \end{aligned}$$

da $\mathbf{f}_n \rightrightarrows \mathbf{f}$ auf $\overline{\Omega}$ $(n \to \infty)$. Also ergibt sich für alle $n \geq n_0$ und alle $x \in \partial\Omega$

$$|\mathbf{f}_n(x) - \mathbf{p}| \geq |\mathbf{f}(x) - \mathbf{p}| - |\mathbf{f}(x) - \mathbf{f}_n(x)| \geq 8\,\varepsilon\,,$$

und insbesondere gilt:

$$\mathbf{p} \notin \mathbf{f}_n(\partial\Omega)\,, \quad n \in \mathbb{N}\,. \qquad (1.40)$$

Lemma 1.38 liefert somit für alle n, $k \geq n_0$:

$$d(\mathbf{f}_k, \Omega, \mathbf{p}) = d(\mathbf{f}_n, \Omega, \mathbf{p}),$$

und daher existiert der Grenzwert $\lim\limits_{n\to\infty} d(\mathbf{f}_n, \Omega, \mathbf{p})$. Er ist unabhängig von der Wahl der Folge $(\mathbf{f}_n)$: Für eine weitere Folge $(\mathbf{g}_n)$, die (1.39) und (1.40) erfüllt, gibt es ein $n_1 \in \mathbb{N}$, so dass

$$|\mathbf{g}_n(x) - \mathbf{f}_n(x)| \leq \varepsilon \qquad \forall n \geq n_1, \ \forall x \in \overline{\Omega},$$

und Lemma 1.38 liefert:

$$d(\mathbf{g}_n, \Omega, \mathbf{p}) = d(\mathbf{f}_n, \Omega, \mathbf{p}).$$

Daher können wir definieren

$$d(\mathbf{f}, \Omega, \mathbf{p}) := \lim_{n\to\infty} d(\mathbf{f}_n, \Omega, \mathbf{p}).$$

Somit ist nun für $\mathbf{f} \in C(\overline{\Omega}; \mathbb{R}^d)$ und $\mathbf{p} \notin \mathbf{f}(\partial\Omega)$ der Abbildungsgrad definiert.

4.1.4 Eigenschaften des Abbildungsgrades von Brouwer

Wir wollen nun die Eigenschaften (i)–(iii) aus Satz 1.1 nachweisen. Diese werden in den folgenden drei Sätzen bewiesen.

1.41 Satz. *Seien Ω_1, Ω_2 nichtleere, disjunkte, beschränkte, offene Teilmengen des $\mathbb{R}^d$, $\mathbf{f} \colon \overline{\Omega}_1 \cup \overline{\Omega}_2 \to \mathbb{R}^d$ stetig und für $\mathbf{p} \in \mathbb{R}^d$ gelte: $\mathbf{p} \notin \mathbf{f}(\partial\Omega_1 \cup \partial\Omega_2)$. Dann gilt auch:*

$$d(\mathbf{f}, \Omega_1 \cup \Omega_2, \mathbf{p}) = d(\mathbf{f}, \Omega_1, \mathbf{p}) + d(\mathbf{f}, \Omega_2, \mathbf{p}).$$

Beweis. 1. Sei $\mathbf{f} \in C^1(\Omega_1 \cup \Omega_2; \mathbb{R}^d) \cap C(\overline{\Omega}_1 \cup \overline{\Omega}_2; \mathbb{R}^d)$ und sei $\mathbf{p}$ so, dass $\mathbf{f}^{-1}(\mathbf{p})$ nur reguläre Punkte enthält. Dann gilt:

$$\sum_{\substack{x\in\mathbf{f}^{-1}(\mathbf{p})\\x\in\Omega_1\cup\Omega_2}} \operatorname{sgn} J(\mathbf{f})(x) = \sum_{\substack{\mathbf{f}^{-1}(\mathbf{p})\\x\in\Omega_1}} \operatorname{sgn} J(\mathbf{f})(x) + \sum_{\substack{\mathbf{f}^{-1}(\mathbf{p})\\x\in\Omega_2}} \operatorname{sgn} J(\mathbf{f})(x)$$

aufgrund der Disjunktheit der Mengen Ω_1 und Ω_2.

2. Sei $\mathbf{f} \in C^1(\Omega_1 \cup \Omega_2; \mathbb{R}^d) \cap C(\overline{\Omega}_1 \cup \overline{\Omega}_2; \mathbb{R}^d)$ und sei $\mathbf{p}$ so, dass $f^{-1}(\mathbf{p})$ nichtreguläre Punkte enthält. Wir wählen eine Folge $(\mathbf{p}_n)$, die (1.37) für $\Omega_1 \cup \Omega_2$ erfüllt. Nach 1. gilt die Behauptung für jedes $\mathbf{p}_n$. Durch Grenzübergang $n \to \infty$ folgt daher die Behauptung für $\mathbf{p}$, da die Folge $(\mathbf{p}_n)$ (1.37) sowohl bezüglich Ω_1 als auch bezüglich Ω_2 erfüllt.

3. Sei $\mathbf{f} \in C(\overline{\Omega}_1 \cup \overline{\Omega}_2; \mathbb{R}^d)$. Wir wählen eine Folge $(\mathbf{f}_n)$, die (1.39) und (1.40) für $\Omega_1 \cup \Omega_2$ erfüllt. 2. liefert die Behauptung für jedes $\mathbf{f}_n$. Der Grenzübergang $n \to \infty$ liefert dann das Gewünschte, da die Folge $(\mathbf{f}_n)$ (1.39) und (1.40) sowohl bezüglich Ω_1 als auch bezüglich Ω_2 erfüllt. ∎

1.42 Satz. *Sei* $\mathbf{f} \in C(\overline{\Omega}; \mathbb{R}^d)$ *und* $\mathbf{p} \notin \mathbf{f}(\partial\Omega)$. *Falls* $d(\mathbf{f}, \Omega, \mathbf{p}) \neq 0$ *ist, dann existiert ein* $x_0 \in \Omega$ *mit* $\mathbf{f}(x_0) = \mathbf{p}$.

Beweis. Angenommen die Behauptung wäre falsch und es würde $\mathbf{f}(x) \neq \mathbf{p}$ für alle $x \in \overline{\Omega}$ gelten. Somit folgt $|\mathbf{f}(x) - \mathbf{p}| > 0$ für alle $x \in \overline{\Omega}$. Da $\mathbf{f}$ und der Betrag $|\cdot|$ stetig sind und $\overline{\Omega}$ kompakt ist, existiert ein $\varepsilon > 0$ so, dass

$$|\mathbf{f}(x) - \mathbf{p}| \geq 2\varepsilon \qquad \forall x \in \overline{\Omega}.$$

Sei $(\mathbf{f}_n)$ eine Folge, die (1.39) und (1.40) erfüllt. Dann gibt es ein $n_0 \in \mathbb{N}$, so dass für alle $n \geq n_0$ und alle $x \in \overline{\Omega}$ gilt:

$$|\mathbf{f}_n(x) - \mathbf{f}(x)| \leq \varepsilon.$$

Somit gilt für alle $x \in \overline{\Omega}$ und alle $n \geq n_0$:

$$|\mathbf{f}_n(x) - \mathbf{p}| \geq |\mathbf{f}(x) - \mathbf{p}| - |\mathbf{f}(x) - \mathbf{f}_n(x)| \geq \varepsilon.$$

Also ist $\mathbf{f}_n^{-1}(\mathbf{p}) = \emptyset$ und $\mathbf{p} \notin \mathbf{f}_n(\partial\Omega)$. Aufgrund der Bemerkung nach Definition 1.3 erhalten wir

$$d(\mathbf{f}_n, \Omega, \mathbf{p}) = 0.$$

Im Grenzübergang $n \to \infty$ folgt $d(\mathbf{f}, \Omega, \mathbf{p}) = 0$. Das ist aber ein Widerspruch zur Voraussetzung. Also gilt die Behauptung. ∎

1.43 Satz. *Sei* $\mathbf{f}(\cdot, \cdot) \colon \overline{\Omega} \times [a, b] \to \mathbb{R}^d$ *stetig und sei* $\mathbf{p} \in \mathbb{R}^d$ *ein Punkt so, dass für alle* $x \in \partial\Omega$ *und alle* $t \in [a, b]$ *gilt* $\mathbf{f}(x, t) \neq \mathbf{p}$. *Dann ist die Abbildung* $t \mapsto d(\mathbf{f}(\cdot, t), \Omega, \mathbf{p})$ *konstant auf* $[a, b]$.

Beweis. Da $\partial\Omega \times [a, b]$ kompakt ist, existiert nach den Voraussetzungen ein $\varepsilon > 0$, so dass für alle $x \in \partial\Omega$ und alle $t \in [a, b]$ gilt:

$$|\mathbf{f}(x, t) - \mathbf{p}| \geq 9\varepsilon.$$

Außerdem ist $\mathbf{f}(\cdot, \cdot)$ gleichmäßig stetig auf $\overline{\Omega} \times [a, b]$, d.h. für alle $\varepsilon > 0$ existiert ein $\delta = \delta(\varepsilon) > 0$, so dass für alle $x \in \overline{\Omega}$ und alle t_1, t_2 mit $|t_1 - t_2| < \delta$ gilt:

$$|\mathbf{f}(x, t_1) - \mathbf{f}(x, t_2)| \leq \frac{\varepsilon}{3}.$$

Für t_1, t_2, mit $|t_1 - t_2| < \delta$, wählen wir zwei Folgen $(\mathbf{f}_{1,n})$ und $(\mathbf{f}_{2,n})$, die (1.39) und (1.40) erfüllen, also insbesondere

$$\mathbf{f}_{1,n}(\cdot) \rightrightarrows \mathbf{f}(\cdot, t_1) \text{ in } \overline{\Omega} \quad (n \to \infty),$$
$$\mathbf{f}_{2,n}(\cdot) \rightrightarrows \mathbf{f}(\cdot, t_2) \text{ in } \overline{\Omega} \quad (n \to \infty)$$

erfüllen. Dann existiert ein $n_0 \in \mathbb{N}$, so dass für alle $n \geq n_0$ und alle $x \in \overline{\Omega}$, $i = 1, 2$, gilt:

$$|\mathbf{f}(x, t_i) - \mathbf{f}_{i,n}(x)| < \frac{\varepsilon}{3}.$$

Somit erhalten wir für alle $x \in \partial\Omega$ und alle $y \in \overline{\Omega}$

$$|\mathbf{f}_{i,n}(x) - \mathbf{p}| \geq |\mathbf{p} - \mathbf{f}(x, t_i)| - |\mathbf{f}_{i,n}(x) - \mathbf{f}(x, t_i)|$$
$$\geq 8\varepsilon, \qquad i = 1, 2,$$

$$|\mathbf{f}_{1,n}(y) - \mathbf{f}_{2,n}(y)| \leq |\mathbf{f}_{1,n}(y) - \mathbf{f}(y, t_1)| + |\mathbf{f}(y, t_1) - \mathbf{f}(y, t_2)|$$
$$+ |\mathbf{f}(y, t_2) - \mathbf{f}_{2,n}(y)|$$
$$< \varepsilon.$$

Damit sind die Voraussetzungen von Lemma 1.38 erfüllt, welches

$$d(\mathbf{f}_{1,n}, \Omega, \mathbf{p}) = d(\mathbf{f}_{2,n}, \Omega, \mathbf{p})$$

liefert. Im Grenzübergang $n \to \infty$ folgt für alle t_1, t_2, mit $|t_1 - t_2| < \delta$,

$$d(\mathbf{f}(\cdot, t_1), \Omega, \mathbf{p}) = d(\mathbf{f}(\cdot, t_2), \Omega, \mathbf{p}).$$

Eine endliche Überdeckung von $[a, b]$ mit Intervallen der Länge kleiner δ liefert sofort, dass $d(\mathbf{f}(\cdot, t), \Omega, \mathbf{p})$ konstant auf $[a, b]$ ist. ∎

Mithilfe dieses Satzes können wir die Aussage von Lemma 1.38 verschärfen.

1.44 Satz (Rouché). *Seien* $\mathbf{f}_i \colon \overline{\Omega} \to \mathbb{R}^d$, $i = 1, 2$, *stetig und gelte für* $\mathbf{p} \in \mathbb{R}^d \setminus \mathbf{f}_1(\partial\Omega)$ *und alle* $x \in \partial\Omega$:

$$|\mathbf{f}_1(x) - \mathbf{f}_2(x)| < |\mathbf{f}_1(x) - \mathbf{p}|.$$

Dann gilt:

$$d(\mathbf{f}_1, \Omega, \mathbf{p}) = d(\mathbf{f}_2, \Omega, \mathbf{p}).$$

Beweis. Nach Voraussetzung gilt für alle $x \in \partial\Omega$:

$$|\mathbf{f}_1(x) - \mathbf{p}| > 0$$

und

$$|\mathbf{f}_2(x) - \mathbf{p}| \geq |\mathbf{f}_1(x) - \mathbf{p}| - |\mathbf{f}_1(x) - \mathbf{f}_2(x)| > 0.$$

Wir setzen $\mathbf{f}(x, t) := \mathbf{f}_1(x) + t(\mathbf{f}_2(x) - \mathbf{f}_1(x))$, $0 \leq t \leq 1$. Offensichtlich ist $\mathbf{f}$ stetig auf $\overline{\Omega} \times [0, 1]$. Seien $x \in \partial\Omega$ und $t \in [0, 1]$ so, dass $\mathbf{f}(x, t) = \mathbf{p}$. Daraus folgt aufgrund der Voraussetzung:

$$|\mathbf{f}_1(x) - \mathbf{p}| = t|\mathbf{f}_1(x) - \mathbf{f}_2(x)| < |\mathbf{f}_1(x) - \mathbf{p}|,$$

was nicht möglich ist. Also gilt $\mathbf{f}(x, t) \neq \mathbf{p}$ für alle $x \in \partial\Omega$ und $t \in [0, 1]$. Die Funktion $\mathbf{f}(x, t)$ und der Punkt $\mathbf{p}$ erfüllen die Voraussetzungen von Satz 1.43 und somit ist der Abbildungsgrad konstant für alle $t \in [0, 1]$, d.h.

$$d(\mathbf{f}(\cdot, t), \Omega, \mathbf{p}) = d(\mathbf{f}_1(\cdot) + t(\mathbf{f}_2(\cdot) - \mathbf{f}_1(\cdot)), \Omega, \mathbf{p}) = C.$$

Wenn wir $t = 0$ und $t = 1$ einsetzen, erhalten wir

$$d(\mathbf{f}_1, \Omega, \mathbf{p}) = C = d(\mathbf{f}_2, \Omega, \mathbf{p}). \qquad ∎$$

Ein triviales Beispiel für eine Funktion mit nichttrivialem Abbildungsgrad ist die identische Abbildung **id**, denn es gilt offensichtlich:

$$d(\mathbf{id}, \Omega, \mathbf{p}) = \begin{cases} 0, & \text{falls } \mathbf{p} \notin \overline{\Omega}, \\ 1, & \text{falls } \mathbf{p} \in \Omega. \end{cases}$$

Der folgende Satz liefert nichttriviale Beispiele für Funktionen deren Abbildungsgrad nicht identisch Null ist.

1.45 Satz (Borsuk 1933). *Sei Ω eine symmetrische, d.h. aus $x \in \Omega$ folgt $-x \in \Omega$, offene beschränkte Menge im $\mathbb{R}^d$. Sei $0 \in \Omega$ und $\mathbf{f} \in C(\overline{\Omega}; \mathbb{R}^d)$ eine ungerade Funktion auf $\partial\Omega$, d.h. für alle $x \in \partial\Omega$ gilt $\mathbf{f}(x) = -\mathbf{f}(-x)$. Falls $\mathbf{0} \notin \mathbf{f}(\partial\Omega)$, dann ist $d(\mathbf{f}, \Omega, \mathbf{0})$ eine ungerade Zahl.*

Beweis. Wir zeigen das Resultat nur für den Spezialfall einer auf Ω ungeraden Funktion $\mathbf{f} \in C^1(\Omega; \mathbb{R}^d) \cap C(\overline{\Omega}; \mathbb{R}^d)$ für die $\mathbf{f}^{-1}(\mathbf{0})$ nur reguläre Punkte enthält. Offenbar ist dann $0 \in \mathbf{f}^{-1}(\mathbf{0})$ und somit impliziert Lemma 1.2 und Definition 1.3

$$d(\mathbf{f}, \Omega, \mathbf{0}) = \operatorname{sgn} J(\mathbf{f})(0) + \sum_{0 \neq x \in \mathbf{f}^{-1}(\mathbf{0})} \operatorname{sgn} J(\mathbf{f})(x). \tag{1.46}$$

Aufgrund der Symmetrie von $\mathbf{f}$ ist mit $x \in \mathbf{f}^{-1}(\mathbf{0})$ auch $-x \in \mathbf{f}^{-1}(\mathbf{0})$ und es gilt $J(\mathbf{f})(x) = J(\mathbf{f})(-x)$. Also ist die Summe in (1.46) ungerade. Der Beweis der allgemeinen Situation beruht auf speziellen Konstruktionen zur Fortsetzung und Glättung von Funktionen (cf. [14, S. 24–29]). ∎

Zum Abschluss dieses Abschnittes wollen wir, wie angekündigt, den Satz von Brouwer 1.2.14 auf eine andere Weise als im Kapitel 1 beweisen.

1.47 Satz (Brouwer). *Sei $\mathbf{f} \colon \overline{B_1(0)} \subseteq \mathbb{R}^d \to \overline{B_1(0)}$ eine stetige Funktion. Dann existiert ein Fixpunkt in $\overline{B_1(0)}$, d.h. es existiert ein $x_0 \in \overline{B_1(0)}$ mit*

$$\mathbf{f}(x_0) = x_0.$$

Beweis. Nehmen wir an, dass für alle $x \in \overline{B_1(0)}$ gilt $\mathbf{f}(x) \neq x$. Wir definieren $\mathbf{F}(x, t) := x - t\,\mathbf{f}(x)$ für $x \in \overline{B_1(0)}$ und $0 \leq t \leq 1$. Unsere Annahme impliziert

$$|\mathbf{F}(x, t)| = |x - t\,\mathbf{f}(x)| \geq |x| - t|\mathbf{f}(x)| \geq 1 - t \quad \text{für } x \in \partial B_1(0),\, t \in [0, 1],$$
$$> 0 \qquad \text{für } x \in \partial B_1(0),\, t \in [0, 1),$$

d.h. $\mathbf{0} \notin \mathbf{F}(\partial B_1(0), t)$, $0 \leq t < 1$. Für $t = 1$ folgt $|\mathbf{F}(x, 1)| > 0$ für alle $x \in \partial\Omega$ aufgrund unserer Annahme. Demnach sind die Voraussetzungen von Satz 1.43 für $\mathbf{p} = \mathbf{0}$ erfüllt und wir erhalten

$$d(\mathbf{F}(\cdot, 0), B_1(0), \mathbf{0}) = d(\mathbf{F}(\cdot, 1), B_1(0), \mathbf{0}).$$

Nun ist aber $\mathbf{F}(\cdot, 0)$ die Identität und somit folgt $d(\mathbf{F}(\cdot, 0), B_1(0), \mathbf{0}) = 1$. Nach Satz 1.42 existiert daher ein $x_0 \in B_1(0)$ mit

$$x_0 - \mathbf{f}(x_0) = 0.$$

Dies ist ein Widerspruch zur Annahme. Also besitzt $\mathbf{f}$ einen Fixpunkt. ∎

Beispiel. Das nichtlineare Gleichungssystem

$$2x + y + \sin(x + y) = 0$$
$$x - 2y + \cos(x + y) = 0 \tag{1.48}$$

besitzt eine Lösung in $B_r(0) \subseteq \mathbb{R}^2$, falls $1 < 5r^2$. Um dies zu zeigen, definieren wir $f, g \colon [0,1] \times \mathbb{R}^2 \to \mathbb{R}$ durch

$$f(t, x, y) := 2x + y + t\sin(x + y) \,,$$
$$g(t, x, y) := x - 2y + t\cos(x + y) \,.$$

Für $t = 0$ besitzt das homogene, lineare Gleichungssystem

$$2x + y = 0$$
$$x - 2y = 0$$

die eindeutige Lösung $(x, y) = (0, 0)$, da die zugehörige Koeffizientenmatrix Rang 2 hat und deren Determinante -5 ist. Somit erhalten wir nach Definition 1.3, dass für alle $r > 0$ und $\mathbf{F}(t, x, y) := \big(f(t, x, y), g(t, x, y)\big)^\top$ gilt:

$$d(\mathbf{F}(0, \cdot, \cdot), B_r(0), \mathbf{0}) = -1 \,. \tag{1.49}$$

Nehmen wir an es gäbe ein $(x, y) \in \partial B_r(0)$ mit $f(t, x, y) = g(t, x, y) = 0$. Dann erhielten wir

$$t^2 \big(\sin^2(x + y) + \cos^2(x + y)\big) = (-2x - y)^2 + (2y - x)^2 \,,$$

also

$$t^2 = 5r^2 \,.$$

Für $r > \frac{1}{\sqrt{5}}$ und $t \in [0, 1]$ ist dies nicht möglich, d.h. $\mathbf{F}(t, x, y) \neq \mathbf{0}$ für alle $t \in [0, 1]$ und alle $(x, y) \in \partial B_r(0)$, falls $r > \frac{1}{\sqrt{5}}$. Da $\mathbf{F}$ stetig ist, folgt aus Satz 1.43 und (1.49)

$$d(\mathbf{F}(1, \cdot, \cdot), B_r(0), \mathbf{0}) = -1 \,.$$

Aufgrund von Satz 1.42 besitzt also das Gleichungssystem (1.48) eine Lösung.

4.2 Der Abbildungsgrad von Leray–Schauder

In diesem Abschnitt wollen wir den Begriff des Abbildungsgrades auf unendlich-dimensionale Räume ausweiten. Bei diesem Schritt können jedoch Probleme auftreten. Die Hauptschwierigkeit besteht darin, dass die Einheitskugel in unendlich-dimensionalen Räumen nicht kompakt ist – im Gegensatz zur Einheitskugel in endlich-dimensionalen Räumen. In Abschnitt 1.2.2 haben wir aus dem Gegenbeispiel von Kakutani (cf. Satz 1.2.30) bereits gelernt, dass im Allgemeinen eine stetige Funktion auf einem Banachraum, die die Einheitskugel auf sich selbst abbildet, keinen Fixpunkt haben muss. Dieses Gegenbeispiel zeigt auch, dass es unmöglich ist, einen Abbildungsgrad für nur stetige Funktionen auf Banachräumen zu definieren, der dieselben Eigenschaften hat wie in endlich-dimensionalen Räumen. Diese Eigenschaften implizieren nämlich die Existenz eines Fixpunktes von stetigen Abbildungen, die die Einheitskugel auf sich selber abbilden.

Die Grundidee bei der Konstruktion des Abbildungsgrades von Leray–Schauder ist, die betrachteten Operatoren durch Operatoren mit endlich-dimensionalen Wertebereich zu approximieren. Dabei hilft uns Satz 1.2.34. Dieser besagt:

$$T \colon \overline{M} \subseteq X \to X \text{ kompakt, } M \neq \emptyset \text{ beschränkt und offen.}$$

$$\implies \exists\, P_n \colon \overline{M} \to X \text{ kompakt mit } \dim R(P_n) < \infty \text{ und} \qquad (2.1)$$

$$\|Tx - P_n x\|_X \leq \frac{1}{n} \quad \forall x \in \overline{M}\,.$$

Daher ist es sinnvoll, für kompakte Operatoren einen Abbildungsgrad zu definieren. Im Weiteren werden wir mit den Schauder–Operatoren P_n arbeiten, die im Beweis von Satz 1.2.34 konstruiert wurden.

4.2.1 Abbildungsgrad für endlich-dimensionale Vektorräume

Bisher haben wir einen Abbildungsgrad auf $\mathbb{R}^d$ definiert. Jetzt wollen wir dies auf beliebige endlich-dimensionale normierte Vektorräume verallgemeinern. Sei X ein normierter Vektorraum mit $\dim X < \infty$. Dann gibt es eine Zahl $d \in \mathbb{N}$ und einen *isometrischen Isomorphismus* $\mathbf{h} \colon X \to \mathbb{R}^d$, d.h. $\mathbf{h}$ ist eine stetige, lineare, bijektive Abbildung mit $|\mathbf{h}(x)|_{\mathbb{R}^d} = \|x\|_X$ und stetiger Inverse.

Sei $f \colon \overline{\Omega} \subseteq X \to X$ eine stetige Abbildung, wobei die Menge Ω offen und beschränkt ist, und sei $p \notin f(\partial\Omega)$. Wir definieren den **Abbildungsgrad** der Abbildung f bezüglich Ω und p durch[2]

$$d_X(f, \Omega, p) := d_{\mathbb{R}^d}\big(\mathbf{h} \circ f \circ \mathbf{h}^{-1}, \mathbf{h}(\Omega), \mathbf{h}(p)\big)\,. \qquad (2.2)$$

2.3 Lemma. *Die Definition* (2.2) *ist unabhängig von der Wahl von* $\mathbf{h}$.

Beweis. O.B.d.A. sei $p = 0$. Seien $\mathbf{h}_i \colon X \to \mathbb{R}^d$, $i = 1, 2$, zwei isometrische Isomorphismen. Aufgrund der Theorie, die wir im Abschnitt 4.1 entwickelt haben, können wir annehmen, dass $f \in C^1(\Omega; X) \cap C(\overline{\Omega}; X)$ und dass das Urbild von $\mathbf{h}_1(0)$ unter der Abbildung $\mathbf{h}_1 \circ f \circ \mathbf{h}_1^{-1}$ nur reguläre Punkte enthält. Dann ist $\mathbf{h} := \mathbf{h}_2 \circ \mathbf{h}_1^{-1} \colon \mathbb{R}^d \to \mathbb{R}^d$ ein isometrischer Isomorphismus von $\mathbb{R}^d$ auf $\mathbb{R}^d$, und insbesondere gilt $|J(\mathbf{h})| = 1$. Da das Urbild von $\mathbf{h}_1(0)$ unter der Abbildung $\mathbf{h}_1 \circ f \circ \mathbf{h}_1^{-1}$ nur reguläre Punkte enthält, enthält auch das Urbild

---

[2] Wir benutzen hier auch für die Inverse der Abbildung $\mathbf{h} \colon X \to \mathbb{R}^d$ die Vektorschreibweise $\mathbf{h}^{-1} \colon \mathbb{R}^d \to X$, obwohl dieses keine Abbildung nach $\mathbb{R}^d$ ist.

von $\mathbf{h}(\mathbf{h}_1(0)) = \mathbf{h}_2(0)$ unter der Abbildung $\mathbf{h} \circ \mathbf{h}_1 \circ f \circ \mathbf{h}_1^{-1} \circ \mathbf{h}^{-1} = \mathbf{h}_2 \circ f \circ \mathbf{h}_2^{-1}$ nur reguläre Punkte. Sei φ eine Funktion mit den Eigenschaften aus Lemma 1.12. Dann gilt aufgrund von Lemma 1.12, des Transformationssatzes A.11.17 und der Eigenschaften der Isometrie $\mathbf{h}$, insbesondere $|J(\mathbf{h})| = 1$, $\mathbf{h} \circ \mathbf{h}_1 = \mathbf{h}_2$ und $|\mathbf{h}(z)| = |z|$:

$$d_{\mathbb{R}^d}\big(\mathbf{h}_1 \circ f \circ \mathbf{h}_1^{-1}, \mathbf{h}_1(\Omega), \mathbf{h}_1(0)\big) = \int_{\mathbf{h}_1(\Omega)} \varphi\big(|\mathbf{h}_1 \circ f \circ \mathbf{h}_1^{-1}(x)|\big) J\big(\mathbf{h}_1 \circ f \circ \mathbf{h}_1^{-1}\big)(x)\, dx$$

$$= \int_{\mathbf{h}(\mathbf{h}_1(\Omega))} \varphi\big(|\mathbf{h}_1 \circ f \circ \mathbf{h}_1^{-1} \circ \mathbf{h}^{-1}(y)|\big) J\big(\mathbf{h}_1 \circ f \circ \mathbf{h}_1^{-1}\big)\big(\mathbf{h}^{-1}(y)\big)\, dy$$

$$= \int_{\mathbf{h}_2(\Omega)} \varphi\big(|\mathbf{h}_1 \circ f \circ \mathbf{h}_2^{-1}(y)|\big) J\big(\mathbf{h}_1 \circ f \circ \mathbf{h}_1^{-1}\big)\big(\mathbf{h}^{-1}(y)\big)\, dy$$

$$= \int_{\mathbf{h}_2(\Omega)} \varphi\big(|\mathbf{h}_2 \circ f \circ \mathbf{h}_2^{-1}(y)|\big) J\big(\mathbf{h}_1 \circ f \circ \mathbf{h}_1^{-1}\big)\big(\mathbf{h}^{-1}(y)\big)\, dy \qquad (2.4)$$

$$= \int_{\mathbf{h}_2(\Omega)} \varphi\big(|\mathbf{h}_2 \circ f \circ \mathbf{h}_2^{-1}(x)|\big) J\big(\mathbf{h}_2 \circ f \circ \mathbf{h}_2^{-1}\big)(y)\, dy$$

$$= d_{\mathbb{R}^d}\big(\mathbf{h}_2 \circ f \circ \mathbf{h}_2^{-1}, \mathbf{h}_2(\Omega), \mathbf{h}_2(0)\big)\,,$$

wobei wir auch benutzt haben, dass

$$J\big(\mathbf{h}_2 \circ f \circ \mathbf{h}_2^{-1}\big)(y)$$
$$= J\big(\mathbf{h} \circ \mathbf{h}_1 \circ f \circ \mathbf{h}_1^{-1} \circ \mathbf{h}^{-1}\big)(y)$$
$$= J(\mathbf{h})\big(\mathbf{h}_1 \circ f \circ \mathbf{h}_1^{-1} \circ \mathbf{h}^{-1}(y)\big) \cdot J\big(\mathbf{h}_1 \circ f \circ \mathbf{h}_1^{-1}\big)\big(\mathbf{h}^{-1}(y)\big) \cdot J\big(\mathbf{h}^{-1}\big)(y)$$
$$= J\big(\mathbf{h}_1 \circ f \circ \mathbf{h}_1^{-1}\big)\big(\mathbf{h}^{-1}(y)\big)\,,$$

da für alle $y, z \in \mathbb{R}^d$ gilt $J(\mathbf{h})(y)\, J(\mathbf{h}^{-1})(z) = 1$. Also folgt die Behauptung aus (2.4), mithilfe von Approximationsargumenten und der Theorie, die wir in Abschnitt 4.1 entwickelt haben. ∎

2.5 Satz (Reduktion). *Sei $\Omega \subseteq \mathbb{R}^d$ offen und beschränkt. Sei $m < d$ und $\mathbb{R}^m \subseteq \mathbb{R}^d$, d.h. der Raum $\mathbb{R}^m$ wird identifiziert mit dem Teilraum des $\mathbb{R}^d$, für dessen Elemente x gilt:*

$$x_{m+1} = \ldots = x_d = 0\,.$$

Sei $\mathbf{f}\colon \overline{\Omega} \to \mathbb{R}^m$ stetig und $\mathbf{g}\colon \overline{\Omega} \to \mathbb{R}^d$ definiert durch

$$\mathbf{g}(x) := x + \mathbf{f}(x)\,, \quad x \in \overline{\Omega}\,.$$

Dann gilt für alle $\mathbf{p} \in \mathbb{R}^m$ mit $\mathbf{p} \notin \mathbf{g}(\partial\Omega)$:

$$d_{\mathbb{R}^d}(\mathbf{g}, \Omega, \mathbf{p}) = d_{\mathbb{R}^m}\big(\mathbf{g}|_{\overline{\Omega} \cap \mathbb{R}^m}, \Omega \cap \mathbb{R}^m, \mathbf{p}\big)\,.$$

Beweis. Es ist leicht zu sehen, dass $\mathbf{g}(\overline{\Omega} \cap \mathbb{R}^m) \subseteq \mathbb{R}^m$ gilt und somit die rechte Seite in obiger Formel wohldefiniert ist. Sei $\mathbf{f} \in C(\overline{\Omega}; \mathbb{R}^m) \cap C^1(\Omega; \mathbb{R}^m)$ und sei $\mathbf{p} \in \mathbb{R}^m$ derart, dass $\mathbf{f}^{-1}(\mathbf{p})$ nur reguläre Punkte enthält. Sei nun $x \in \Omega$ ein Urbild von $\mathbf{p}$ bzgl. $\mathbf{g}$, d.h. $\mathbf{g}(x) = x + \mathbf{f}(x) = \mathbf{p} \in \mathbb{R}^m$. Diese Gleichung kann man auch schreiben als $x = \mathbf{p} - \mathbf{f}(x) \in \mathbb{R}^m$, d.h. $x \in \mathbb{R}^m$ und x liegt auch im Urbild von $\mathbf{p}$ bzgl. $\mathbf{g}|_{\overline{\Omega} \cap \mathbb{R}^m}$. Somit gilt $\mathbf{g}^{-1}(\mathbf{p}) = (\mathbf{g}|_{\overline{\Omega} \cap \mathbb{R}^m})^{-1}(\mathbf{p})$. Zu zeigen ist nun, dass $J(\mathbf{g})(x) = J(\mathbf{g}|_{\overline{\Omega} \cap \mathbb{R}^m})(x)$. Dazu müssen wir die jeweiligen Gradienten berechnen. Es gilt:

$$\nabla \mathbf{g}|_{\overline{\Omega} \cap \mathbb{R}^m}(x) = \mathsf{I}_m + \left(\partial_j f^i\right)_{i,j=1,\dots,m},$$

$$\nabla \mathbf{g}(x) = \left(\begin{array}{c|c} \mathsf{I}_m + \left(\partial_j f^i\right)_{i,j=1,\dots,m} & \left(\partial_k f^i\right)_{\substack{i=1,\dots,m \\ k=m+1,\dots,d}} \\ \hline 0 & \mathsf{I}_{d-m} \end{array} \right),$$

wobei I_k, $k \in \mathbb{N}$, die k-dimensionale Einheitsmatrix ist. Entwicklung nach der „rechten unteren Ecke" liefert $J(\mathbf{g})(x) = J(\mathbf{g}|_{\overline{\Omega} \cap \mathbb{R}^m})(x)$. Somit folgt aus der Definition 1.3 die Behauptung für $\mathbf{f} \in C(\overline{\Omega}; \mathbb{R}^m) \cap C^1(\Omega; \mathbb{R}^m)$ und $\mathbf{p}$ derart, dass $\mathbf{f}^{-1}(\mathbf{p})$ nur reguläre Punkte enthält. Aus der Theorie des Abschnittes 4.1 folgt daher die Behauptung im allgemeinen Fall. ∎

4.2.2 Konstruktion des Abbildungsgrades von Leray–Schauder

Wir wollen nun einen Abbildungsgrad für *kompakte Perturbationen* der Identität definieren. In diesem Abschnitt sei X ein Banachraum und $M \subseteq X$ immer eine beschränkte, offene Menge. Ferner sei

$$T : \overline{M} \subseteq X \to X$$

ein kompakter Operator mit

$$0 \notin (I - T)(\partial M),$$

wobei $I : X \to X$ die Identität ist.

Der Einfachheit halber definieren wir den Abbildungsgrad nur für den Punkt 0. Es ist jedoch kein Problem, den Begriff des Abbildungsgrades auf beliebige Punkte $p \in X$ zu erweitern.

Zuerst zeigen wir, dass eine positive Zahl $r > 0$ existiert, so dass für alle $x \in \partial M$ gilt:

$$\|x - Tx\|_X \geq r. \tag{2.6}$$

Angenommen die Behauptung gilt nicht. Dann gäbe es eine Folge $(x_n) \subseteq \partial M$ mit

$$\|x_n - Tx_n\|_X \to 0 \quad (n \to \infty).$$

Da die Menge M beschränkt und der Operator T kompakt ist, gibt es ein $x_0 \in X$ und eine Teilfolge, die wiederum mit (x_n) bezeichnet wird, so dass $Tx_n \to x_0$ in X $(n \to \infty)$. Damit folgt

$$\|x_n - x_0\|_X \leq \|x_n - Tx_n\|_X + \|Tx_n - x_0\|_X.$$

Beide Summanden auf der rechten Seite konvergieren gegen 0 für $n \to \infty$, also gilt $x_n \to x_0$ in X ($n \to \infty$). Somit erhalten wir

$$x_0 = \lim_{n \to \infty} Tx_n = Tx_0 \,,$$

wobei wir auch die Stetigkeit von T benutzt haben. Wir haben also gezeigt, dass $x_0 - Tx_0 = 0$ gilt, wobei $x_0 \in \partial M$, da ∂M eine abgeschlossene Menge ist. Dies ist aber ein Widerspruch zur Voraussetzung $0 \notin (I - T)(\partial M)$. Also muss (2.6) gelten.

Sei nun $P : \overline{M} \to X$ ein kompakter Operator mit endlich-dimensionalen Bildbereich, so dass für alle $x \in \overline{M}$ gilt:

$$\|Px - Tx\|_X \le \frac{r}{2} \,. \tag{2.7}$$

Die Existenz eines solchen Operators folgt sofort aus (2.1). Wir bezeichnen den kleinsten linearen, endlich-dimensionalen Unterraum von X, der den Bildraum $R(P)$ enthält, mit $\hat{X}$, d.h. $\hat{X} := \mathrm{span}\,(R(P))$. Man sieht sofort, dass $\hat{X} \cap M =: \hat{M}$ eine offene, beschränkte Menge in $\hat{X}$ ist, für die $\partial \hat{M} \subseteq \partial M$ gilt. Weiterhin haben wir $(I - P)(\hat{M}) \subseteq \hat{X}$ und aus (2.6) und (2.7) folgt:

$$\inf_{x \in \partial M} \|x - Px\|_X \ge \inf_{x \in \partial M} \left(\|x - Tx\|_X - \|Tx - Px\|_X \right) \ge r - \frac{r}{2} = \frac{r}{2} > 0 \,,$$

d.h. $0 \notin (I - P)(\partial \hat{M})$. Somit können wir $d_{\hat{X}}(I - P, \hat{M}, 0)$ wie in (2.2) definieren. Den **Leray–Schauder Abbildungsgrad** von $I - T$ bezüglich M und 0 definieren wir dann durch

$$d_X(I - T, M, 0) := d_{\hat{X}}(I - P, \hat{M}, 0) \,. \tag{2.8}$$

Um diese Definition zu rechtfertigen, müssen wir zeigen, dass der Wert unabhängig von der Wahl von P ist.

Seien dazu P_1 und P_2 zwei kompakte Operatoren mit endlich-dimensionalen Bildbereich, so dass für alle $x \in \overline{M}$, $i = 1, 2$ gilt:

$$\|P_i x - Tx\|_X \le \frac{r}{2} \,.$$

Außerdem seien X_i die zugehörigen linearen, endlich-dimensionalen Unterräume von X, und X_m sei der kleinste lineare Unterraum von X, der sowohl X_1 und als auch X_2 enthält. Aus dem Reduktionssatz 2.5 folgt

$$d_{X_i}(I - P_i, M_i, 0) = d_{X_m}(I - P_i, M_m, 0) \,, \quad i = 1, 2 \,, \tag{2.9}$$

wobei $M_i := X_i \cap M$, $i = 1, 2$, und $M_m := X_m \cap M$. Wir betrachten die Homotopie $H : M_m \times [0, 1] \to X_m$, definiert durch

$$H(x, t) := t(I - P_1)(x) + (1 - t)(I - P_2)(x) \,.$$

Offenbar ist H stetig und es gilt für alle $x \in \partial M$:

$$
\begin{aligned}
\|H(x,t) - (I - T)(x)\|_X &= \|H(x,t) - (t + (1 - t))(I - T)(x)\|_X \\
&\leq t\|(I - P_1)(x) - (I - T)(x)\|_X \\
&\quad + (1 - t)\|(I - P_2)(x) - (I - T)(x)\|_X \\
&\leq t\frac{r}{2} + (1 - t)\frac{r}{2} = \frac{r}{2}.
\end{aligned}
$$

Somit erhalten wir, mithilfe von (2.6), dass für alle $t \in [0,1]$ und alle $x \in \partial M$ gilt:

$$
\begin{aligned}
\|H(x,t)\|_X &\geq \|(I - T)(x)\|_X - \|H(x,t) - (I - T)(x)\|_X \\
&\geq r - \frac{r}{2} > 0.
\end{aligned}
$$

Daher folgt nach Satz 1.43 (Homotopieeigenschaft des Abbildungsgrades in X_m), dass $d_{X_m}(H(\cdot, t), M_m, 0)$ auf $[0,1]$ konstant ist. Insbesondere erhalten wir

$$
d_{X_m}(I - P_2, M_m, 0) = d_{X_m}(I - P_1, M_m, 0).
$$

Dies und (2.9) ergeben also

$$
d_{X_1}(I - P_1, M_1, 0) = d_{X_2}(I - P_2, M_2, 0),
$$

somit ist die rechte Seite in (2.8) unabhängig von der Wahl des Operators P, der (2.7) erfüllt.

Aus (2.1) folgt, dass ein $n_0 \in \mathbb{N}$ existiert, so dass die Schauder–Operatoren P_n für alle $n \geq n_0$ die Bedingung (2.7) erfüllen. Die vorherigen Rechnungen zeigen, dass die Folge $(d_{X_n}(I - P_n, M_n, 0))$, wobei $X_n := \mathrm{span}\,(R(P_n))$, $M_n := X_n \cap M$, konstant ist. Somit kann man den Leray–Schauder Abbildungsgrad von $I - T$ bezüglich M und 0 äquivalent durch

$$
d_X(I - T, M, 0) := \lim_{n \to \infty} d_{X_n}(I - P_n, M_n, 0) \tag{2.10}
$$

definieren. Da die Schauder–Operatoren P_n den Operator T gleichmäßig approximieren (cf. (2.1)), liefert dies eine weitere Rechtfertigung für unsere Definition in (2.8).

4.2.3 Eigenschaften des Abbildungsgrades von Leray–Schauder

Jetzt zeigen wir, dass der Abbildungsgrad von Leray–Schauder dieselben Eigenschaften hat wie der Abbildungsgrad von Brouwer.

2.11 Satz. *Falls $d_X(I - T, M, 0) \neq 0$, dann gibt es ein $x_0 \in M$ mit*

$$
Tx_0 = x_0.
$$

Beweis. Wir wählen Schauder–Operatoren P_n. Nach der äquivalenten Charakterisierung des Abbildungsgrades (cf. (2.10)) gibt es ein $n_0 \in \mathbb{N}$, so dass für alle $n \geq n_0$ gilt:

$$d_{X_n}(I - P_n, M_n, 0) \neq 0.$$

Daher folgt aus Satz 1.42, dass es Elemente $x_n \in M_n$ gibt mit $P_n x_n = x_n$. Für die Folge (x_n) gilt aufgrund von (2.1):

$$\|x_n - Tx_n\|_X \leq \|x_n - P_n x_n\|_X + \|P_n x_n - Tx_n\|_X$$
$$\leq 0 + \frac{1}{n}.$$

Da T kompakt ist und die Folge $(x_n) \subseteq M_n \subseteq M$ beschränkt ist, gibt es eine Teilfolge, wiederum mit (x_n) bezeichnet, und einen Punkt $y \in X$, so dass $Tx_n \to y$ in X $(n \to \infty)$. Aus obiger Abschätzung folgt, dass $x_n \to y$ in X $(n \to \infty)$ und somit $y \in \overline{M}$, da $(x_n) \subseteq M$. Da T stetig ist, gilt außerdem $Tx_n \to Ty$ in X $(n \to \infty)$. Wegen der Eindeutigkeit des Grenzwertes impliziert dies $Ty = y$. Da $0 \notin (I - T)(\partial M)$ ist, gilt also $y \in \overline{M} \setminus \partial M = M$. $\blacksquare$

2.12 Definition. *Für* $t \in [0,1]$ *seien die Operatoren* $T(t) \colon N \subseteq X \to X$ *kompakt. Dann ist* $T \colon t \mapsto T(t)$ *genau dann eine* **Homotopie,** *wenn für alle* $\varepsilon > 0$ *und alle beschränkten Teilmengen* $G \subseteq N$ *ein* $\delta > 0$ *existiert, so dass für alle* t_1, t_2 *mit* $|t_1 - t_2| < \delta$ *und alle* $x \in G$ *gilt:*

$$\|T(t_1)(x) - T(t_2)(x)\|_X \leq \varepsilon.$$

2.13 Satz. *Sei* T *eine Homotopie auf* $\overline{M}$, *wobei* M *eine offene, beschränkte Teilmenge von* X *ist. Sei ferner* $T(t)(x) \neq x$ *für alle* $t \in [0,1]$ *und alle* $x \in \partial M$. *Dann hat für alle* $t \in [0,1]$ *der Abbildungsgrad* $d_X(I - T(t), M, 0)$ *denselben Wert.*

Beweis. 1. Zuerst zeigen wir, dass eine Zahl $r > 0$ existiert, so dass für alle $t \in [0,1]$ und alle $x \in \partial M$ gilt:

$$\|(I - T(t))(x)\|_X \geq r.$$

Angenommen dies sei nicht so, dann würden Folgen $(x_n) \subset \partial M$ und $(t_n) \subseteq [0,1]$ existieren, so dass

$$x_n - T(t_n)(x_n) = y_n, \tag{2.14}$$

mit $\|y_n\|_X \leq \frac{1}{n}$. Aus $(x_n) \subseteq \partial M$ und der Beschränktheit von M folgt, dass auch die Folge (x_n) beschränkt ist. Weiterhin folgt aus $(t_n) \subset [0,1]$ die Existenz einer Teilfolge, wiederum mit (t_n) bezeichnet, und eines Punktes $t_0 \in [0,1]$ mit $t_n \to t_0$ $(n \to \infty)$. Da der Operator $T(t_0)$ kompakt ist, folgt für eine Teilfolge, wiederum mit (x_n) bezeichnet, $T(t_0)(x_n) \to y \in X$ $(n \to \infty)$. Dies impliziert zusammen mit Definition 2.12 im Grenzübergang $n \to \infty$

$$\|T(t_n)(x_n) - y\|_X \le \|T(t_n)(x_n) - T(t_0)(x_n)\|_X + \|T(t_0)(x_n) - y\|_X \to 0\,.$$

Also erhalten wir $T(t_n)(x_n) \to y$ in X $(n \to \infty)$. Dies, zusammen mit (2.14) und $y_n \to 0$ in X $(n \to \infty)$, liefert: $x_n \to y \in \partial M$ $(n \to \infty)$. Die Stetigkeit von $T(t_0)$ impliziert dann $T(t_0)(x_n) \to T(t_0)(y)$ in X $(n \to \infty)$. Insgesamt erhalten wir

$$\|T(t_n)(x_n) - T(t_0)(y)\|_X$$
$$\le \|T(t_n)(x_n) - T(t_0)(x_n)\|_X + \|T(t_0)(x_n) - T(t_0)(y)\|_X \to 0 \quad (n \to \infty)\,,$$

d.h. $T(t_n)(x_n) \to T(t_0)(y)$ in X $(n \to \infty)$. Wenn wir daher in (2.14) den Grenzübergang $n \to \infty$ durchführen, erhalten wir

$$y - T(t_0)(y) = 0\,,$$

wobei $y \in \partial M$. Dies ist aber ein Widerspruch zur Voraussetzung des Satzes.

2. Wir wählen nun ein festes $t_1 \in [0,1]$ und Schauder–Operatoren P_n für $T(t_1)$. Da diese (2.1) erfüllen, gibt es ein $n_0 \in \mathbb{N}$, so dass für $n \ge n_0$ und alle $x \in \overline{M}$ gilt:

$$\|P_n(x) - T(t_1)(x)\|_X \le \frac{r}{4}\,.$$

Da T eine Homotopie ist, gibt es ein $\delta > 0$, so dass für alle t mit $|t - t_1| < \delta$ und alle $x \in \overline{M}$ gilt:

$$\|T(t_1)(x) - T(t)(x)\|_X \le \frac{r}{4}\,.$$

Daher haben wir für alle t mit $|t - t_1| < \delta$, alle $x \in \overline{M}$ und alle $n \ge n_0$

$$\|P_n(x) - T(t)(x)\|_X \le \|P_n(x) - T(t_1)(x)\|_X + \|T(t_1)(x) - T(t)(x)\|_X \le \frac{r}{2}\,,$$

d.h. die Schauder–Operatoren P_n erfüllen (2.7) auch für die Operatoren $T(t)$, $t \in (t_1 - \delta, t_1 + \delta)$. Aus der Definition des Abbildungsgrades von Leray–Schauder (2.8) folgt

$$d_{X_n}(I - P_n, M_n, 0) = d_X(I - T(t), M, 0)\,,$$

wobei $M_n = M \cap X_n$ und $X_n = \text{span}\,(R(P_n))$. Da dies für alle t mit $|t - t_1| < \delta$ gilt, ist der Abbildungsgrad $d_X(I - T(t), M, 0)$ konstant auf dem Intervall $(t_1 - \delta, t_1 + \delta)$. Nun ist $[0,1] \subseteq \bigcup_{t_1 \in [0,1]}(t_1 - \delta, t_1 + \delta)$. Da $[0,1]$ kompakt ist, gibt es $t_1, \ldots, t_m$ mit $[0,1] \subseteq \bigcup_{j=1}^m (t_j - \delta, t_j + \delta)$. Also hat für alle $t \in [0,1]$ der Abbildungsgrad $d_X(I - T(t), M, 0)$ denselben Wert.   ∎

2.15 Satz (Schauder). *Sei $M \subseteq X$ eine nichtleere, offene, konvexe, beschränkte Teilmenge und sei $T\colon \overline{M} \to \overline{M}$ ein kompakter Operator. Dann hat T einen Fixpunkt, d.h. es gibt ein $x_0 \in \overline{M}$ mit $T(x_0) = x_0$.*

Beweis. Die Menge $\overline{M}$ ist homöomorph zur abgeschlossenen Einheitskugel $\overline{B_1(0)} \subseteq X$, d.h. es existiert ein Homöomorphismus $h \colon \overline{B_1(0)} \to \overline{M}$. Der Operator $h^{-1} \circ T \circ h \colon \overline{B_1(0)} \to \overline{B_1(0)}$ ist offensichtlich kompakt und die Abbildung

$$H(x,t) = t\,h^{-1} \circ T \circ h(x)$$

ist offensichtlich eine Homotopie im Sinne von Definition 2.12. Nehmen wir an, dass $h^{-1} \circ T \circ h$ keinen Fixpunkt besitzt. Analog zum Beweis des Satzes von Brouwer 1.47 zeigt man dann, dass für alle $x \in \partial B_1(0)$ und alle $t \in [0,1]$ gilt $H(x,t) \neq x$. Satz 2.13 liefert also

$$1 = d_X(I, B_1(0), 0) = d_X(I - h^{-1} \circ T \circ h, B_1(0), 0)\,,$$

und somit folgt aus Satz 2.11 die Existenz eines Punktes $y \in B_1(0)$ mit $h^{-1} \circ T \circ h(y) = y$. Dies ist ein Widerspruch zu unserer Annahme. Folglich besitzt $h^{-1} \circ T \circ h$ einen Fixpunkt $y_0 \in \overline{B_1(0)}$, woraus folgt, dass $x_0 = h(y_0)$ ein Fixpunkt von T ist. ∎

2.16 Satz (Borsuk). *Sei $M \subseteq X$ eine beschränkte, offene, symmetrische Teilmenge mit $0 \in M$ und sei $T \colon \overline{M} \to \overline{M}$ ein ungerader, kompakter Operator. Ferner sei $T(x) \neq x$ für alle $x \in \partial M$. Dann ist $d(I - T, M, 0)$ ungerade.*

Beweis. Da die Menge $\overline{T(M)}$ kompakt ist, existiert ein endliches ε-Netz $v_1, \ldots, v_p$ (cf. Abschnitt A.2). Wir setzen $v_{p+1} := -v_1, \ldots, v_{2p} := -v_p$, sowie $v_{2p+1} := v_1, \ldots, v_{3p} := v_p$ und definieren

$$P_n(x) := \frac{\sum\limits_{i=1}^{2p} m_i(Tx)v_i}{\sum\limits_{i=1}^{2p} m_i(Tx)}\,,$$

wobei

$$m_i(x) := \begin{cases} \varepsilon - \|x - v_i\|_X & \text{für } \|x - v_i\|_X \leq \varepsilon\,, \\ 0 & \text{für } \|x - v_i\|_X > \varepsilon\,. \end{cases}$$

Sei $X_n := \operatorname{span}(R(P_n))$. Man sieht leicht ein, dass $M \cap X_n$ symmetrisch ist und dass $P_n \rightrightarrows T$ $(n \to \infty)$ (cf. Beweis von Satz 1.2.34). Außerdem sind die Schauder-Operatoren P_n ungerade. In der Tat haben wir

$$P_n(x) = \frac{\sum\limits_{i=1}^{2p} m_i(Tx)v_i}{\sum\limits_{i=1}^{2p} m_i(Tx)} = \frac{-\sum\limits_{i=1}^{2p} m_{i+p}(T(-x))v_{i+p}}{\sum\limits_{i=1}^{2p} m_{i+p}(T(-x))}\,, \tag{2.17}$$

denn $v_i = -v_{i+p}$, $i = 1, \ldots, 2p$, $Tx = -T(-x)$, und somit

$$\|Tx - v_i\|_X = \|-T(-x) - v_i\|_X = \|T(-x) - v_{i+p}\|_X\,.$$

Da $v_i = v_{i+2p}$, $i = 1, \ldots, p$, gilt auch $m_i = m_{i+2p}$, $i = 1, \ldots, p$, und man erhält

$$
\sum_{i=1}^{2p} m_i(Tx)v_i = \sum_{i=1}^{p} m_{i+2p}(Tx)v_{i+2p} + \sum_{i=p+1}^{2p} m_i(Tx)v_i
$$

$$
= \sum_{i=p+1}^{2p} m_{i+p}(Tx)v_{i+p} + \sum_{i=1}^{p} m_{i+p}(Tx)v_{i+p}
$$

$$
= \sum_{i=1}^{2p} m_{i+p}(Tx)v_{i+p} \,.
$$

Analog kann man zeigen, dass auch

$$
\sum_{i=1}^{2p} m_i(Tx) = \sum_{i=1}^{2p} m_{i+p}(Tx)
$$

gilt. Also kann man $P_n(x)$ auch schreiben als

$$
P_n(x) = \frac{\displaystyle\sum_{i=1}^{2p} m_{i+p}(Tx)v_{i+p}}{\displaystyle\sum_{i=1}^{2p} m_{i+p}(Tx)} \,,
$$

und wir erhalten aus (2.17), dass

$$
P_n(x) = -P_n(-x) \,.
$$

Mit dem Satz von Borsuk 1.45 folgt, dass $d_{X_n}(I - P_n, M_n, 0)$ ungerade ist. Demnach ist aufgrund der Definition des Abbildungsgrades $d_X(I - T, M, 0)$ ungerade.   ∎

4.2.4 Quasilineare elliptische Gleichungen III

Diesmal wollen wir quasilineare elliptische Gleichungen in Räumen Hölderstetiger Funktionen $C^{k,\alpha}(\overline{\Omega})$ betrachten. Dazu betrachten wir zuerst die *lineare* Gleichung

$$
Au = f \,, \tag{2.18}
$$

wobei X, Y Banachräume sind, $A : X \to Y$ ein linearer Operator ist und $f \in Y$ ein gegebenes Element. Für einen weiteren linearen Operator $B : X \to Y$ setzen wir

$$
D_t u := tAu + (1-t)Bu \,, \qquad 0 \leq t \leq 1 \,. \tag{2.19}
$$

Anstelle von (2.18) betrachten wir die Schar von Problemen: Für alle $t \in [0,1]$ suchen wir eine Lösung $u = u_t \in X$ von

$$D_t \, u = f \, . \tag{2.20}$$

2.21 Satz. *Seien X, Y Banachräume und seien $A, B : X \to Y$ stetige, lineare Operatoren. Es gebe eine Konstante $c_0 > 0$, die unabhängig von $f \in Y$ und $t \in [0,1]$ ist, so dass für alle Lösungen $u \in X$ von (2.20) für beliebige $f \in Y$ und beliebige $t \in [0,1]$ die apriori Abschätzung*

$$\|u\|_X \le c_0 \, \|f\|_Y \tag{2.22}$$

gilt. Ferner habe das Problem (2.20) für $t = 0$ und alle $f \in Y$ eine eindeutige Lösung. Dann hat auch das Problem (2.18) für alle $f \in Y$ eine eindeutige Lösung.

Beweis. 1. Sei N die Menge der $t \in [0,1]$, für welche das Problem (2.20) für alle $f \in Y$ eine eindeutige Lösung besitzt. Offensichtlich ist $0 \in N$ und wir wollen zeigen, dass auch $1 \in N$ ist. Sei $\tau > 0$ so gewählt, dass

$$k := \tau c_0 \left(\|A\|_{L(X,Y)} + \|B\|_{L(X,Y)} \right) < 1 \, .$$

Wir werden zeigen, dass dann die Implikation

$$s \in N \quad \Rightarrow \quad [s, s+\tau] \cap [0,1] \subseteq N \tag{2.23}$$

gilt. Da τ unabhängig von s ist, können wir in endlich vielen Schritten von 0 zu 1 gelangen, d.h. $1 \in N$.

2. Es bleibt zu zeigen, dass (2.23) gilt. Das Problem (2.20) für $t = s + \tau\delta$, $\delta \in [0,1]$ lässt sich aufgrund der Definition (2.19) von D_t schreiben als

$$D_s u = f - \delta\tau A u + \delta\tau B u \, . \tag{2.24}$$

Da $s \in N$, existiert der inverse Operator $D_s^{-1} : Y \to X$, der linear ist und für den aufgrund von (2.22) gilt:

$$\|D_s^{-1}\|_{L(Y,X)} \le c_0 \, .$$

Also ist (2.24) äquivalent zu

$$u = D_s^{-1}(f - \delta\tau A u + \delta\tau B u) =: C u \, . \tag{2.25}$$

Für $C : X \to X$ gilt:

$$\|Cu - Cv\|_X \le \delta \, \tau \, c_0 \left(\|A\|_{L(X,Y)} + \|B\|_{L(X,Y)} \right) \|u - v\|_X \le k \, \|u - v\|_X \, ,$$

denn $\delta \in [0,1]$. Da $k < 1$ liefert somit der Banachsche Fixpunktsatz 1.1.4, dass die Gleichung (2.25) für alle $\delta \in [0,1]$ eine eindeutige Lösung besitzt, d.h. $[s, s+\tau] \cap [0,1] \subseteq N$. ∎

Wir wollen Satz 2.21 anwenden um zu zeigen, dass das lineare elliptische Problem

$$(Lu)(x) := - \sum_{i,j=1}^{d} a_{ij}(x)\, \partial_i \partial_j u(x) = f(x) \qquad \text{in } \Omega\,, \qquad (2.26)$$
$$u = 0 \qquad \text{auf } \partial\Omega\,,$$

eine Lösung besitzt.

2.27 Satz (Schauder 1934). *Sei Ω ein beschränktes Gebiet des $\mathbb{R}^d$ mit Rand $\partial\Omega \in C^{2,\alpha}, \alpha \in (0,1)$. Seien ferner $f, a_{ij} \in C^{0,\alpha}(\overline{\Omega}), i,j = 1,\ldots,d$ und gelte*

$$\|a_{i,j}\|_{C^{0,\alpha}} \le c_1\,, \qquad i,j = 1,\ldots,d\,. \qquad (2.28)$$

Der Operator L sei elliptisch, d.h. es existiert ein $\lambda_0 > 0$, so dass für alle $x \in \overline{\Omega}$ und $\zeta \in \mathbb{R}^d$ gilt:

$$\sum_{i,j=1}^{d} a_{ij}(x)\zeta^i \zeta^j \ge \lambda_0 |\zeta|^2\,. \qquad (2.29)$$

Dann besitzt das Problem (2.26) eine eindeutige Lösung $u \in C^{2,\alpha}(\overline{\Omega})$, die der Abschätzung

$$\|u\|_{C^{2,\alpha}} \le c_2(c_1,\lambda_0)\, \|f\|_{C^{0,\alpha}} \qquad (2.30)$$

genügt.

Da die Lösung u vom Problem (2.26) im Raum $C^{2,\alpha}(\overline{\Omega})$ liegt, also insbesondere stetig bis zum Rand ist, ist die Randbedingung $(2.26)_2$ automatisch erfüllt.

Der Beweis von Satz 2.27 beruht auf folgenden zwei Beobachtungen:

(i) Für die Laplace–Gleichung gilt die Behauptung des Satzes, d.h. für alle $f \in C^{0,\alpha}(\overline{\Omega})$ existiert eine eindeutige Lösung $u \in C^{2,\alpha}(\overline{\Omega})$ von

$$-\Delta u = f \qquad \text{in } \Omega\,,$$
$$u = 0 \qquad \text{auf } \partial\Omega\,,$$

die der Abschätzung

$$\|u\|_{C^{2,\alpha}} \le c_3(c_1,\lambda_0)\, \|f\|_{C^{0,\alpha}} \qquad (2.31)$$

genügt. Der Beweis dieser Aussage sprengt den Rahmen dieses Buches. Man kann ihn in [16] oder [5] nachlesen.

(ii) Für das Problem (2.26) gelten *Schauder–Abschätzungen*, d.h. falls a_{ij}, $i,j = 1,\ldots,d$, die Bedingungen von Satz 2.27 erfüllen und $u \in C^{2,\alpha}(\overline{\Omega})$ eine Lösung von (2.26) ist, dann gilt:

$$\|u\|_{C^{2,\alpha}} \le c_2(c_1,\lambda_0)\, \|f\|_{C^{0,\alpha}}\,. \qquad (2.32)$$

Man beachte, dass die Schauder–Abschätzungen (2.32) keine Aussage über die Existenz von Lösungen enthalten. Auch der Beweis dieser Aussage kann in [16] nachgelesen werden.

Beweis (Satz 2.27). Wir wollen Satz 2.21 anwenden. Dazu setzen wir $X := C^{2,\alpha}(\overline{\Omega})$, $Y := C^{0,\alpha}(\overline{\Omega})$, $Bu := -\Delta u$ und $Au := Lu$. Wir müssen also die apriori Abschätzung (2.22) für den Operator D_t, definiert in (2.20), herleiten. Dazu benötigen wir die folgenden Eigenschaften Hölder-stetiger Funktionen: Seien $g, h \in C^{0,\alpha}(\overline{\Omega})$, dann ist auch $g\,h \in C^{0,\alpha}(\overline{\Omega})$. Dies folgt sofort aus

$$|g(x)\,h(x) - g(y)\,h(y)| = \big|g(x)\big(h(x) - h(y)\big) + h(y)\big(g(x) - g(y)\big)\big|$$
$$\leq c\,|g(x)|\,|x - y|^{\alpha} + c\,|h(y)|\,|x - y|^{\alpha}\,.$$

Aufgrund dieser Eigenschaft und der Definition von D_t erhalten wir für $u \in X$

$$\|D_t u\|_{C^{0,\alpha}} \leq c\,\|u\|_{C^{2,\alpha}}\,,$$

d.h. $D_t : X \to Y$ ist stetig und linear für alle $t \in [0, 1]$. Die Gleichung

$$D_0 u = f$$

hat aufgrund obiger Beobachtung (i) eine eindeutige Lösung. Da die apriori Abschätzungen (2.31) und (2.32) nur von λ_0 und c_1 abhängen, erhalten wir für Lösungen $u = u_t$ von

$$D_t u = f\,, \quad t \in [0, 1]\,,$$

sofort

$$\|u\|_{C^{2,\alpha}} \leq c\,\|f\|_{C^{0,\alpha}}\,,$$

wobei c von $t \in [0, 1]$ unabhängig ist. Satz 2.21 liefert also, dass

$$D_1 u = f$$

genau eine Lösung u in $X = C^{2,\alpha}(\overline{\Omega})$ besitzt. ∎

Nun haben wir alle Hilfsmittel zur Verfügung um folgende quasilineare elliptische Gleichung zu betrachten:

$$\begin{aligned} Lu(x) &= \varepsilon\,g(x, u, \nabla u) \quad &&\text{in } \Omega\,, \\ u &= 0 &&\text{auf } \partial\Omega\,, \end{aligned} \qquad (2.33)$$

wobei ε klein genug ist, $g : \overline{\Omega} \times \mathbb{R} \times \mathbb{R}^d \to \mathbb{R}$ eine $C^{0,\alpha}$-Funktion ist und der Operator L in (2.26) definiert ist.

2.34 Satz. *Sei $\Omega \subseteq \mathbb{R}^d$ ein beschränktes Gebiet mit Rand $\partial\Omega \in C^{2,\alpha}$, $\alpha \in (0, 1)$ und sei $g : \overline{\Omega} \times \mathbb{R} \times \mathbb{R}^d \to \mathbb{R}$ eine $C^{0,\alpha}$-Funktion. Ferner erfülle der in (2.26) definierte Operator L die Bedingungen (2.28) und (2.29). Dann gibt es für alle $\varepsilon \in \mathbb{R}$ mit $|\varepsilon|$ klein genug eine Lösung $u \in C^{2,\alpha}(\overline{\Omega})$ des Problems (2.33).*

Beweis. 1. Wir setzen $X := C^{1,\beta}(\overline{\Omega})$, $\beta \in (0,1]$ beliebig. Aufgrund der Eigenschaften Hölder-stetiger Funktionen erhalten wir für alle Funktionen mit

$$\|u\|_{C^{1,\beta}} \le c_4 , \tag{2.35}$$

dass für $\gamma := \alpha\,\beta$ gilt:

$$\|g(x,u,\nabla u)\|_{C^{0,\gamma}} \le c_5 , \tag{2.36}$$

wobei die Konstante c_5 nur von c_4 und g abhängt.

2. Aufgrund von Satz 2.27 ist der Operator $L : C^{2,\gamma}(\overline{\Omega}) \to C^{0,\gamma}(\overline{\Omega})$ invertierbar. Wir definieren Operatoren $T(t) : C^{1,\beta}(\overline{\Omega}) \to C^{2,\gamma}(\overline{\Omega}) \subseteq C^{1,\beta}(\overline{\Omega})$, $t \in [0,1]$, durch

$$T(t)u := t\,L^{-1}\big(\varepsilon\,g(x,u,\nabla u)\big) , \tag{2.37}$$

d.h. der Operator $T(t)$ ordnet jedem $u \in C^{1,\beta}(\overline{\Omega})$ die Lösung $v \in C^{2,\gamma}(\overline{\Omega})$ des Problems

$$\begin{aligned} Lv &= t\,\varepsilon\,g(x,u,\nabla u) &&\text{in } \Omega , \\ v &= 0 &&\text{auf } \partial\Omega , \end{aligned} \tag{2.38}$$

zu. Satz 2.27 und die kompakte Einbettung $C^{2,\gamma}(\overline{\Omega}) \hookrightarrow\hookrightarrow C^{1,\beta}(\overline{\Omega})$ (cf. Satz A.12.5) liefern, dass die Operatoren $T(t)\colon C^{1,\beta}(\overline{\Omega}) \to C^{1,\beta}(\overline{\Omega})$, $t \in [0,1]$, kompakt sind. Für alle $t_1, t_2 \in [0,1]$ gilt aufgrund von (2.37), (2.38) und (2.30):

$$\|T(t_1)u - T(t_2)u\|_{C^{2,\gamma}} \le c_2\,|\varepsilon|\,|t_1 - t_2|\,\|g(x,u,\nabla u)\|_{C^{0,\gamma}} .$$

Mithilfe von (2.36) erhalten wir für beliebige Funktionen u mit $\|u\|_{C^{1,\beta}} \le c_4$

$$\|T(t_1)u - T(t_2)u\|_{C^{2,\gamma}} \le c_2\,c_5\,\varepsilon\,|t_1 - t_2| .$$

Dies impliziert zusammen mit der Einbettung $C^{2,\gamma}(\overline{\Omega}) \hookrightarrow C^{1,\beta}(\overline{\Omega})$ dass

$$T\colon t \mapsto T(t)\colon C^{1,\beta}(\overline{\Omega}) \to C^{1,\beta}(\overline{\Omega})$$

eine Homotopie ist.

3. Sei $B_r(0)$ die Kugel mit Radius r in $C^{1,\beta}(\overline{\Omega})$. Für alle $t \in [0,1]$ und $u \in \partial B_{c_4}(0)$ gilt:

$$T(t)u \ne u \tag{2.39}$$

falls $|\varepsilon|$ klein genug ist. In der Tat, sei $u \in \partial B_{c_4}(0)$ ein Element mit $T(t)u = u$, dann gilt aufgrund von (2.38), (2.30) und (2.36):

$$c_4 = \|u\|_{C^{1,\beta}} \le c_6\,\|u\|_{C^{2,\gamma}} \le c_6\,c_2\,t\,|\varepsilon|\,\|g(x,u,\nabla u)\|_{C^{0,\gamma}} \le c_6\,c_2\,c_5\,|\varepsilon| ,$$

wobei c_6 die Einbettungskonstante von $C^{2,\gamma}(\overline{\Omega}) \hookrightarrow C^{1,\beta}(\overline{\Omega})$ ist. Wir wählen nun $|\varepsilon|$ so klein, dass gilt:

$$c_6\,c_2\,c_5\,|\varepsilon| < c_4 .$$

Dies liefert einen Widerspruch und somit ist (2.39) bewiesen.

4. Satz 2.13 besagt nun, dass für alle $t \in [0,1]$ der Abbildungsgrad

$$d_X(I - T(t), B_{c_4}(0), 0)$$

denselben Wert hat. Aufgrund von (2.38) und der Eindeutigkeitsaussage aus Satz 2.27 ist aber $T(0)$ die triviale Abbildung, d.h. $T(0)u = 0$. Da also

$$d_X(I - T(0), B_{c_4}(0), 0) = 1$$

gilt, haben wir auch

$$d_X(I - T(1), B_{c_4}(0), 0) = 1,$$

d.h. nach Satz 2.11 existiert eine Lösung $u \in C^{1,\beta}(\overline{\Omega})$ der Gleichung (2.33).

5. In Schritt 2 haben wir gezeigt, dass gilt:

$$T(1) : C^{1,\beta}(\overline{\Omega}) \to C^{2,\gamma}(\overline{\Omega}).$$

Aufgrund der Einbettung $C^{2,\gamma}(\overline{\Omega}) \hookrightarrow C^{1,1}(\overline{\Omega})$ (cf. Satz A.12.5, Satz A.12.6), sowie (2.35) und (2.36) folgern wir daraus

$$g(x, u, \nabla u) \in C^{0,\alpha}(\overline{\Omega}).$$

Dies zusammen mit (2.32) liefert

$$u \in C^{2,\alpha}(\overline{\Omega})$$

und somit ist der Satz bewiesen. ∎

A Appendix

Ziel dieses Appendixes ist es, an einer Stelle wichtige grundlegende Konzepte, Hilfsmittel und Resultate aus der linearen Funktionalanalysis zusammenzustellen, die für dieses Buch relevant sind. Es wird vorausgesetzt, dass der Leser mit diesen Begriffen grundsätzlich vertraut ist und es wird insbesondere auf die Darstellungen in [7], [2] und [10] verwiesen.

A.1 Topologische Räume

Der Begriff des topologischen Raumes ist motiviert durch das System der offenen Mengen im $\mathbb{R}^d$. Ein **topologischer Raum** ist ein Paar (X, τ), wobei X eine Menge und τ ein System von Teilmengen von X ist, welches den folgenden Bedingungen genügt:

(O1) $X \in \tau, \emptyset \in \tau$,

(O2) die Vereinigungen einer beliebigen Familie von Mengen aus τ ist wieder eine Menge aus τ,

(O3) der Durchschnitt einer Familie von endlich vielen Mengen aus τ ist wieder eine Menge aus τ.

Das System τ heißt **Topologie** und die Mengen aus τ heißen **offene Mengen**. Das typische Beispiel eines topologischen Raumes ist der $\mathbb{R}^d$ mit dem üblichen System offener Mengen. Weitere Beispiele sind die *diskrete Topologie*, in der alle Teilmengen von X zu τ gehören, und die *chaotische Topologie*, in der das System τ nur aus X und $\emptyset$ besteht. Wenn auf einer Menge X zwei Topologien τ_1 und τ_2 gegeben sind, so nennt man τ_1 **feiner** als τ_2 (oder τ_2 **gröber** als τ_1), wenn $\tau_2 \subseteq \tau_1$ gilt. Ein topologischer Raum heißt **Hausdorff–Raum**, wenn es zu je zwei Punkten $x_1, x_2 \in X$ mit $x_1 \neq x_2$ zwei Mengen $U_1, U_2 \in \tau$ gibt, so dass $x_i \in U_i$, $i = 1, 2$ und $U_1 \cap U_2 = \emptyset$ gilt. Im Weiteren nehmen wir an, dass *alle von uns betrachteten topologischen Räume Hausdorff-Räume* sind.

Eine Menge $A \subseteq X$ heißt genau dann **abgeschlossen**, wenn $X \setminus A$ offen ist. Eine **Umgebung** eines Punktes $x \in X$ ist eine Menge $V(x) \subseteq X$, für die es eine offene Menge $U \in \tau$ gibt mit $x \in U \subseteq V(x)$. Eine **Umgebungsbasis** eines Punktes $x \in X$ ist ein System von Umgebungen $(V_i)_{i \in I}$

© Springer-Verlag GmbH Deutschland, ein Teil von Springer Nature 2020
M. Růžička, *Nichtlineare Funktionalanalysis*, Masterclass,
https://doi.org/10.1007/978-3-662-62191-2_5

des Punktes x, so dass jede Umgebung $V(x)$ von x mindestens eine der Mengen V_i enthält. Ein Punkt $x \in X$ heißt **innerer** (bzw. **äußerer**) Punkt einer Menge A genau dann, wenn es eine Umgebung $V(x)$ von x gibt mit $V(x) \subseteq A$ (bzw. $V(x) \subseteq X \setminus A$). Einen Punkt der weder innerer noch äußerer Punkt von A ist nennt man **Randpunkt** von A. Für eine Menge $M \subseteq X$ führen wir folgende Bezeichnungen ein:

$$\partial M := \{x \in X \mid x \text{ ist Randpunkt von } M\},$$

$$\text{int}(M) := \{x \in X \mid x \text{ ist innerer Punkt von } M\},$$

$$\overline{M} := M \cup \partial M.$$

Diese Mengen werden als **Rand, Inneres** und **Abschluss** von M bezeichnet. Der Abschluss von M ist abgeschlossen. Eine Menge A heißt **dicht** in X genau dann, wenn $\overline{A} = X$ gilt. Man nennt den Raum X **separabel** genau dann, wenn es eine abzählbare dichte Menge in X gibt. Sei $M \subsetneq X$ eine Teilmenge von X. Eine Menge $A \subseteq M$ heißt **relativ offen** in M, wenn es eine Menge $U \in \tau$ gibt, so dass $A = M \cap U$ gilt. Analog heißt eine Menge $A \subseteq M$ **relativ abgeschlossen** in M, wenn es eine in X abgeschlossene Menge C gibt, so dass $A = M \cap C$ gilt. Das System $\tau(M)$ bestehend aus allen in M relativ offenen Mengen heißt **induzierte Topologie** auf M.

Wenn eine Menge X mit einer Topologie versehen ist kann man Begriffe wie Stetigkeit, Kompaktheit und Konvergenz erklären. Eine Abbildung $f : X \to Y$ eines topologischen Raumes (X, τ) in einen topologischen Raum (Y, σ) heißt **stetig im Punkt** $x \in X$, wenn es zu jeder Umgebung $V(f(x)) \subseteq Y$ von $f(x)$ eine Umgebung $V(x) \subseteq X$ von x gibt, so dass

$$f(V(x)) \subseteq V(f(x))$$

gilt. Die Abbildung $f : X \to Y$ heißt **stetig**, wenn sie in allen Punkten $x \in X$ stetig ist. Wir haben folgende Charakterisierung stetiger Abbildungen.

1.1 Lemma. *Für eine Abbildung $f : X \to Y$ eines topologischen Raumes X in einen topologischen Raum Y sind folgende Aussagen äquivalent:*

(i)   *f ist stetig.*

(ii) *Urbilder offener Mengen in Y sind offen in X.*

(iii) *Urbilder abgeschlossener Mengen in Y sind abgeschlossen in X.*

Man nennt eine Abbildung $f : X \to Y$ einen **Homöomorphismus** genau dann, wenn f bijektiv ist und sowohl f als auch die inverse Abbildung f^{-1} stetig sind. Zwei topologische Räume X, Y heißen **homöomorph** genau dann, wenn ein Homöomorphismus $h : X \to Y$ existiert.

Eine Menge K heißt **(überdeckungs-) kompakt** genau dann, wenn jede Überdeckung von K durch offene Mengen $(U_i)_{i \in I}$ eine endliche Teilüberdeckung enthält, d.h.

$$K \subseteq \bigcup_{i \in I} U_i \quad \Rightarrow \quad \exists N \in \mathbb{N}, i_1, \ldots, i_N : K \subseteq \bigcup_{k=1}^{N} U_{i_k}.$$

Die Menge M heißt **relativ kompakt**, wenn $\overline{M}$ kompakt ist.

1.2 Lemma. *Sei K eine kompakte Teilmenge eines topologischen Hausdorff–Raumes X. Dann gilt:*

(i) *Die Menge K ist abgeschlossen.*

(ii) *Jede Teilmenge $M \subseteq K$ ist relativ kompakt.*

Beweis. Mithilfe der Trennungseigenschaft von Hausdorff–Räumen und der Kompaktheit von K kann man leicht zeigen, dass das Komplement von K offen ist (cf. [12, Satz 3.1.8]). Somit ist Behauptung (i) bewiesen. Behauptung (ii) ist offensichtlich, da man aus jeder offenen Überdeckung von $\overline{M}$, durch Hinzunahme von $X \setminus \overline{M}$, eine offene Überdeckung von K erzeugen kann. ∎

Man kann kompakte Mengen auch über Systeme abgeschlossener Mengen charakterisieren. Ein System $(A_i)_{i \in I}$ von Teilmengen von X heißt **zentriert**, wenn der Durchschnitt beliebiger endlicher Teilsysteme A_{i_k}, $k = 1, \ldots, N$, nichtleer ist.

1.3 Lemma (Endliches Durchschnittsprinzip). *Eine Menge K ist genau dann kompakt, wenn jedes zentrierte System von in K relativ abgeschlossenen Mengen einen nichtleeren Durchschnitt besitzt.*

Beweis. Dies ist eine einfache Folgerung aus den *de Morganschen Rechenregeln* für Mengensysteme:

$$\bigcap_{i \in I} (K \setminus A_i) = K \setminus \bigcup_{i \in I} A_i \,, \quad \bigcup_{i \in I} (K \setminus A_i) = K \setminus \bigcap_{i \in I} A_i \,. \qquad \blacksquare$$

Für endliche, offene Überdeckungen kompakter Mengen kann man eine **Zerlegung der Eins** konstruieren. Sei $f \colon X \to \mathbb{R}$ eine Funktion. Man definiert den **Träger** von f, in Zeichen $\mathrm{supp}(f)$, als

$$\mathrm{supp}(f) := \overline{\{x \in X \mid f(x) \neq 0\}} \,,$$

wobei der Abschluss bzgl. der Topologie in X gebildet wird.

1.4 Satz (Zerlegung der Eins). *Sei X ein topologischer Raum. Sei $K \subseteq X$ eine kompakte Teilmenge und sei $(U_i)_{i=1,\ldots,n}$ eine endliche Überdeckung durch offene Mengen. Dann existieren stetige Funktionen $\lambda_i \colon X \to \mathbb{R}$, $i = 1, \ldots, n$, mit folgenden Eigenschaften:*

(i)   *Für alle $x \in X$ gilt: $0 \leq \lambda_i(x) \leq 1$, $i = 1, \ldots, n$.*

(ii) *Die Träger der stetigen Funktionen λ_i, $i = 1, \ldots, n$, sind kompakt und es gilt: $\mathrm{supp}\,(\lambda_i) \subseteq U_i$, $i = 1, \ldots, n$.*

(iii) *Für alle $x \in K$ gilt: $\sum_{i=1}^n \lambda_i(x) = 1$.*

*Ein solches System von Funktionen $(\lambda_i)_{i=1,\ldots,n}$ heißt die zur Überdeckung $(U_i)_{i=1,\ldots,n}$ zugehörige **Zerlegung der Eins**.*

Beweis. cf. [24, Satz 2.13] ∎

Stetigkeit und Kompaktheit in topologischen Räumen kann man auch über Folgen definieren. In einem topologischen Raum (X, τ) heißt eine Folge $(x_n) \subseteq X$ **konvergent** bzgl. der Topologie τ gegen einen Punkt $x \in X$, wenn es zu jeder Umgebung $V(x)$ des Punktes x einen Index $n_0 \in \mathbb{N}$ gibt, so dass $x_n \in V(x)$ für alle $n \geq n_0$ gilt. Man schreibt $x_n \to x$ in X $(n \to \infty)$. Eine Abbildung $f \colon X \to Y$ heißt **folgenstetig** im Punkt $x \in X$ genau dann, wenn $f(x_n) \to f(x)$ in Y $(n \to \infty)$ für alle Folgen mit $x_n \to x$ in X $(n \to \infty)$ gilt. Eine Menge M nennt man **folgenkompakt** genau dann, wenn alle Folgen aus M eine in M konvergente Teilfolge besitzen, d.h.

$$\forall (x_n)_{n \in \mathbb{N}} \subseteq M \qquad \exists (x_{n_k})_{k \in \mathbb{N}} : x_{n_k} \to x \in M \quad (k \to \infty).$$

Die Menge $M \subseteq X$ heißt **relativ folgenkompakt** genau dann, wenn alle Folgen (x_n) aus M eine in X konvergente Teilfolge (x_{n_k}) besitzen.

Eine Abbildung $f \colon X \to (-\infty, \infty]$ heißt **unterhalbstetig** (bzw. **oberhalbstetig**) genau dann, wenn für alle $r \in \mathbb{R}$ das Urbild $f^{-1}((-\infty, r])$ (bzw. das Urbild $f^{-1}([r, \infty))$) eine abgeschlossene Menge in X ist. Offensichtlich ist f stetig genau dann, wenn f sowohl unterhalbstetig als auch oberhalbstetig ist. Die Abbildung $f \colon X \to (-\infty, \infty]$ heißt **folgenunterhalbstetig** (bzw. **folgenoberhalbstetig**) genau dann, wenn aus $x_n \to x$ bzgl. τ folgt $f(x) \leq \liminf_{n \to \infty} f(x_n)$ (bzw. $f(x) \geq \liminf_{n \to \infty} f(x_n)$). Falls (X, d) ein metrischer Raum ist sind die Begriffe unterhalbstetig und folgenunterhalbstetig äquivalent (cf. [4, 23]).

Im Allgemeinen stimmen in topologischen Räumen die Begriffe „stetig in x" und „folgenstetig in x", sowie „kompakt" und „folgenkompakt" *nicht* überein. Um eine Äquivalenz dieser und verwandter Begriffe zu erhalten, muss man in den obigen Definitionen den Begriff „Folgen" durch „verallgemeinerte Folgen" oder „Netze" ersetzen (cf. [10, Abschnitt I.B], [12, Abschnitt 1.6]). In metrischen Räumen sind diese Begriffe äquivalent (cf. Satz 2.2).

A.2 Metrische Räume

Die Eigenschaften des topologischen Raumes basieren auf den Eigenschaften des Systems der offenen Mengen. Allerdings ist es nicht möglich, einen *Abstandsbegriff* in allgemeinen topologischen Räumen zu definieren. Um dies zu erreichen führt man *metrische Räume* ein.

Ein **metrischer Raum** ist ein Paar (X, d), wobei X eine Menge ist auf der eine **Abstandsfunktion** $d \colon X \times X \to \mathbb{R}$ gegeben ist, welche die folgenden Eigenschaften für alle $x, y, z \in X$ besitzt:

(M1) *positive Definitheit*: $d(x, y) \geq 0$ und $d(x, y) = 0$ gilt genau dann, wenn $x = y$,

(M2) *Symmetrie*: $d(x, y) = d(y, x)$,

(M3) *Dreiecksungleichung*: $d(x, y) \leq d(x, z) + d(z, y)$.

Man nennt die Funktion d auch **Metrik** und $d(x, y)$ den **Abstand** zwischen den Punkten x und y. In metrischen Räumen kann man **offene Kugeln** um den Punkt x mit dem Radius $r > 0$ durch

$$B_r(x) := \{y \in X \mid d(x, y) < r\}$$

definieren. Weiterhin kann man sowohl den **Abstand** zweier nichtleerer Mengen $M, N \subseteq X$ als auch den **Durchmesser** einer Menge $M \subseteq X$ durch

$$\text{dist}\,(M, N) := \inf\{d(x, y) \mid x \in M\,, y \in N\}\,,$$
$$\text{diam}\,(M) := \sup\{d(x, y) \mid x, y \in M\}$$

festlegen. Eine Menge $M \subseteq X$ heißt **offen** genau dann, wenn für alle $x \in M$ eine Kugel $B_r(x)$, $r = r(x) > 0$ gibt, so dass $B_r(x) \subseteq M$. Das System aller offenen Mengen bildet eine Topologie τ_d, welche die durch die Metrik d **induzierte Topologie** genannt wird. Dadurch wird (X, τ_d) ein *topologischer Raum* und alle Begriffe, die wir in topologischen Räumen definiert haben, können auch in metrischen Räumen benutzt werden. Insbesondere nennt man eine Folge $(x_n) \subseteq X$ **konvergent** gegen ein Element $x \in X$ genau dann, wenn

$$d(x_n, x) \to 0 \qquad (n \to \infty)\,.$$

Man schreibt $x_n \to x$ in X $(n \to \infty)$ oder bzgl. d. Eine Folge (x_n) heißt **Cauchy–Folge** genau dann, wenn für alle $\varepsilon > 0$ ein Index $n_0 = n_0(\varepsilon) \in \mathbb{N}$ existiert, so dass für alle $m, n \geq n_0$ gilt:

$$d(x_n, x_m) \leq \varepsilon\,.$$

Ein metrischer Raum (X, d) heißt **vollständig**, wenn jede Cauchy–Folge (x_n) in X einen Limes bzgl. der Metrik d hat.

In metrischen Räumen stimmen die Begriffe „stetig in x" und „folgenstetig in x", „kompakt" und „folgenkompakt", sowie weitere verwandte Begriffe überein (cf. [35, Abschnitt 1.9], [36, S. 31–33]). Es gilt z.B.

2.1 Satz. *Seien X, Y metrische Räume und sei $f\colon M \subseteq X \to Y$ eine Abbildung. Dann sind folgende Aussagen äquivalent:*

(i) *f ist stetig,*

(ii) *M ist folgenstetig.*

Beweis. cf. [35, Proposition 1.9.3].   ∎

Neben (überdeckungs-)kompakt und folgenkompakt gibt es in metrischen Räumen einen weiteren Kompaktheitsbegriff. Die Menge M heißt **präkompakt** genau dann, wenn sie ein *endliches ε-Netz* besitzt, d.h. wenn sie sich für alle $\varepsilon > 0$ durch endlich viele offene ε-Kugeln überdecken lässt, d.h.

$$\forall \varepsilon > 0 \,\exists N = N(\varepsilon) \in \mathbb{N}, x_1, \ldots, x_N \in M: \quad M \subseteq \bigcup_{i=1}^{N} B_\varepsilon(x_i)\,.$$

2.2 Satz. *Sei M eine Teilmenge eines metrischen Raumes (X, d). Dann sind folgende Aussagen äquivalent:*

(i)   *M ist (überdeckungs-) kompakt,*

(ii)   *M ist folgenkompakt,*

(iii) *M ist präkompakt und vollständig.*

Weiterhin gilt:

(iv) *M ist relativ kompakt genau dann, wenn M relativ folgenkompakt ist.*

(v)   *Wenn M relativ kompakt ist, dann ist M präkompakt. Die umgekehrte Implikation gilt, falls der metrische Raum (X, d) vollständig ist.*

(vi) *Wenn M kompakt ist, dann ist M abgeschlossen und beschränkt.*

Beweis. cf. [2, Paragraph 2.5] oder [36, S. 31–33].   ∎

A.3 Vektorräume

Ein **Vektorraum** V über $\mathbb{R}$ ist eine Menge V, in der eine *Addition* und eine *skalare Multiplikation* definiert sind, d.h. für je zwei Elemente $x, y \in V$ ist eine Summe $x + y$ und für alle $x \in V$ und $\alpha \in \mathbb{R}$ ist ein skalares Vielfaches αx so erklärt, dass folgende Rechenregeln für alle $x, y, z \in V$ und alle $\alpha, \beta \in \mathbb{R}$ gelten:

$$x + y = y + x\,, \qquad\qquad (x + y) + z = x + (y + z)\,,$$
$$(\alpha + \beta)x = \alpha x + \beta x\,, \qquad\qquad \alpha(x + y) = \alpha x + \alpha y\,,$$
$$\alpha(\beta x) = (\alpha\beta)x\,, \qquad\qquad 1x = x\,.$$

Außerdem existiert ein Element 0 in V, so dass für alle $x \in V$ gilt:

$$x + 0 = x\,,$$

und für alle $x \in V$ existiert $-x \in V$ mit

$$x + (-x) = 0\,.$$

Für Mengen $M, N \subseteq V$ und $\alpha \in \mathbb{R}$ setzen wir:

$$M + N := \{x + y \mid x \in M\,, y \in N\}\,,$$
$$\alpha M := \{\alpha x \mid x \in M\}\,.$$

Für eine nichtleere Menge $M \subseteq V$ bezeichnen wir mit $\operatorname{span}(M)$ die **lineare Hülle** von M, die als die Menge aller endlichen **Linearkombinationen**

$$\sum_{i \in I} \alpha_i x_i\,, \tag{3.1}$$

definiert ist, wobei $\alpha_i \in \mathbb{R}$, $x_i \in M$ und I eine endliche Indexmenge ist. Eine nichtleere Menge $M \subseteq V$ heißt **linearer Unterraum** von X genau dann, wenn $\operatorname{span}(M) = M$. Die Menge M ist genau dann **konvex**, wenn aus $x, y \in M$ und $\lambda \in [0,1]$ folgt: $\lambda x + (1 - \lambda)y \in M$. Die **konvexe Hülle** einer nichtleeren Menge $M \subseteq V$ ist die Menge aller endlichen Linearkombinationen (3.1) mit

$$\sum_{i \in I} \alpha_i = 1, \qquad \alpha_i \in [0,1], \forall i \in I.$$

Die Elemente x_i, $i = 1, \ldots, n$, des Vektorraumes V heißen **linear unabhängig** genau dann, wenn für beliebige $\alpha_i \in \mathbb{R}$ aus

$$\sum_{i=1}^{n} \alpha_i x_i = 0$$

immer $\alpha_i = 0$, $i = 1, \ldots, n$, folgt. Die **Dimension** des Vektorraumes V, bezeichnet mit $\dim V$, ist die maximale Anzahl linear unabhängiger Elemente aus V, falls diese Zahl endlich ist. In diesem Falle heißt der Vektorraum *endlich-dimensional*. Anderenfalls heißt ein Vektorraum *unendlich-dimensional*, in Zeichen $\dim V = \infty$, d.h. für alle $n \in \mathbb{N}$ existieren n linear unabhängige Elemente $x_i \in V$, $i = 1, \ldots, n$. Eine **Basis** eines endlich-dimensionalen Vektorraum V, mit $\dim V = n$, $n \in \mathbb{N}$, ist eine Menge $\{x_1, \ldots, x_n\}$ linear unabhängiger Vektoren.

A.4 Banachräume

Ein **normierter Vektorraum** ist ein Vektorraum X, der mit einer **Norm** $\|\cdot\|_X : X \to \mathbb{R}$ versehen ist, welche die folgenden Eigenschaften für alle $x, y \in X$ besitzt:

(N1) *positive Definitheit*: $\|x\|_X \geq 0$ und $\|x\|_X = 0$ gilt genau dann, wenn $x = 0$.

(N2) *positive Homogenität*: $\|\lambda x\|_X = |\lambda| \, \|x\|_X$ für alle $\lambda \in \mathbb{R}$.

(N3) *Dreiecksungleichung*: $\|x + y\|_X \leq \|x\|_X + \|y\|_X$.

Setzt man

$$d(x, y) := \|x - y\|_X, \qquad\qquad (4.1)$$

so wird auf X eine Metrik definiert. Somit lassen sich alle in metrischen Räumen definierten Begriffe, wie Konvergenz, Vollständigkeit, Umgebung, Offenheit und Abgeschlossenheit von Teilmengen, Kompaktheit, Separabilität und Stetigkeit, auch in normierten Vektorräumen verwenden. Insbesondere **konvergiert** eine Folge $(x_n) \subseteq X$ gegen $x \in X$ genau dann, wenn

$$\|x_n - x\|_X \to 0 \quad (n \to \infty). \qquad\qquad (4.2)$$

Man schreibt $x_n \to x$ in X $(n \to \infty)$. In endlich-dimensionalen normierten

Vektorräumen X gilt auch die Umkehrung von Aussage (vi) in Satz 2.2, d.h. für Teilmengen $M \subseteq X$ gilt:

M ist genau dann kompakt, wenn M abgeschlossen und beschränkt ist.

Ein **Banachraum** ist ein vollständiger, normierter Vektorraum. Beispiele von Banachräumen, die neben *Hilberträumen* der wichtigste Raumtyp in der Funktionalanalysis sind, finden sich im Abschnitt A.12.

Unter einer **Basis** eines unendlich-dimensionalen Banachraumes X verstehen wir eine Folge $(w_i) \subseteq X$, so dass für alle $n \in \mathbb{N}$ die Elemente w_i, $i = 1 \ldots n$, linear unabhängig sind und $\bigcup_{k=1}^{\infty} X_n$ dicht in X ist, wobei $X_n := \mathrm{span}\,(w_1, \ldots, w_n)$. Man überlegt sich leicht, dass jeder separable Banachraum eine Basis besitzt.

A.5 Hilберträume

Ein **Prä-Hilbertraum** H ist ein Vektorraum, in dem ein **Skalarprodukt** $(\cdot, \cdot)_H$ gegeben ist, d.h. eine Abbildung von $H \times H$ nach $\mathbb{R}$, die für alle $u, v, w \in H$ und $\alpha, \beta \in \mathbb{R}$ die folgenden Eigenschaften besitzt:

(H1) *Bilinearität*: $(\alpha u + \beta v, w)_H = \alpha(u, w)_H + \beta(v, w)_H$.

(H2) *Symmetrie*: $(u, v)_H = (v, u)_H$.

(H3) *positive Definitheit*: $(u, u)_H \geq 0$ und $(u, u)_H = 0$ gilt genau dann, wenn $u = 0$.

Setzt man

$$\|u\|_H := (u, u)_H^{\frac{1}{2}},$$

so wird H ein normierter Vektorraum. Falls dieser vollständig ist, d.h. ein Banachraum ist, nennt man H einen **Hilbertraum**. Somit lassen sich alle in Banachräumen definierten Begriffe auch in Hilberträumen verwenden.

Zwei Elemente u, v eines Hilbertraumes H heißen **orthogonal** genau dann, wenn $(u, v)_H = 0$ gilt. Das **Orthogonalkomplement** $V^\perp$ eines Unterraumes $V \subseteq H$ ist definiert durch

$$V^\perp := \{x \in H \mid (x, v)_H = 0 \ \forall v \in V\}.$$

Die Menge $\{w_j \in H \mid j \in I\}$, wobei I eine endliche oder abzählbare Indexmenge ist, nennt man ein **Orthonormalsystem** genau dann, wenn für alle $k, j \in I$ gilt:

$$(w_k, w_j)_H = \delta_{kj},$$

wobei δ_{kj} das *Kronecker–Symbol* ist, d.h. $\delta_{kj} = 1$ falls $k = j$ und $\delta_{kj} = 0$ falls $k \neq j$. Ein Orthonormalsystem $(w_j)_{j \in \mathbb{N}}$ heißt **vollständig** in H, wenn $\mathrm{span}\,(w_j \mid j \in \mathbb{N})$ dicht in H ist. Ein vollständiges Orthonormalsystem nennt man auch **Orthonormalbasis**. Man kann zeigen, dass jeder *separable* Hilbertraum eine Orthonormalbasis besitzt und dass sich jedes Element $u \in H$ als konvergente *verallgemeinerte Fourierreihe*

$$u = \sum_{j=1}^{\infty} (u, w_j)_H \, w_j$$

darstellen lässt und dass gilt:

$$\|u\|_H^2 = \sum_{j=1}^{\infty} |(u, w_j)_H|^2 \,. \tag{5.1}$$

Umgekehrt gilt: Falls ein Orthonormalsystem die Eigenschaft (5.1) für alle $u \in H$ besitzt, dann ist es vollständig.

A.6 Operatoren

Seien X, Y normierte Vektorräume. Eine Abbildung $A \colon M \subseteq X \to Y$ nennen wir **Operator**. Somit übertragen sich alle Begriffe von Abbildungen auf Operatoren. Insbesondere sind für Operatoren die Begriffe Stetigkeit und Folgenstetigkeit äquivalent. Ein Operator $A \colon M \subseteq X \to Y$ heißt **beschränkt** genau dann, wenn A beschränkte Teilmengen von $M \subseteq X$ in beschränkte Mengen in Y abbildet.

Ein Operator $A \colon X \to Y$ heißt **linear** genau dann, wenn für alle $x, y \in X$ und $\alpha, \beta \in \mathbb{R}$ gilt:

$$A(\alpha \, x + \beta \, y) = \alpha \, Ax + \beta \, Ay \,.$$

Man kann zeigen, dass lineare Operatoren genau dann stetig sind, wenn sie beschränkt sind. Durch

$$\|A\|_{L(X,Y)} := \sup_{\|x\|_X \leq 1} \|Ax\|_Y$$

wird auf dem Raum der stetigen, linearen Operatoren $A \colon X \to Y$, den wir mit $L(X, Y)$ bezeichnen, eine Norm definiert. Diese heißt **Operatornorm** und es gilt für alle $x \in X$:

$$\|Ax\|_Y \leq \|A\|_{L(X,Y)} \, \|x\|_X \,.$$

Der Raum $L(X, Y)$ versehen mit der Operatornorm bildet einen Banachraum. Ein Operator $A \in L(X, Y)$ heißt **kompakt**, wenn er beschränkte Mengen in X in relativ kompakte Mengen in Y abbildet. In diesem Fall schreibt man $A \in K(X, Y)$.

Für $A \in L(X, Y)$ bezeichnen wir mit

$$\mathrm{Ker}(A) := \{x \in X \mid Ax = 0\},$$
$$\mathrm{R}(A) := \{Ax \in Y \mid x \in X\},$$

den **Kern**, bzw. den **Bildraum** von A. Wenn $A \in L(X, Y)$ bijektiv ist, d.h. $\mathrm{Ker}(A) = \{0\}$ und $\mathrm{R}(A) = Y$, dann existiert der **inverse Operator** $A^{-1} \colon Y \to X$ und es gilt: $A^{-1} \in L(Y, X)$. Einen solchen Operator A nennen wir **Isomorphismus**. Ein Operator $A \in L(X, Y)$ heißt **Isometrie**, falls für alle $x \in X$ gilt: $\|Ax\|_Y = \|x\|_X$.

6.1 Lemma. *Seien X, Y Banachräume. Für Operatoren $A, B \in L(X, Y)$ mit $A^{-1} \in L(Y, X)$ und $k := \|A - B\|_{L(X,Y)} \|A^{-1}\|_{L(Y,X)} < 1$, existiert der inverse Operator $B^{-1} \in L(Y, X)$ und es gilt: $\|A^{-1} - B^{-1}\|_{L(Y,X)} \leq \|A^{-1}\|_{L(Y,X)}^2 \|A - B\|_{L(X,Y)} (1 - k)^{-1}$.*

Beweis. cf. [18, Theorem IV.1.16]   ∎

Einen injektiven Operator $j \in L(X, Y)$ nennt man **Einbettung** und sagt, dass X **stetig** nach Y **einbettet**, in Zeichen $X \overset{j}{\hookrightarrow} Y$. Falls $X \subseteq Y$ und $j = id_X$ schreibt man einfach $X \hookrightarrow Y$. Die Einbettung X nach Y heißt **kompakt**, in Zeichen $X \overset{j}{\hookrightarrow\hookrightarrow} Y$, falls j kompakt ist. Falls X reflexiv ist (cf. Abschnitt A.7), ist dies äquivalent zur Vollstetigkeit der Einbettung j.

A.7 Dualität in Banachräumen

Sei X ein Banachraum. Der **Dualraum** X^* von X ist definiert durch

$$X^* := L(X, \mathbb{R}).$$

Die Elemente f von X^* nennt man **stetige lineare Funktionale** und man schreibt

$$\langle f, x \rangle_{X^*, X} = \langle f, x \rangle_X := f(x), \qquad \forall x \in X.$$

Man nennt $\langle \cdot, \cdot \rangle_{X^*, X} = \langle \cdot, \cdot \rangle_X$ das **Dualitätsprodukt** zwischen X und X^*. Die Norm eines linearen Funktionals ist definiert durch

$$\|f\|_{X^*} := \sup_{\|x\|_X \leq 1} |\langle f, x \rangle_X|. \tag{7.1}$$

Eine Folge $(f_n) \subseteq X^*$ **konvergiert** gegen $f \in X^*$ genau dann, wenn

$$\|f_n - f\|_{X^*} \to 0 \quad (n \to \infty). \tag{7.2}$$

Wir haben folgende einfachen Folgerungen aus dem Satz von Hahn-Banach 10.10.

7.3 Lemma. *Sei X ein Banachraum und X^* sein Dualraum. Dann gilt:*

(i) *Zu jedem $x \in X$ existiert ein $f \in X^*$ mit $\|f\|_{X^*} = \|x\|_X$ und $\langle f, x \rangle_X = \|x\|_X^2$.*

(ii) *Es gilt die **Normformel**, d.h. für alle $x \in X$ gilt:*

$$\|x\|_X = \sup_{\|f\|_{X^*} \leq 1} |\langle f, x \rangle_X|.$$

(iii) *Sei $x \in X$. Aus $\langle f, x \rangle_X = 0$ für alle $f \in N$, wobei $N \subseteq X^*$ eine dichte Teilmenge in X^* ist, folgt $x = 0$.*

(iv) *Sei $f \in X^*$. Aus $\langle f, x \rangle_X = 0$ für alle $x \in M$, wobei $M \subseteq X$ eine dichte Teilmenge in X ist, folgt $f = 0$.*

Der **Bidualraum** X^{**} eines Banachraumes X ist definiert durch

$$X^{**} := (X^*)^*$$

und wird, versehen mit der *Norm*

$$\|g\|_{X^{**}} := \sup_{\|f\|_{X^*} \leq 1} |\langle g, f \rangle_{X^{**}, X^*}|,$$

zu einem Banachraum. Die **kanonische Isometrie** $i : X \to X^{**}$ wird wie folgt definiert: Für $x \in X$ fest, aber beliebig, ist die Abbildung $f \mapsto \langle f, x \rangle_X$ von X^* nach $\mathbb{R}$ ein beschränktes, lineares Funktional auf X^*, d.h. ein Element von X^{**}, das mit ix bezeichnet wird. Wir haben also

$$\langle ix, f \rangle_{X^{**}, X^*} = \langle f, x \rangle_{X^*, X} \quad \forall x \in X, \forall f \in X^*. \tag{7.4}$$

Es ist klar, dass i eine lineare Isometrie ist, d.h. $\|ix\|_{X^{**}} = \|x\|_X$ gilt für alle $x \in X$. In der Tat haben wir aufgrund von Lemma 7.3:

$$\|ix\|_{X^{**}} = \sup_{\|f\| \leq 1} |\langle ix, f \rangle_{X^*}| = \sup_{\|f\| \leq 1} |\langle f, x \rangle_X| = \|x\|_X.$$

Allerdings ist i nicht notwendig *surjektiv*. Man kann aber immer mithilfe von i den Raum X mit einem abgeschlossenen Unterraum von X^{**} identifizieren. Der Raum X heißt **reflexiv**, wenn die kanonische Isometrie i aus (7.4) surjektiv ist, d.h. $i(X) = X^{**}$.

7.5 Lemma. *Seien X, Y Banachräume. Dann gilt:*

(i) *Jeder abgeschlossene, lineare Unterraum von X ist reflexiv, falls X reflexiv ist.*

(ii) *Sei $A : X \to Y$ ein Isomorphismus. Dann ist X genau dann reflexiv, wenn Y reflexiv ist.*

(iii) *X ist genau dann reflexiv, wenn X^* reflexiv ist.*

(iv) *Falls X^* separabel ist, dann ist auch X separabel.*

(v) *Sei X reflexiv. Dann ist X genau dann separabel, wenn X^* separabel ist.*

(vi) *Sei X separabel. Dann ist auch jede Teilmenge $M \subseteq X$ separabel.*

Beweis. Die Beweise der Behauptungen (i)–(v) kann man in [2, Paragraph 6.8] finden. Da X separabel ist, gibt es eine dichte abzählbare Teilmenge $(\omega_i)_{i \in \mathbb{N}} \subseteq X$. Für alle $i \in \mathbb{N}$ und alle rationalen Zahlen q_n wählen wir ein Elemente $x_{i,n} \in B_{q_n}(\omega_i) \cap M$ aus. Offensichtlich ist die Menge $(x_{i,n})_{i,n \in \mathbb{N}}$ eine dichte abzählbare Teilmenge von M, d.h. M ist separabel (cf. [10, Satz I.6.12]).   ∎

Für einen stetigen, linearen Operator $A \in L(X, Y)$ ist der **adjungierte Operator** $A^* \in L(Y^*, X^*)$ definiert durch

$$\langle A^* y^*, x \rangle_X := \langle y^*, Ax \rangle_Y, \qquad \forall x \in X, y^* \in Y^*.$$

Man sieht leicht ein, dass $\|A^*\|_{L(Y^*, X^*)} = \|A\|_{L(X, Y)}$ gilt.

A.8 Schwache Topologie und schwache Konvergenzen

In normierten Vektorräumen gilt folgende fundamentale Beobachtung:

8.1 Satz (Riesz 1918). *Sei X ein normierter Vektorraum. Dann ist die abgeschlossene Einheitskugel $B = \{x \in X \mid \|x\|_X \leq 1\}$ genau dann kompakt, wenn der Raum X endlich-dimensional ist.*

Beweis. cf. [2, Satz 2.9].   ∎

Demzufolge werden auf unendlich-dimensionalen Räumen X weitere Topologien (bzw. Konvergenzen) eingeführt, bzgl. derer die abgeschlossene Einheitskugel kompakt (bzw. folgenkompakt) ist.

Sei X ein Banachraum und X^* sein Dualraum. Die Konvergenz von Folgen $(x_n) \subseteq X$ bzw. $(f_n) \subseteq X^*$, definiert in (4.2) bzw. (7.2), bezeichnen wir im Weiterem als **starke Konvergenz**. Eine Folge $(x_n) \subseteq X$ heißt **schwach konvergent** in X gegen ein Element $x \in X$, in Zeichen $x_n \rightharpoonup x$ schwach in X $(n \to \infty)$ genau dann, wenn für alle $f \in X^*$ gilt:

$$\langle f, x_n \rangle_X \to \langle f, x \rangle_X \quad (n \to \infty). \tag{8.2}$$

Eine Folge $(f_n) \subseteq X^*$ heißt **∗-schwach konvergent** in X^* gegen ein Element $f \in X^*$, in Zeichen $f_n \overset{*}{\rightharpoonup} f$ ∗-schwach in X^* $(n \to \infty)$ genau dann, wenn für alle $x \in X$ gilt:

$$\langle f_n, x \rangle_X \to \langle f, x \rangle_X \quad (n \to \infty). \tag{8.3}$$

Man beachte, dass es im Dualraum X^* zwei verschiedene schwache Konvergenzen für eine Folge $(f_n) \subseteq X^*$ gibt, nämlich

$$f_n \rightharpoonup f \qquad \text{schwach in } X^* \quad (n \to \infty),$$

d.h. für alle $g \in X^{**}$ gilt $\langle g, f_n \rangle_{X^{**}, X^*} \to \langle g, f \rangle_{X^{**}, X^*}$, und

$$f_n \overset{*}{\rightharpoonup} f \qquad * \text{-schwach in } X^* \quad (n \to \infty),$$

d.h. für alle $x \in X$ gilt $\langle f_n, x \rangle_{X^*, X} \to \langle f, x \rangle_{X^*, X}$. Diese Konvergenzen lassen sich durch entsprechende Topologien charakterisieren, deren Konstruktion wir nun beschreiben.

Sei X ein Vektorraum und seien $(Y_i)_{i \in I}$ topologische Räume. Für alle $i \in I$ seien $\varphi_i : X \to Y_i$ Abbildungen. Wir suchen die *gröbste* Topologie τ auf X, so dass alle φ_i stetig sind, d.h. die Topologie, die am wenigsten offene Mengen enthält. Seien $U_i \subseteq Y_i$ offene Mengen, dann sind notwendigerweise alle $\varphi_i^{-1}(U_i)$ Elemente von τ. Wir bezeichnen die Familie aller solcher Mengen mit $(U_\lambda)_{\lambda \in \Lambda}$. Wir suchen nun das kleinste Mengensystem τ, dass $(U_\lambda)_{\lambda \in \Lambda}$ enthält und abgeschlossen bzgl. endlicher Durchschnitte und beliebiger Vereinigungen ist. Dazu bilden wir *zuerst* alle möglichen endlichen Durchschnitte von Mengen aus $(U_\lambda)_{\lambda \in \Lambda}$, d.h. $\bigcap_{\lambda \in \Gamma} U_\lambda$, $\Gamma \subseteq \Lambda$, Γ endlich. Dieses System bezeichnen wir mit Φ. Danach bilden wir beliebige Vereinigungen von Mengen aus Φ. Dieses neue System sei $\mathcal{F}$. Es ist klar, dass $\mathcal{F}$ abgeschlossen bzgl. beliebigen Vereinigungen ist. Man kann zeigen, dass $\mathcal{F}$ auch abgeschlossen bzgl. endlicher Durchschnitte ist (cf. [7, Lemma 3.1]).

Somit ist die gesuchte *gröbste Topologie* τ gegeben durch endliche Durchschnitte von Mengen der Form $\varphi_i^{-1}(U_i)$, U_i offen in Y_i, und beliebigen Vereinigungen solcher Mengen. In Termen von Umgebungen ausgedrückt heißt dies: Für $x \in X$ ist eine Umgebungsbasis von x bzgl. τ gegeben durch endliche Durchschnitte der Form $\varphi_i^{-1}(V_i)$, V_i Umgebung von $\varphi_i(x)$ in Y_i. Die Konvergenz von Folgen in der Topologie τ ist vollständig durch die Abbildungen φ_i, $i \in I$, charakterisiert.

8.4 Lemma. *Sei $(x_n) \subseteq X$ eine Folge. Die Folge (x_n) konvergiert gegen $x \in X$ bzgl. τ genau dann, wenn $\varphi_i(x_n) \to \varphi_i(x)$ $(n \to \infty)$ für alle $i \in I$.*

Beweis. cf. [7, Proposition 3.1] ∎

Wir wenden diese Konstruktion nun an, um die Topologien zu charakterisieren, die zu den oben definierten schwachen Konvergenzen gehören.

Sei X ein Banachraum und sei $f \in X^*$. Wir definieren $\varphi_f : X \to \mathbb{R}$ durch

$$\varphi_f(x) := \langle f, x \rangle_X$$

und betrachten die Familie $(\varphi_f)_{f \in X^*}$. Die **schwache Topologie** $\omega(X, X^*)$ auf X ist die gröbste Topologie bzgl. derer alle $(\varphi_f)_{f \in X^*}$ stetig sind. (Wir setzten in der obigen Konstruktion $X := X$, $Y_i := \mathbb{R}$, $I := X^*$). Eine offene Umgebungsbasis von $x_0 \in X$ bzgl. $\omega(X, X^*)$ ist durch Mengen der Form

$$V = \{ x \in X \mid |\langle f_i, x - x_0 \rangle_X| < \varepsilon, i \in J \} \tag{8.5}$$

gegeben, wobei J eine endliche Indexmenge ist, $f_i \in X^*$ und $\varepsilon > 0$. Man kann zeigen, dass X versehen mit der schwachen Topologie $\omega(X, X^*)$ ein Hausdorff-Raum ist (cf. [7, Proposition 3.3]).

8.6 Lemma. *Für eine Folge $(x_n) \subseteq X$ gilt:*

(i) $x_n \rightharpoonup x$ *bzgl.* $\omega(X, X^*)$ $(n \to \infty)$ *genau dann, wenn* $x_n \rightharpoonup x$ $(n \to \infty)$ *in Sinne von* (8.2).

(ii) *Aus* $x_n \to x$ *stark in* X $(n \to \infty)$ *folgt* $x_n \rightharpoonup x$ *schwach in* X $(n \to \infty)$.

(iii) *Falls* $x_n \rightharpoonup x$ *schwach in* X $(n \to \infty)$, *dann ist die Folge* $(\|x_n\|_X) \subseteq \mathbb{R}$ *beschränkt und es gilt:*

$$\|x\|_X \le \liminf_{n \to \infty} \|x_n\|_X .$$

Beweis. Behauptung (i) folgt aus Lemma 8.4. Behauptung (ii) folgt sofort aus der Abschätzung $|\langle f, x_n - x \rangle_X| \le \|f\|_{X^*} \|x_n - x\|_X$, wobei $f \in X^*$. Die Beschränktheit der Folge $(\|x_n\|_X)$ in Behauptung (iii) ist eine Folgerung aus dem Prinzip der gleichmäßigen Beschränktheit 10.5. Die Ungleichung in Behauptung (iii) folgt mithilfe von Lemma 7.3 (i).   ∎

Die schwache Konvergenz ist kompatibel mit linearen, steigen Operatoren.

8.7 Satz. *Seien X, Y Banachräume und sei $A \in L(X, Y)$. Dann ist A auch schwach folgenstetig, d.h. $x_n \rightharpoonup x$ in X impliziert $Ax_n \rightharpoonup Ax$ in Y.*

Beweis. Sei $y^* \in Y^*$ und konvergiere x_n schwach gegen x in X. Dann folgt

$$\langle y^*, Ax_n \rangle_Y = \langle A^* y^*, x_n \rangle_X \to \langle A^* y^*, x \rangle_X = \langle y^*, Ax \rangle_Y ,$$

d.h. A ist schwach folgenstetig.   ∎

8.8 Lemma. *Sei $M \subseteq X$ eine kompakte Menge bzgl. der schwachen Topologie $\omega(X, X^*)$. Dann ist M bzgl. der Norm in X beschränkt.*

Beweis. Dies folgt auch aus dem Prinzip der gleichmäßigen Beschränktheit 10.5. Die punktweise Beschränktheit, d.h. $\sup_{x \in M} |\langle f, x \rangle_X| \le c(f)$, folgt aus der Überdeckung von M durch die schwach offenen Mengen $U_x = \{z \in X \mid |\langle f, x - z \rangle_X| < 1\}$.   ∎

Aufgrund der Konstruktion der schwachen Topologie ist klar, dass die schwache Topologie $\omega(X, X^*)$ *immer* gröber ist als die, durch die Norm in X definierte, starke Topologie. Im Allgemeinen ist die schwache Topologie *strikt* gröber als die starke Topologie, d.h. es gibt bzgl. der starken Topologie offene Mengen, die aber *nicht* offen bzgl. der schwachen Topologie sind. In endlich-dimensionalen Banachräumen gilt allerdings:

8.9 Lemma. *Sei X ein endlich-dimensionaler Banachraum. Dann stimmen die starke und die schwache Topologie überein. Insbesondere konvergiert eine Folge $(x_n) \subseteq X$ genau dann schwach, wenn sie stark konvergiert.*

Beweis. Dies folgt sofort aus der Tatsache, dass die Projektionen $x \mapsto x_i$ stetige lineare Funktionale auf X sind, wobei $x = \sum_{i=1}^n x_i \, e_i$ eine Darstellung bezüglich einer Einheitsbasis $(e_i)_{i=1}^n$ von X ist (cf. [7, Proposition 3.6]).   ∎

8.10 Satz (Mazur). *Eine konvexe Menge C eines Banachraumes X ist genau dann bzgl. der starken Topologie abgeschlossen, wenn sie bzgl. der schwachen Topologie abgeschlossen ist.*

Beweis. Dies folgt sofort aus der Trennungseigenschaft des Satzes von Hahn–Banach 10.10) und der Charakterisierung der Umgebungsbasis (cf. (8.5)) in der schwachen Topologie (cf. [7, Theorem 3.7]). ∎

Auf dem Dualraum X^* eines Banachraumes kann man neben der starken Topologie (gegeben durch die Norm in X^*) und der schwachen Topologie $\omega(X^*, X^{**})$ noch die $*$-schwache Topologie $\omega(X^*, X)$ definieren. Für $x \in X$ definieren wir $\varphi_x : X^* \to \mathbb{R}$ durch

$$\varphi_x(f) := \langle f, x \rangle_X$$

und betrachten die Familie $(\varphi_x)_{x \in X}$. Die **$*$-schwache Topologie** $\omega(X^*, X)$ auf den Dualraum X^* eines Banachraumes X ist die gröbste Topologie bzgl. derer alle $(\varphi_x)_{x \in X}$ stetig sind. (Wir setzen $X = X^*$, $Y_i = \mathbb{R}$, $I = X$ in der obigen Konstruktion). Eine Umgebungsbasis von $f_0 \in X^*$ bzgl. $\omega(X^*, X)$ ist durch Mengen der Form

$$V = \{ f \subset X^* \mid |\langle f - f_0, x_i \rangle_X| < \varepsilon, i \in J \},$$

gegeben, wobei J eine endliche Indexmenge ist, $x_i \in X$ und $\varepsilon > 0$. Man kann zeigen, dass X^* versehen mit der $*$-schwachen Topologie $\omega(X^*, X)$ ein Hausdorff–Raum ist (cf. [7, Proposition 3.11]). In Analogie zu Satz 8.6 hat man:

8.11 Satz. *Für eine Folge $(f_n) \subseteq X^*$ gilt:*

(i) $f_n \overset{*}{\rightharpoonup} f$ *bzgl.* $\omega(X^*, X)$ $(n \to \infty)$ *genau dann, wenn* $f_n \overset{*}{\rightharpoonup} f$ $(n \to \infty)$ *im Sinne von (8.3).*

(ii) *Aus* $f_n \rightharpoonup f$ *schwach in* X^* $(n \to \infty)$ *folgt* $f_n \overset{*}{\rightharpoonup} f$ $*$-*schwach in* X^* $(n \to \infty)$.

(iii) *Falls* $f_n \overset{*}{\rightharpoonup} f$ $*$-*schwach in* X^* $(n \to \infty)$, *dann ist die Folge* $(\|f_n\|_{X^*}) \subseteq \mathbb{R}$ *beschränkt und es gilt:*

$$\|f\|_{X^*} \leq \liminf_{n \to \infty} \|f_n\|_{X^*} .$$

Für reflexive Banachräume X erhält man sofort, dass schwache Konvergenz und $*$-schwache Konvergenz von Folgen $(f_n) \subseteq X^*$ übereinstimmen. In der $*$-schwachen Topologie $\omega(X^*, X)$ haben wir folgendes fundamentale Resultat:

8.12 Satz (Banach, Aloaglu, Bourbaki 1938). *Sei X ein Banachraum. Dann ist die abgeschlossene Einheitskugel $B = \{ f \in X^* \mid \|f\|_{X^*} \leq 1 \}$ des Dualraumes X^* kompakt bzgl. der $*$-schwachen Topologie $\omega(X^*, X)$.*

Beweis. cf. [7, Theorem 3.16], [17, Satz 69.3] ∎

8.13 Satz. *Sei X ein Banachraum. Dann ist die abgeschlossene Einheitskugel $B = \{x \in X \mid \|x\|_X \leq 1\}$ des Raumes X kompakt bzgl. der schwachen Topologie $\omega(X, X^*)$ genau dann, wenn der Raum X reflexiv ist.*

Beweis. cf. [7, Theorem 3.17], [17, Satz 70.4]   ∎

8.14 Folgerung. *Sei X ein reflexiver Banachraum und sei $K \subseteq X$ eine konvexe, abgeschlossene, beschränkte Teilmenge. Dann ist K kompakt bzgl. der schwachen Topologie $\omega(X, X^*)$.*

Beweis. Dies folgt sofort aus Satz 8.13, Satz 8.10 und Lemma 1.2.   ∎

8.15 Satz (Eberlein, Šmuljan 1940). *Sei X ein reflexiver Banachraum. Dann besitzt jede beschränkte Folge $(x_n) \subseteq X$ eine schwach konvergente Teilfolge (x_{n_k}).*

Beweis. cf. [7, Theorem 3.18], [2, Satz 6.9]   ∎

8.16 Satz. *Sei X ein Banachraum, dessen Dualraum X^* separabel ist. Dann ist die abgeschlossene Einheitskugel $B_X = \{x \in X \mid \|x\|_X \leq 1\}$ in der schwachen Topologie $\omega(X, X^*)$ metrisierbar, d.h. es existiert eine Metrik d, deren induzierte Topologie τ_d mit der schwachen Topologie $\omega(X, X^*)$ auf B_X übereinstimmt.*

Beweis. cf. [7, Satz 3.29].   ∎

8.17 Satz. *Sei X ein separabler Banachraum. Dann ist die abgeschlossene Einheitskugel $B_{X^*} = \{f \in X^* \mid \|f\|_{X^*} \leq 1\}$ in der $*$-schwachen Topologie $\omega(X^*, X)$ metrisierbar, d.h. es existiert eine Metrik d, deren induzierte Topologie τ_d mit der $*$-schwachen Topologie $\omega(X^*, X)$ auf B_{X^*} übereinstimmt.*

Beweis. cf. [7, Satz 3.28].   ∎

8.18 Folgerung. *Sei X ein separabler Banachraum. Dann besitzt jede beschränkte Folge $(f_n) \subseteq X^*$ eine $*$-schwach konvergente Teilfolge (f_{n_k}).*

Beweis. cf. [7, Folgerung 3.30], [2, Satz 6.9]   ∎

Mithilfe von (8.5), Satz 8.16, Satz 8.15 und dem Satz von Hahn–Banach 10.7 kann man zeigen:

8.19 Lemma. *Sei X ein reflexiver Banachraum und sei $M \subseteq X$ eine beschränkte Teilmenge. Dann gibt es für alle Punkte x des Abschlusses von M bzgl. der schwachen Topologie $\omega(X, X^*)$ eine Folge $(x_n) \subseteq M$ mit*

$$x_n \rightharpoonup x \qquad in\ X \quad (n \to \infty)\,.$$

Beweis. cf. [34, S. 911–912]   ∎

A.9 Konvexität und Glattheitseigenschaften der Norm

Sei X ein Banachraum. Der Raum X heißt **strikt konvex**, wenn für alle $x \neq y$, mit $\|x\|_X = \|y\|_X = 1$, und $t \in (0,1)$ gilt: $\|(1-t)x + ty\|_X < 1$. Man nennt den Raum X **lokal gleichmäßig konvex** genau dann, wenn für alle $\varepsilon \in (0,2]$ und alle $x \in X$ mit $\|x\|_X = 1$ ein $\delta = \delta(x, \varepsilon) > 0$ existiert, so dass für alle $y \in X$, mit $\|y\|_X = 1$ und $\|x-y\|_X \geq \varepsilon$, gilt: $\|2^{-1}(x+y)\|_X \leq 1-\delta$. Diese Definition ist äquivalent zu folgender Aussage: Seien $x_0 \in X$ und $(x_n) \subseteq X$ Elemente mit $\|x_0\|_X = 1$, $\|x_n\|_X = 1$. Dann folgt aus $\|2^{-1}(x_n + x_0)\|_X \to 1$ ($n \to \infty$), dass $x_n \to x_0$ in X ($n \to \infty$). Falls man δ unabhängig von x wählen kann, heißt der Raum **gleichmäßig konvex**. Offensichtlich haben wir für einen Raum X folgende Implikationen:

gleichmäßig konvex $\Rightarrow$ lokal gleichmäßig konvex $\Rightarrow$ strikt konvex.

Als direkte Konsequenz der äquivalenten Definition eines lokal gleichmäßig konvexen Raumes und Lemma 8.6 (iii) haben wir:

9.1 Lemma. *Sei X ein lokal gleichmäßig konvexer Banachraum. Aus $x_n \rightharpoonup x_0$ in X ($n \to \infty$) und $\|x_n\|_X \to \|x_0\|_X$ ($n \to \infty$) folgt $x_n \to x_0$ in X ($n \to \infty$).*

Beweis. cf. [33, S. 258]. ∎

Es gilt folgende wichtige Eigenschaft gleichmäßig konvexer Banachräume.

9.2 Satz (Milman 1938, Pettis 1939). *Jeder gleichmäßig konvexe Banachraum ist reflexiv.*

Beweis. cf. [9, S. 37 ff], [29, S. 125]. ∎

Aus der Parallelogrammgleichung folgt sofort, dass ein Hilbertraum H *gleichmäßig konvex* ist. Somit folgt aus Satz 9.2, dass ein Hilbertraum H auch *reflexiv* ist. Die *Konvexitätseigenschaften* der Norm sind eng mit den *Glattheitseigenschaften* der Norm verbunden.

9.3 Satz. *Sei X ein reflexiver Banachraum. Dann gilt:*

(i) *Falls der Dualraum X^* strikt konvex ist, dann ist die Norm $x \mapsto \|x\|_X$ auf $X \setminus \{0\}$ Gâteaux-differenzierbar.*

(ii) *Falls der Dualraum X^* lokal gleichmäßig konvex ist, dann ist die Norm $x \mapsto \|x\|_X$ auf $X \setminus \{0\}$ Fréchet-differenzierbar.*

Beweis. cf. [9, S. 23, 32], Satz 3.3.19. ∎

Es gilt folgendes fundamentale Resultat:

9.4 Satz (Kadec 1958, Troyanski 1971). *In jedem reflexiven Banachraum X gibt es eine äquivalente Norm, so dass sowohl X bzgl. dieser neuen Norm als auch X^* bzgl. der dadurch induzierten Norm lokal gleichmäßig konvex sind.*

Beweis. cf. [9, S. 164 ff]. ∎

A.10 Wichtige Sätze aus der linearen Funktionalanalysis

10.1 Satz. *Es sei $M \subseteq H$ eine nichtleere, abgeschlossene, konvexe Teilmenge eines Hilbertraumes H. Zu jedem $u \in H$ gibt es ein eindeutiges Element $v \in M$ mit*

$$\|u - v\|_H = \inf \left\{ \|u - w\|_H \mid w \in M \right\}.$$

Beweis. cf. [2, Satz 2.2], [7, Theorem 5.2], [21, Satz 11.4]　　■

10.2 Satz (Projektionssatz). *Sei V ein abgeschlossener Unterraum des Hilbertraumes H. Dann gibt es zu jedem $u \in H$ eine eindeutige Zerlegung*

$$u = v + w, \quad v \in V, \quad w \in V^\perp,$$

d.h. es existiert eine Zerlegung $H = V \oplus V^\perp$.

Beweis. cf. [7, Folgerung 5.4], [21, Satz 11.7]　　■

10.3 Satz (Rieszscher Darstellungssatz). *Sei H ein Hilbertraum. Zu jedem linearen Funktional $F \in H^*$ gibt es ein eindeutig bestimmtes Element $f \in H$ mit*

$$\langle F, u \rangle_H = (u, f)_H, \qquad \forall u \in H,$$

und $\|f\|_H = \|F\|_{H^*}$. Die Abbildung $R \colon H \to H^* \colon f \mapsto F$ nennt man Riesz-Isomorphismus. Mit ihr lässt sich H mit seinem Dualraum H^* identifizieren und man schreibt $H \cong H^*$.

Beweis. cf. [7, Theorem 5.5], [21, Satz 11.9]　　■

Sei H ein Hilbertraum. Eine **Bilinearform** ist eine Abbildung $[\cdot, \cdot]$ von $H \times H$ nach $\mathbb{R}$, die linear in beiden Argumenten ist. Eine Bilinearform heißt **beschränkt**, wenn es eine Konstante $K > 0$ gibt, so dass für alle $u, v \in H$ gilt:

$$|[u, v]| \leq K \|u\|_H \|v\|_H.$$

Eine Bilinearform heißt **koerziv**, wenn eine Konstante $c_0 > 0$ existiert, so dass für alle $u \in H$ gilt:

$$[u, u] \geq c_0 \|u\|_H^2.$$

Man beachte, dass keine Symmetrie für $[\cdot, \cdot]$ vorausgesetzt wird.

10.4 Lemma (Lax, Milgram). *Sei H ein Hilbertraum und $[\cdot, \cdot]$ eine koerzive, beschränkte Bilinearform auf H. Dann gibt es zu jedem beschränkten, linearen Funktional $F \in H^*$ ein eindeutiges $u \in H$ mit*

$$[v, u] = \langle F, v \rangle_H \qquad \textit{für alle } v \in H.$$

Beweis. cf. [7, Folgerung 5.8], [2, Satz 4.2]　　■

10.5 Satz (Prinzip der gleichmäßigen Beschränktheit, Banach, Steinhaus). *Sei $(A_i)_{i \in I}$ ein System beschränkter linearer Operatoren, die einen Banachraum X in einen Banachraum Y abbilden. Das System (A_i) sei punktweise beschränkt, d.h. für alle $x \in X$ gelte*

$$\sup_{i \in I} \|A_i x\|_Y < \infty \,.$$

Dann sind die Operatornormen gleichmäßig beschränkt, d.h.

$$\sup_{i \in I} \|A_i\|_{L(X,Y)} < \infty \,.$$

Beweis. cf. [7, Theorem 2.2], [2, Satz 5.2]   ■

Der Beweis beruht auf dem *Baireschen Kategoriensatz*.

10.6 Satz (Baire). *Sei M ein vollständiger, metrischer Raum und sei (A_n) eine Folge von abgeschlossenen Teilmengen von M. Jede der Mengen A_n habe ein leeres Inneres, d.h. $\mathrm{int}\,(A_n) = \emptyset$. Dann gilt:*

$$\mathrm{int}\,\Big(\bigcup_{n=1}^{\infty} A_n \Big) = \emptyset \,.$$

Beweis. cf. [7, Theorem 2.1], [2, Satz 5.1]   ■

10.7 Satz (Hahn–Banach, analytische Form). *Sei V ein Vektorraum und $p : V \to \mathbb{R}$ subadditiv und positiv homogen, d.h. $p(\lambda x) = \lambda p(x)$ für alle $x \in V$ und $\lambda \in \mathbb{R}$, $\lambda > 0$, sowie $p(x + y) \le p(x) + p(y)$ für alle $x, y \in V$. Ferner sei W ein linearer Teilraum von V und $\varphi : W \to \mathbb{R}$ ein lineares Funktional mit*

$$\varphi(x) \le p(x) \qquad \text{für alle } x \in W \,.$$

Dann gibt es eine Fortsetzung $f : V \to \mathbb{R}$ von φ, d.h. $f|_W = \varphi$, so dass

$$f(x) \le p(x) \qquad \text{für alle } x \in V \,.$$

Beweis. cf. [7, Theorem 1.1], [2, Satz 4.14]   ■

10.8 Folgerung. *Sei X ein normierter Vektorraum und $V \subseteq X$ ein linearer Teilraum. Jedes stetige, lineare Funktional $\varphi \in V^*$ lässt sich zu einem stetigen, linearen Funktional $f \in X^*$ fortsetzen, so dass*

$$\|f\|_{X^*} = \|\varphi\|_{V^*} \,.$$

Beweis. cf. [7, Folgerung 1.2], [2, Satz 4.15]   ■

Eine **Hyperebene** H in einem normierten Vektorraum X ist eine Menge der Gestalt

$$H = \{x \in X \mid \varphi(x) = \alpha\} =: \{\varphi = \alpha\}\,,$$

wobei $\varphi : X \to \mathbb{R}$ eine nichttriviale lineare Abbildung ist und $\alpha \in \mathbb{R}$. Die Hyperebene ist **abgeschlossen** genau dann, wenn die lineare Abbildung φ stetig ist. Seien A, B Teilmengen des normierten Vektorraumes X. Man sagt, dass die Hyperebene $\{\varphi = \alpha\}$ die Mengen A und B **trennt** genau dann, wenn für alle $x \in A$ und $y \in B$ gilt:

$$\varphi(x) \leq \alpha \leq \varphi(y)\,. \tag{10.9}$$

Man spricht von **strikter Trennung**, wenn ein $\varepsilon > 0$ existiert mit

$$\varphi(x) + \varepsilon \leq \alpha \leq \varphi(y) - \varepsilon\,, \qquad x \in A,\ y \in B\,.$$

10.10 Satz (Hahn–Banach, geometrische Form). *Sei X ein normierter Vektorraum und seien A, B zwei nichtleere, disjunkte, konvexe Teilmengen von X. Die Menge A sei offen. Dann gibt es eine abgeschlossene, A und B trennende Hyperebene.*

Beweis. cf. [7, Theorem 1.6]   ∎

10.11 Satz. *Sei X ein normierter Vektorraum und seien $A, C \subseteq V$ konvexe, disjunkte, nichtleere Teilmengen von X. Ferner sei A abgeschlossen und C kompakt. Dann gibt es eine abgeschlossene Hyperebene, die A und C strikt trennt.*

Beweis. cf. [7, Theorem 1.7]   ∎

A.11 Lebesgue–Maß und Lebesgue–Integral

Die Theorie des Lebesgue–Maßes und Lebesgue–Integrals kann in vielen Lehrbüchern gefunden werden. Die Beweise aller Behauptungen in diesem Abschnitt können z.B. in [13, Kapitel 1], [2, Anhang 1], [3, Kapitel IX, X] und [25] gefunden werden.

Ein *offenes Intervall* $I \subseteq \mathbb{R}^d$, $d \geq 1$, ist eine Menge der Form $I = (a_1, b_1) \times \ldots \times (a_d, b_d)$, $a_i < b_i \in \mathbb{R}$, $i = 1, \ldots, d$. Das *Volumen* eines offenen Intervalls wird durch

$$\mathrm{vol}(I) := (b_1 - a_1) \cdot \ldots \cdot (b_d - a_d)$$

definiert. Für jede beliebige Teilmenge $A \subseteq \mathbb{R}^d$ setzen wir

$$\mu^*(A) := \inf\left\{\sum_{k=1}^{\infty} \mathrm{vol}(I_k) \,\Big|\, A \subseteq \bigcup_{k=1}^{\infty} I_k,\ I_k \text{ ist ein offenes Intervall}\right\}.$$

Die so definierte Funktion $\mu^* : 2^{\mathbb{R}^d} \to \mathbb{R}_{\geq} \cup \{\infty\}$ heißt **äußeres Lebesgue–Maß**, wobei $2^{\mathbb{R}^d}$ die Menge aller Teilmengen des $\mathbb{R}^d$ ist. Allgemeiner, sei X eine Menge, dann bezeichnet man jede Funktion $\nu^* : 2^X \to \mathbb{R}_{\geq} \cup \{\infty\}$, die monoton und nichtnegativ ist, sowie $\nu^*(\emptyset) = 0$ und für beliebige Teilmengen $A_j \subseteq X$

$$\nu^*\Big(\bigcup_{j=1}^{\infty} A_j \Big) \leq \sum_{j=1}^{\infty} \nu^*(A_j)$$

erfüllt, als **äußeres Maß**.

Eine Menge $A \subseteq \mathbb{R}^d$ heißt **Lebesgue-messbar**, wenn für alle Teilmengen $T \subseteq \mathbb{R}^d$ gilt:

$$\mu^*(T) = \mu^*(T \cap A) + \mu^*(T \setminus A). \tag{11.1}$$

Das System aller Lebesgue-messbaren Mengen bezeichnen wir mit $\mathcal{M}$ und definieren das **Lebesgue–Maß** μ, von Mengen $M \in \mathcal{M}$ durch

$$\mu(M) := \mu^*(M).$$

Man kann zeigen, dass alle offenen Mengen des $\mathbb{R}^d$ und alle Mengen $A \subseteq \mathbb{R}^d$ mit $\mu^*(A) = 0$ im System der Lebesgue-messbaren Mengen $\mathcal{M}$ enthalten sind. Weiterhin kann zeigen, dass für paarweise disjunkte Mengen $A_k \in \mathcal{M}$ gilt:

$$\mu\Big(\bigcup_{k=1}^{\infty} A_k \Big) = \sum_{k=1}^{\infty} \mu(A_k).$$

Messbare Mengen $A \in \mathcal{M}$ können beliebig genau durch offene bzw. kompakte Mengen approximiert werden, d.h.

$$\begin{aligned} \mu(A) &= \inf \{ \mu(G) \,|\, G \text{ offen}, G \supseteq A \}, \\ \mu(A) &= \sup \{ \mu(K) \,|\, K \text{ kompakt}, K \subseteq A \}. \end{aligned} \tag{11.2}$$

Ein System $\mathcal{S}$ von Teilmengen einer Menge X heißt σ**-Algebra**, falls:

(i) $X \in \mathcal{S}$,

(ii) $A \in \mathcal{S} \Rightarrow X \setminus A \in \mathcal{S}$,

(iii) $A_j \in \mathcal{S} \Rightarrow \bigcup_{j=1}^{\infty} A_j \in \mathcal{S}$.

Zu jedem System $\mathcal{T}$ von Teilmengen von X existiert eine kleinste σ-Algebra $\mathcal{S}$, die das gegebene System $\mathcal{T}$ enthält. Man sagt, dass $\mathcal{S}$ von $\mathcal{T}$ generiert wird. Die von den offenen Mengen generierte σ-Algebra heißt **Borel σ-Algebra**. Die Elemente der Borel σ-Algebra heißen **Borel–Mengen**. Man kann zeigen, dass das System aller Lebesgue-messbaren Mengen $\mathcal{M}$ eine σ-Algebra ist, die die Borel σ-Algebra enthält.

Der hier vorgestellte Zugang zur Konstruktion des Lebesgue–Maßes kann völlig analog auf beliebige Mengen X verallgemeinert werden. Für allgemeine

Mengen X werden folgende Begriffe und Bezeichnungen benutzt. Sei $\mathcal{S}$ ein System von Teilmengen von X. Eine nichtnegative Funktion $\nu : \mathcal{S} \to [0, \infty]$ heißt **Maß**, falls

(i) $\mathcal{S}$ eine σ-Algebra ist,

(ii) $\nu(\emptyset) = 0$,

(iii) für jede Folge paarweiser disjunkter Mengen $A_j \in \mathcal{S}$ gilt:

$$\nu\Big(\bigcup_{k=1}^{\infty} A_k \Big) = \sum_{k=1}^{\infty} \nu(A_k)\,.$$

Das Tripel $(X, \mathcal{S}, \nu)$ heißt **Maßraum**. Die Eigenschaft (iii) nennt man σ-**Additivität**. Man sagt, dass ein Maß **endlich** ist, falls $\nu(X) < \infty$. Eine Teilmenge $A \subseteq X$ heißt σ-**endlich**, falls man Mengen B_k, $\nu(B_k) < \infty$, findet mit $A = \cup_{k=1}^{\infty} B_k$. Ein Maß ν ist **vollständig**, wenn für alle $B \in \mathcal{S}$ folgende Implikation gilt:

$$\nu(B) = 0 \quad \text{und} \quad A \subseteq B \quad \Rightarrow \quad A \in \mathcal{S}\,.$$

Man sagt, dass ein Maß **regulär** ist, falls für alle messbaren Mengen $M \in \mathcal{S}$ (11.2) gilt. Ein Maß ν heißt **Borel–Maß**, wenn ν auf der Borel σ-Algebra definiert ist. Eine Menge mit Maß Null heißt **Nullmenge**. Sei ν ein Maß auf X und $E \in \mathcal{S}$. Um die **Restriktion** des Maßes ν auf E zu definieren, bezeichnen wir mit $\mathcal{S}_E$ die σ-Algebra $\{M \in \mathcal{S} \mid M \subseteq E\}$ von Teilmengen von E. Auf $\mathcal{S}_E$ definieren wir

$$\nu|_E(M) := \nu(M)\,, \qquad M \in \mathcal{S}_E\,.$$

Somit übertragen sich alle Eigenschaften des Maßraumes $(X, \mathcal{S}, \nu)$ auf den Maßraum $(E, \mathcal{S}_E, \nu|_E)$. Eine Funktion $\nu: \mathcal{S} \to [-\infty, \infty]$, die obige Eigenschaften (i)–(iii) besitzt nennt man **signiertes Maß**. Man beachte, dass ein signiertes Maß nur einen der Werte ∞ oder $-\infty$ annehmen kann. Alle für Maße eingeführten Begriffe haben eine Entsprechung für signierte Maße.

11.3 Satz (Hahn). *Für jeden signierten Maßraum $(X, \mathcal{S}, \nu)$ gibt es eine, bis auf Nullmengen, eindeutige, disjunkte Zerlegung $X = P \cup N$, $P, N \in \mathcal{S}$, $P \cap N = \emptyset$, so dass für alle $M \in \mathcal{S}$ gilt:*

$$\nu(P \cap M) \geq 0 \quad und \quad \nu(N \cap M) \leq 0\,.$$

Das Lebesgue–Maß μ auf $\mathcal{M} \subseteq 2^{\mathbb{R}^d}$ ist also ein vollständiges, σ-endliches, reguläres Borel–Maß. Die Restriktion des Lebesgue–Maßes auf beliebige messbare Mengen A hat völlig analoge Eigenschaften wie das Lebesgue–Maß auf $\mathbb{R}^d$.

Im Folgenden sei $(X, \mathcal{S}, \nu)$ ein vollständiger Maßraum. Man stelle sich das Lebesgue–Maß auf $\mathbb{R}^d$ oder auf einer messbaren Teilmenge des $\mathbb{R}^d$ vor. Sei

$D \in \mathcal{S}$. Eine Funktion $f : D \to \mathbb{R} \cup \{\pm\infty\}$ heißt ν-**messbar** auf D, falls für alle $\alpha \in \mathbb{R}$ die Menge

$$\{x \in D \mid f(x) > \alpha\} =: \{f > \alpha\}$$

ν-messbar ist. Das System der messbaren Funktionen ist sehr stabil, wie der folgende Satz zeigt:

11.4 Satz (Eigenschaften messbarer Funktionen). *Seien $f, g : X \to \mathbb{R}$, $f_n : X \to \mathbb{R} \cup \{\pm\infty\}$ messbare Funktionen, $\lambda \in \mathbb{R}$ und φ eine stetige Funktion definiert auf einer offenen Menge $G \subseteq \mathbb{R}$. Dann sind auch die folgenden Funktionen messbar*

(i) $\lambda f, f + g, \max(f, g), \min(f, g), f^+, f^-, |f|, fg, f/g$ *falls* $g \neq 0$,

(ii) $\sup\limits_{n \in \mathbb{N}} f_n, \inf\limits_{n \in \mathbb{N}} f_n, \limsup\limits_{n \to \infty} f_n, \liminf\limits_{n \to \infty} f_n, \lim\limits_{n \to \infty} f_n$ *falls der Grenzwert existiert,*

(iii) $\varphi \circ f$*, falls* $f(X) \subseteq G$.

Im Falle des Lebesgue–Maßes μ auf $\mathbb{R}^d$ sind messbare Funktionen bereits auf „großen" Mengen stetig.

11.5 Satz (Lusin). *Sei $A \subseteq \mathbb{R}^d$ eine Lebesgue-messbare Menge mit $\mu(A) < \infty$ und sei $f : A \to \mathbb{R}$ Lebesgue-messbar. Für alle $\varepsilon > 0$ existiert eine kompakte Menge $K = K(\varepsilon) \subseteq A$, so dass*

(i) $\mu(A \setminus K) < \varepsilon$;

(ii) $f|_K$ *ist stetig.*

Eine **Treppenfunktion** $f : X \to \mathbb{R}$ ist eine endliche Linearkombination von *charakteristischen Funktionen* messbarer Mengen, d.h. es gibt $\alpha_i \in \mathbb{R}$ und $A_i \in \mathcal{S}$ mit

$$f = \sum_{i=1}^{m} \alpha_i \chi_{A_i}$$

wobei die *charakteristische Funktion* der Menge A durch

$$\chi_A(x) := \begin{cases} 0 & x \notin A, \\ 1 & x \in A, \end{cases}$$

definiert ist. Es gilt folgender wichtiger Satz:

11.6 Satz. *Sei $f \geq 0$ eine messbare Funktion. Dann existiert eine monoton steigende Folge (f_n) nichtnegativer Treppenfunktionen mit $f_n \nearrow f$.*

Da im Allgemeinen Nullmengen für die Integration und das Maß keine Rolle spielen, ist der Begriff **fast überall** von fundamentaler Bedeutung. Wir sagen, dass eine Funktion $h : D \to \mathbb{R}$ **fast überall** definiert ist, falls der Definitionsbereich $D \in \mathcal{S}$ die Bedingung $\nu(X \setminus D) = 0$ erfüllt. Seien f und

g Funktionen, die fast überall auf X definiert sind. Wir sagen $f(x) \leq g(x)$ **fast überall**, falls es eine Nullmenge $N \in \mathcal{S}$ gibt, so dass $f(x) \leq g(x)$ für alle $x \in X \setminus N$ gilt. Analog wird der Begriff „fast überall" oder „fast alle" in anderen Zusammenhängen verstanden, z.B. sagt man, dass eine Folge $f_n \colon X \to \mathbb{R}$ **fast überall** gegen die Funktion $f \colon X \to \mathbb{R}$ konvergiert, wenn es eine Nullmenge $N \in \mathcal{S}$ gibt, so dass für *alle* $x \in X \setminus N$ gilt:

$$\lim_{n \to \infty} f_n(x) = f(x).$$

Die Relation „$f = g$ fast überall" ist offensichtlich eine **Äquivalenzrelation** auf der Menge der messbaren Funktionen. Man kann also eine gegebene Funktion f auf einer beliebigen Nullmenge beliebig umdefinieren und bleibt in der gleichen Äquivalenzklasse. Für messbaren Funktionen unterschieden wir nicht zwischen der Funktion f und ihrer Äquivalenzklasse $[f]$.

Im Falle des Lebesgue–Maßes μ auf $\mathbb{R}^d$ folgt aus der fast überall Konvergenz einer Folge (f_n) bereits die gleichmäßige Konvergenz auf „großen" Mengen.

11.7 Satz (Egorov). *Sei $A \subseteq \mathbb{R}^d$ eine Lebesgue-messbare Menge mit $\mu(A) < \infty$ und seien $f, f_n \colon A \to \mathbb{R}$ Lebesgue-messbare Funktionen mit $f_n \to f$ fast überall $(n \to \infty)$. Dann existiert für alle $\varepsilon > 0$ eine messbare Menge $B \subseteq A$ mit*

(i) $\mu(A \setminus B) < \varepsilon$,

(ii) $f_n \rightrightarrows f$ *gleichmäßig auf B $(n \to \infty)$.*

Das abstrakte **Lebesgue–Integral** für Funktionen $f \colon X \to \mathbb{R}$, wobei $(X, \mathcal{S}, \nu)$ ein vollständiger Maßraum ist, wird wie folgt eingeführt. Sei $D \in \mathcal{S}$ und s eine nichtnegative Treppenfunktion mit einer Darstellung $s = \sum_{j=1}^{n} \beta_j \chi_{B_j}$, wobei B_j paarweise disjunkte, messbare Mengen sind und $\beta_j \geq 0$ gilt. Wir setzen

$$\int_D s \, d\nu := \sum_{j=1}^{n} \beta_j \nu(D \cap B_j).$$

Aufgrund von Satz 11.6 existiert für jede nichtnegative messbare Funktion f eine Folge von Treppenfunktionen $s_n \geq 0$, $s_n \nearrow f$ $(n \to \infty)$. Demzufolge definieren wir das abstrakte **Lebesgue–Integral** einer nichtnegativen messbaren Funktion $f \geq 0$ über einer Menge $D \in \mathcal{S}$ durch

$$\int_D f \, d\nu := \sup \left\{ \int_D s \, d\nu \,\middle|\, 0 \leq s \leq f \text{ auf } D, s \text{ Treppenfunktion} \right\}.$$

Für eine allgemeine messbare Funktion f und $D \in \mathcal{S}$ setzen wir

$$\int_D f \, d\nu := \int_D f^+ \, d\nu - \int_D f^- \, d\nu,$$

falls wenigstens eins der Integrale auf der rechten Seite endlich ist. Da für $D \in \mathcal{S}$ offensichtlich gilt:

$$\int\limits_D f \, d\nu = \int\limits_X f\chi_D \, d\nu \, ,$$

können wir uns im Weiteren auf Integrale auf ganz X beschränken. Die Menge aller messbaren auf X definierten Funktionen f, deren Integral definiert ist, wird mit $\mathcal{L}^*(\nu)$ bezeichnet. Weiter bezeichnen wir

$$L^1 = L^1(\nu) = L^1(X, \mathcal{S}, \nu) := \left\{ f \in \mathcal{L}^*(\nu) \mid \int\limits_X f \, d\nu \in \mathbb{R} \right\},$$

und sagen, dass Elemente $f \in L^1(\nu)$ **integrierbare Funktionen** sind. Das so definierte Integral hat folgende Eigenschaften:

11.8 Satz. *Seien $f, g \in L^1(\nu)$, $\alpha, \beta \in \mathbb{R}$ und h eine messbare Funktion. Dann gilt:*

(i) *Die Funktion f ist fast überall endlich.*

(ii) *Das Lebesgue–Integral ist additiv, d.h.*

$$\int\limits_X (\alpha f + \beta g) \, d\nu = \alpha \int\limits_X f \, d\nu + \beta \int\limits_X g \, d\nu \, .$$

(iii) *Das Lebesgue–Integral ist absolut stetig, d.h. für alle $\varepsilon > 0$ existiert ein $\delta > 0$ so, dass für alle messbaren Mengen D mit $\nu(D) \le \delta$ gilt:*

$$\int\limits_D |f| \, d\nu \le \varepsilon \, .$$

(iv) $|f| \in L^1(\nu)$ *und es gilt die Abschätzung:*

$$\left| \int\limits_X f \, d\nu \right| \le \int\limits_X |f| \, d\nu \, .$$

(v) $\max(f, g), \min(f, g) \in L^1(\nu) \, .$

(vi) *Aus $|h| \le g$ folgt $h \in L^1(\nu) \, .$*

Es gelten folgende Sätze über das Vertauschen von Integral und Grenzwert.

11.9 Satz (über monotone Konvergenz, Levi). *Sei (f_n) eine Folge messbarer Funktionen mit $f_n \nearrow f$ fast überall $(n \to \infty)$ und $\int_X f_1 \, d\nu > -\infty$. Dann gilt:*

$$\lim_{n \to \infty} \int\limits_X f_n \, d\nu = \int\limits_X f \, d\nu \, .$$

11.10 Satz (über majorisierte Konvergenz). *Sei* (f_n) *eine Folge messbarer Funktionen mit* $f_n \to f$ *fast überall* $(n \to \infty)$. *Wenn es eine Funktion* $h \in L^1(\nu)$ *gibt mit* $|f_n| \le h$ *fast überall für alle* $n \in \mathbb{N}$, *dann gilt:* $f \in L^1(\nu)$ *und*

$$\lim_{n \to \infty} \int_X f_n \, d\nu = \int_X f \, d\nu \,.$$

Man kann diesen Satz wie folgt verallgemeinern.

11.11 Satz. *Seien* (f_n) *und* (h_n) *Folgen aus* $L^1(\nu)$, *die fast überall gegen* f *bzw.* h, *ebenfalls aus* $L^1(\nu)$, *konvergieren. Weiterhin gelte* $|f_n| \le h_n$ *und*

$$\int_X h_n \, d\nu \to \int_X h \, d\nu \qquad (n \to \infty)\,.$$

Dann folgt

$$\int_X |f_n - f| \, d\nu \to 0 \qquad (n \to \infty)\,.$$

Es gilt folgende Umkehrung des Satzes 11.10:

11.12 Satz. *Seien* $f_n, f \in L^1(\nu)$, $n \in \mathbb{N}$, *und gelte*

$$\int_X |f_n - f| \, d\nu \to 0 \qquad (n \to \infty)\,.$$

Dann gibt es eine Teilfolge (f_{n_k}), *die fast überall gegen* f *konvergiert.*

11.13 Lemma (Fatou). *Sei* (f_n) *eine Folge messbarer Funktionen und sei* $g \in L^1(\nu)$. *Aus* $f_n \ge g$ *fast überall für alle* $n \in \mathbb{N}$ *folgt*

$$\int_X \liminf_{n \to \infty} f_n \, d\nu \le \liminf_{n \to \infty} \int_X f_n \, d\nu \,.$$

Der Satz über majorisierte Konvergenz 11.10 hat einfache aber wichtige Konsequenzen für *Parameterintegrale*.

11.14 Satz. *Sei* $(X, \mathcal{S}, \nu)$ *ein Maßraum,* P *ein metrischer Raum und* U *eine offene Umgebung eines Punktes* $a \in P$. *Sei* $F : U \times X \to \mathbb{R}$ *eine Funktion, die folgende Carathéodory- und Wachstumsbedingungen erfüllt:*

(i)   *Für fast alle Punkte* $x \in X$ *ist die Funktion* $F(\cdot, x)$ *stetig in* a.

(ii)   *Für alle* $t \in U$ *ist die Funktion* $F(t, \cdot)$ *messbar.*

(iii) *Es existiert eine Funktion* $g \in L^1(\nu)$, *so dass für alle* $t \in U$ *und fast alle* $x \in X$ *gilt:*

$$|F(t, x)| \le g(x)\,.$$

Dann ist für alle $t \in U$ die Funktion $F(t, \cdot)$ integrierbar, d.h. $F(t, \cdot) \in L^1(\nu)$, und die Funktion

$$f : t \mapsto \int_X F(t, \cdot)\, d\nu$$

ist stetig in a.

11.15 Satz. *Sei $(X, \mathcal{S}, \nu)$ ein Maßraum und $I \subseteq \mathbb{R}$ ein offenes Intervall. Sei $F : I \times X \to \mathbb{R}$ eine Funktion mit folgenden Eigenschaften:*

(i) *Für fast alle $x \in X$ ist $F(\cdot, x)$ differenzierbar in I.*

(ii) *Für alle $t \in I$ ist $F(t, \cdot)$ messbar.*

(iii) *Es existiert eine Funktion $g \in L^1(\nu)$, so dass für alle $t \in I$ und für fast alle $x \in X$ gilt:*

$$\left| \frac{d}{dt} F(t, x) \right| \leq g(x).$$

(iv) *Es gibt ein $t_0 \in I$, so dass $F(t_0, \cdot) \in L^1(\nu)$.*

Dann ist $F(t, \cdot)$ integrierbar für alle $t \in I$ und die Funktion

$$f : t \mapsto \int_X F(t, \cdot)\, d\nu$$

ist differenzierbar auf I mit der Ableitung

$$f'(t) = \frac{d}{dt} \int_X F(t, \cdot)\, d\nu = \int_X \frac{d}{dt} F(t, \cdot)\, d\nu.$$

Seien $(X, \mathcal{S}, \nu)$ und $(Y, \mathcal{T}, \lambda)$ Maßräume. Wir definieren das **äußere Produktmaß** $(\nu \times \lambda)^* : 2^{X \times Y} \to [0, \infty]$ für beliebige Teilmengen $S \subseteq X \times Y$ durch

$$(\nu \times \lambda)^*(S) := \inf\left\{ \sum_{i=1}^{\infty} \nu(A_i)\,\lambda(B_i) \,\middle|\, A_i \in \mathcal{S}, B_i \in \mathcal{T}, i \in \mathbb{N}, S \subseteq \bigcup_{i=1}^{\infty} A_i \times B_i \right\}.$$

Die Restriktion von $(\nu \times \lambda)^*$ auf alle bezüglich $(\nu \times \lambda)^*$-messbaren Mengen (cf. (11.1)) bezeichnen wir als **Produktmaß** $\nu \times \lambda$.

11.16 Satz (Fubini). *Seien $(X, \mathcal{S}, \nu)$ und $(Y, \mathcal{T}, \lambda)$ vollständige Maßräume und sei $f \in L^1(X \times Y, \mathcal{S} \times \mathcal{T}, \nu \times \lambda)$. Dann gilt für ν-fast alle $x \in X$:*

$$f(x, \cdot) \in L^1(Y, \mathcal{T}, \lambda),$$

und die für ν-fast alle $x \in X$ erklärte Funktion

$$x \mapsto \int_Y f(x, y)\, d\lambda(y)$$

ist ein Element von $L^1(X, \mathcal{S}, \nu)$. Für λ-fast alle $y \in Y$ gilt:

$$f(\cdot, y) \in L^1(X, \mathcal{S}, \nu),$$

und die für λ-fast alle $y \in Y$ erklärte Funktion

$$y \mapsto \int_X f(x, y) \, d\nu(x)$$

ist ein Element von $L^1(Y, \mathcal{T}, \lambda)$. Weiterhin gilt:

$$\int_{X \times Y} f(x, y) \, d(\nu \times \lambda) = \int_Y \left(\int_X f(x, y) \, d\nu(x) \right) d\lambda(y)$$
$$= \int_X \left(\int_Y f(x, y) \, d\lambda(y) \right) d\nu(x).$$

11.17 Satz (Transformationssatz). *Seien $U, V \subseteq \mathbb{R}^d$, $d \in \mathbb{N}$, offene Teilmengen des $\mathbb{R}^d$. Ferner sei $\varphi \colon U \to V$ ein Diffeomorphismus und $f \colon U \to \mathbb{R}$ eine Lebesgue-messbare Funktion. Dann ist $f \in L^1(V)$ genau dann, wenn $(f \circ \varphi) |\det(\nabla \varphi)| \in L^1(U)$. In diesem Fall gilt die Transformationsformel:*

$$\int_{\varphi(U)} f(y) \, dy = \int_U f\big(\varphi(x)\big) \big| \det \big(\nabla \varphi(x) \big) \big| \, dx.$$

A.12 Funktionenräume

A.12.1 Räume stetiger Funktionen

Eine Teilmenge $\Omega \subseteq \mathbb{R}^d$, $d \geq 1$, heißt **Gebiet**, falls Ω offen und zusammenhängend ist. In diesem Abschnitt setzen wir grundsätzlich voraus, dass Ω ein Gebiet im $\mathbb{R}^d$ ist. Eine Funktion $f \colon \Omega \to \mathbb{R}$ heißt **gleichmäßig stetig** genau dann, wenn für alle $\varepsilon > 0$ ein $\delta > 0$ existiert, so dass für alle $x, y \in \Omega$ mit $|x - y| \leq \delta$ gilt: $|f(x) - f(y)| \leq \varepsilon$. Mit $C(\overline{\Omega})$ bezeichnen wir die Menge aller beschränkten und gleichmäßig stetigen Funktionen $f \colon \overline{\Omega} \to \mathbb{R}$. Versehen mit der Norm

$$\|f\|_0 := \sup_{x \in \overline{\Omega}} |f(x)|$$

bildet $C(\overline{\Omega})$ einen **Banachraum** (cf. [19, Kapitel 1]). Im Falle eines beschränkten Gebietes Ω ist $C(\overline{\Omega})$ **separabel**. Dies beweist man mithilfe folgenden Satzes.

12.1 Satz (Weierstrass). *Sei $\Omega \subseteq \mathbb{R}^d$ ein beschränktes Gebiet und sei $\varepsilon > 0$. Dann existiert für jedes $f \in C(\overline{\Omega})$ ein Polynom p, so dass*

$$\|f - p\|_0 \leq \varepsilon.$$

Beweis. cf. [2, Satz 7.10]   ∎

Der Dualraum von $C(\overline{\Omega})$ kann mithilfe von Borel–Maßen charakterisiert werden. Allerdings ist der Raum $C(\overline{\Omega})$ *nicht reflexiv* (cf. [19, Satz 1.7.3]).

12.2 Satz (Riesz–Radon). *Sei $\Omega \subseteq \mathbb{R}^d$ ein beschränktes Gebiet und sei f ein stetiges, lineares Funktional auf $C(\overline{\Omega})$. Dann existiert ein eindeutig bestimmtes reguläres, signiertes, endliches Borel–Maß ν, so dass für alle $u \in C(\overline{\Omega})$ gilt:*

$$\langle f, u \rangle_{C(\overline{\Omega})} = \int_{\Omega} u \, d\nu \, .$$

Darüber hinaus gilt:

$$\|f\|_{(C(\overline{\Omega}))^*} = \mathrm{var}\,(\nu) := \sup \sum_{i=1}^{n} |\nu(M_i)| \, ,$$

wobei das Supremum über alle endlichen Systeme von paarweise disjunkten Borel–Mengen M_i, $i = 1, \ldots, n$, gebildet wird.

Beweis. cf. [2, Satz 4.22] ∎

Eine Teilmenge M von $C(\overline{\Omega})$ heißt **gleichgradig stetig** genau dann, wenn für alle $\varepsilon > 0$ ein $\delta > 0$ existiert, so dass

$$|f(x) - f(y)| \le \varepsilon$$

für alle $f \in M$ und alle $x, y \in \Omega$ mit $|x - y| \le \delta$ gilt.

12.3 Satz (Arzelà, Ascoli). *Sei $\Omega \subseteq \mathbb{R}^d$ ein beschränktes Gebiet. Eine Teilmenge M von $C(\overline{\Omega})$ ist genau dann relativ kompakt, wenn M beschränkt und gleichgradig stetig ist.*

Beweis. cf. [19, Satz 1.5.3], [2, Satz 2.11] ∎

Um Räume stetig differenzierbarer Funktionen definieren zu können, benötigen wir **partielle Ableitungen**, die durch

$$\partial_i f(x) := \lim_{h \to 0} \frac{f(x + h\mathbf{e}_i) - f(x)}{h}$$

definiert sind, wobei $\mathbf{e}_i$, $i = 1, \ldots, d$, ein Vektor der kanonischen Orthonormalbasis des $\mathbb{R}^d$ ist. Der **Gradient** einer Funktion f ist definiert durch

$$\nabla f(x) := \big(\partial_1 f(x), \ldots, \partial_d f(x)\big) \, . \tag{12.4}$$

Partielle Ableitungen *höherer Ordnung* werden mithilfe von Multiindizes erklärt. Für einen **Multiindex** $\alpha = (\alpha_1, \ldots, \alpha_d)$, $\alpha_i \in \mathbb{N}_0 := \mathbb{N} \cup \{0\}$, $i = 1, \ldots, d$, setzen wir $|\alpha| := \alpha_1 + \ldots + \alpha_d$ und definieren

$$\partial^\alpha f(x) := \partial_1^{\alpha_1} \ldots \partial_d^{\alpha_d} f(x) \, ,$$

wobei $\partial_i^{\alpha_i} f(x)$ die α_i-fache partielle Ableitung in Richtung $\mathbf{e}_i$ ist und $\partial^0 f(x) := f(x)$. Mit $C^k(\overline{\Omega})$, $k \in \mathbb{N}_0$, bezeichnen wir die Menge aller Funktionen $f \in C(\overline{\Omega})$, deren partielle Ableitungen $\partial^\alpha f$, $|\alpha| \le k$, bis zur Ordnung k inklusive, zum Raum $C(\overline{\Omega})$ gehören. Versehen mit der Norm

$$\|f\|_{C^k} = \|f\|_k := \sum_{|\alpha| \le k} \sup_{x \in \overline{\Omega}} |\partial^\alpha f(x)|$$

bildet $C^k(\overline{\Omega})$ einen **Banachraum** (cf. [19, Kapitel 1]), der **separabel** ist, falls Ω beschränkt ist. Ein Analogon von Satz 12.3 gilt auch im Raum $C^k(\overline{\Omega})$. Wir setzen

$$C^\infty(\overline{\Omega}) := \bigcap_{k=1}^{\infty} C^k(\overline{\Omega}).$$

Mit $C_0^k(\Omega)$, $k \in \mathbb{N}$, bzw. $C_0^\infty(\Omega)$ bezeichnen wir die Teilräume von $C^k(\overline{\Omega})$ bzw. $C^\infty(\overline{\Omega})$ von Funktionen mit *kompakten Träger* supp(f) in Ω, d.h. supp$(f) \subseteq\subseteq \Omega^1$. Der Raum der **Hölder-stetigen Funktionen** $C^{k,\lambda}(\overline{\Omega})$, $k \in \mathbb{N}_0$, $\lambda \in (0,1]$, besteht aus denjenigen Funktionen aus $C^k(\overline{\Omega})$, für die gilt:

$$[f]_{k,\lambda} := \sum_{|\alpha|=k} \sup_{\substack{x,y \in \Omega \\ x \ne y}} \frac{|\partial^\alpha f(x) - \partial^\alpha f(y)|}{|x-y|^\lambda} < \infty.$$

Versehen mit der Norm

$$\|f\|_{C^{k,\lambda}} = \|f\|_{k,\lambda} := \|f\|_k + [f]_{k,\lambda}$$

bildet $C^{k,\lambda}(\overline{\Omega})$ einen **Banachraum**, der *nicht separabel* ist (cf. [19, Kapitel 1]). Elemente aus dem Raum $C^{0,1}(\overline{\Omega})$ heißen **Lipschitz-stetige** Funktionen.

Wir haben folgende Einbettungen für Räume Hölder-stetiger Funktionen.

12.5 Satz. *Sei $\Omega \subseteq \mathbb{R}^d$ ein Gebiet und sei $k \in \mathbb{N}_0$, $0 < \nu < \lambda \le 1$. Dann sind die Einbettungen*

$$C^{k,\lambda}(\overline{\Omega}) \hookrightarrow C^{k,\nu}(\overline{\Omega}),$$
$$C^{k,\lambda}(\overline{\Omega}) \hookrightarrow C^k(\overline{\Omega})$$

stetig. Falls Ω ein beschränktes Gebiet ist, sind diese Einbettungen kompakt.

Beweis. cf. [19, Satz 1.5.10], [1, Satz 1.31] ∎

Um einen weiteren Einbettungssatz formulieren zu können benötigen wir eine Bedingung an das Gebiet Ω. Wir sagen, dass ein beschränktes Gebiet Ω einen **Rand** $\partial\Omega \in C^{k,\lambda}$, $k \in \mathbb{N}_0$, $\lambda \in (0,1]$, besitzt, wenn es $m \in \mathbb{N}$ kartesische Koordinatensysteme X_j, $j = 1, \ldots, m$,

---

^{1} Man schreibt $M \subseteq\subseteq \Omega$, falls $\overline{M} \subseteq \Omega$ und $\overline{M}$ kompakt ist.

$$X_j = (x_{j,1}, \ldots, x_{j,d-1}, x_{j,d}) =: (x_j', x_{j,d})$$

gibt und positive reelle Zahlen $\alpha, \beta > 0$, sowie m Funktionen

$$a_j \in C^{k,\lambda}([-\alpha, \alpha]^{d-1}), \qquad j = 1, \ldots, m,$$

so dass die Mengen

$$\Lambda^j := \left\{ (x_j', x_{j,d}) \in \mathbb{R}^d \mid |x_j'| \leq \alpha, x_{j,d} = a_j(x_j') \right\},$$

$$V_+^j := \left\{ (x_j', x_{j,d}) \in \mathbb{R}^d \mid |x_j'| \leq \alpha, a_j(x_j') < x_{j,d} < a_j(x_j') + \beta \right\},$$

$$V_-^j := \left\{ (x_j', x_{j,d}) \in \mathbb{R}^d \mid |x_j'| \leq \alpha, a_j(x_j') - \beta < x_{j,d} < a_j(x_j') \right\},$$

folgende Eigenschaften besitzen:

$$\Lambda^j \subseteq \partial\Omega, \quad V_+^j \subseteq \Omega, \quad V_-^j \subseteq \mathbb{R}^d \setminus \Omega, \quad j = 1, \ldots, m, \quad \bigcup^m \Lambda^j = \partial\Omega.$$

Im besonders häufig auftretenden Fall $\partial\Omega \in C^{0,1}$, sagen wir, dass das beschränkte Gebiet Ω einen **Lipschitz-stetigen Rand** $\partial\Omega$ besitzt.

12.6 Satz. *Sei $\Omega \subseteq \mathbb{R}^d$ ein beschränktes Gebiet mit Rand $\partial\Omega \in C^{0,1}$. Dann ist, für $k \in \mathbb{N}_0$, $\lambda \in (0,1]$, die Einbettung*

$$C^{k+1}(\overline{\Omega}) \hookrightarrow C^{k,\lambda}(\overline{\Omega})$$

stetig.

Beweis. cf. [19, Satz 1.2.14], [1, Satz 1.31]   ■

Alle Begriffe kann man analog für **vektorwertige** Funktionen formulieren. Die entsprechenden Resultate bleiben gültig, wenn man sie auf die einzelnen Komponenten anwendet. Zum Beispiel gehört eine vektorwertige Funktion $\mathbf{f} = (f^1, \ldots, f^n)^\top \colon \Omega \subseteq \mathbb{R}^d \to \mathbb{R}^n$ zum Raum $C(\overline{\Omega}; \mathbb{R}^n) = \left(C(\overline{\Omega})\right)^n$ genau dann, wenn $f^i \in C(\overline{\Omega})$, $i = 1, \ldots, n$.

A.12.2 Lebesgue–Räume $L^p(\Omega)$

Eine Darstellung der Theorie der Lebesgue–Räume $L^p(\Omega)$ kann in vielen Lehrbüchern gefunden werden. Die Beweise aller Behauptungen in diesem Abschnitt sind z.B. in [19, Kapitel 2], [2, Kapitel 1–4] und [1, Kapitel 2] enthalten. Alle Begriffe und Resultate kann man analog für *vektorwertige Funktionen* verstehen. Die entsprechenden Lebesgue–Räume vektorwertiger Funktionen $\mathbf{f} = (f^1, \ldots, f^n)^\top \colon \Omega \subseteq \mathbb{R}^d \to \mathbb{R}^n$ notieren wir als $L^p(\Omega; \mathbb{R}^n)$.

Sei $\Omega \subseteq \mathbb{R}^d$, $d \geq 1$, ein Gebiet, μ das auf $\mathbb{R}^d$ definierte Lebesgue–Maß und sei $1 \leq p < \infty$. Wir bezeichnen mit $L^p(\Omega)$ die Menge aller (Äquivalenzklassen) Lebesgue-messbarer Funktionen $f \colon \Omega \to \mathbb{R}$ mit

$$\int_\Omega |f|^p \, dx := \int_\Omega |f|^p \, d\mu < \infty.$$

Mit $L^\infty(\Omega)$ bezeichnen wir die Menge aller (Äquivalenzklassen) Lebesgue-messbarer Funktionen $f\colon \Omega \to \mathbb{R}$ für die eine Konstante $K > 0$ existiert, so dass für fast alle $x \in \Omega$ gilt:

$$|f(x)| \leq K\,.$$

Wir sagen, dass eine Funktion $f\colon \Omega \to \mathbb{R}$ **lokal integrierbar** ist, wenn für alle Lebesgue-messbaren Mengen $M \subseteq\subseteq \Omega$ gilt $f \in L^1(M)$. Die Menge aller lokal integrierbaren Funktionen $f\colon \Omega \to \mathbb{R}$ wird mit $L^1_{\mathrm{loc}}(\Omega)$ bezeichnet. Für Funktionen aus $L^p(\Omega)$, $1 \leq p < \infty$, bzw. $L^\infty(\Omega)$ definieren wir

$$\|f\|_{L^p(\Omega)} = \|f\|_p := \Big(\int\limits_\Omega |f|^p\, dx \Big)^{\frac{1}{p}},$$

$$\|f\|_{L^\infty(\Omega)} = \|f\|_\infty := \operatorname*{ess\,sup}_{x\in\Omega} |f(x)| := \inf_{\substack{M\in\mathcal{S}\\ \mu(M)=0}} \sup_{x\in\Omega\setminus M} |f(x)|\,.$$

Für diese Größen gilt folgende fundamentale Ungleichung:

12.7 Lemma (Hölder–Ungleichung). *Sei $f \in L^p(\Omega)$ und $g \in L^{p'}(\Omega)$, wobei $p \in [1,\infty]$ und p' der **duale Exponent** ist, d.h. $\frac{1}{p} + \frac{1}{p'} = 1$.[2] Dann ist $fg \in L^1(\Omega)$ und es gilt:*

$$\Big| \int\limits_\Omega fg\, dx \Big| \leq \int\limits_\Omega |fg|\, dx \leq \|f\|_p \|g\|_{p'}\,. \tag{12.8}$$

Der Beweis beruht auf der **Young–Ungleichung**

$$ab \leq \frac{a^p}{p} + \frac{b^{p'}}{p'}\,,$$

die für $p \in (1,\infty)$, $\frac{1}{p} + \frac{1}{p'} = 1$ und $a,b \in \mathbb{R}_{\geq}$ gilt. In Anwendungen ist auch folgende Variante der *Young–Ungleichung* nützlich: Seien $a,b \in \mathbb{R}_{\geq}$ und $p \in (1,\infty)$, $\frac{1}{p} + \frac{1}{p'} = 1$. Dann existiert für alle $\varepsilon > 0$ eine Konstante $c(\varepsilon)$, so dass

$$ab \leq \varepsilon\, a^p + c(\varepsilon)\, b^{p'}\,.$$

Aus der Hölder–Ungleichung folgt direkt ein *Interpolationssatz*.

12.9 Satz. *Sei $1 \leq r \leq p \leq q \leq \infty$ und sei $f \in L^q(\Omega) \cap L^r(\Omega)$. Dann gilt folgende Abschätzung:*

$$\|f\|_p \leq \|f\|_r^\alpha \|f\|_q^{1-\alpha}\,,$$

wobei $\alpha \in [0,1]$ durch

$$\frac{1}{p} = \frac{\alpha}{r} + \frac{1-\alpha}{q}$$

bestimmt ist.

---

[2] Wir benutzen die Konvention, dass sowohl $p = 1, p' = \infty$ als auch $p = \infty, p' = 1$ in der Identität $\frac{1}{p} + \frac{1}{p'} = 1$ enthalten sind.

Mithilfe der Hölder–Ungleichung kann man auch die **Minkowski–Ungleichung**

$$\|f + g\|_p \le \|f\|_p + \|g\|_p \,,$$

beweisen, die für Funktionen $f, g \in L^p(\Omega)$, $p \in [1, \infty]$, gilt. Demzufolge bilden $\left(L^p(\Omega), \| \cdot \|_p\right)$, $p \in [1, \infty]$, normierte Vektorräume. Man kann zeigen, dass diese Räume vollständig sind, d.h. $\left(L^p(\Omega), \| \cdot \|_p\right)$, $p \in [1, \infty]$, sind **Banachräume**. Der Raum $L^2(\Omega)$ versehen mit dem Skalarprodukt $(f, g)_2 := \int_\Omega f g\, dx$, $f, g \in L^2(\Omega)$, ist ein **Hilbertraum**. Wir sagen, dass eine Folge $(f_n) \subset L^p(\Omega)$ gegen $f \in L^p(\Omega)$ **konvergiert**, in Zeichen $f_n \to f$ in $L^p(\Omega)$ $(n \to \infty)$, genau dann, wenn

$$\lim_{n \to \infty} \|f_n - f\|_p = 0\,.$$

Mithilfe des Satzes von Lusin 11.5 und des Satzes 11.6 kann man beweisen, dass die Menge stetiger Funktionen mit kompakten Träger $C_0(\Omega)$ dicht in $L^p(\Omega)$, $1 \le p < \infty$, liegt. Dies zusammen mit dem Satz von Weierstrass 12.1 impliziert, dass $L^p(\Omega)$, $1 \le p < \infty$, *separabel* ist. Auf Grundlage der Sätze 11.14 und 11.15 kann man sogar zeigen, dass glatte Funktionen mit kompakten Träger $C_0^\infty(\Omega)$ dicht in $L^p(\Omega)$ liegen, falls $1 \le p < \infty$. Dazu benötigt man eine nichtnegative Funktion $\omega \in C_0^\infty(\mathbb{R})$ mit den Eigenschaften:

(i) $\omega(s) = 0$, falls $|s| \ge 1$,

(ii) $\int_\mathbb{R} \omega(s)\, ds = 1$.

Für $\varepsilon > 0$ definieren wir den **Glättungskern** $\omega_\varepsilon : \mathbb{R}^d \to \mathbb{R}$ durch

$$\omega_\varepsilon(x) := \varepsilon^{-d} \omega(|x|/\varepsilon)\,.$$

Aufgrund der Definition gilt $\mathrm{supp}\,(\omega_\varepsilon) \subseteq \overline{B_\varepsilon(0)}$ und $\int_{\mathbb{R}^d} \omega_\varepsilon(x)\, dx = 1$. Die **Konvolution**

$$(\omega_\varepsilon * f)\,(x) := \int\limits_{\mathbb{R}^d} \omega_\varepsilon(x - y) f(y)\, dy\,,$$

welche für Funktionen f definiert ist, für die die rechte Seite Sinn macht, heißt **Glättung** von f. Ein typisches Beispiel für ω ist

$$\omega(x) = \begin{cases} k \exp(\frac{-1}{1 - |x|^2}), & \text{falls } |x| \le 1, \\ 0, & \text{falls } |x| \ge 1, \end{cases}$$

wobei k eine Normierungskonstante ist.

12.10 Satz. *Sei Ω ein Gebiet des $\mathbb{R}^d$, sei $f : \mathbb{R}^d \to \mathbb{R}$ außerhalb von Ω identisch Null und sei $\varepsilon > 0$.*

(i) *Für $f \in L^1(\Omega)$ gilt: $\omega_\varepsilon * f \in C^\infty(\mathbb{R}^d)$.*

(ii) *Für $f \in L^1(\Omega)$ mit $\mathrm{supp}(f) \subseteq\subseteq \Omega$ gilt: $\omega_\varepsilon * f \in C_0^\infty(\Omega)$, falls $\varepsilon < \mathrm{dist}(\mathrm{supp}(f), \partial\Omega)$.*

(iii) *Für* $f \in L^p(\Omega)$, $1 \leq p < \infty$, *gilt:* $\omega_\varepsilon * f \in L^p(\Omega)$ *und*

$$\|\omega_\varepsilon * f\|_p \leq \|f\|_p\,,$$

$$\lim_{\varepsilon \searrow 0^+} \|\omega_\varepsilon * f - f\|_p = 0\,.$$

(iv) *Für* $f \in C(\Omega)$ *und* $K \subseteq\subseteq \Omega$ *gilt:*

$$\lim_{\varepsilon \searrow 0^+} \omega_\varepsilon * f(x) = f(x) \qquad \textit{gleichmäßig auf } K\,.$$

Der *Dualraum* von $L^p(\Omega)$ kann wie folgt charakterisiert werden.

12.11 Satz. *Sei* $\Omega \subseteq \mathbb{R}^d$ *ein Gebiet und sei* f *ein stetiges, lineares Funktional auf* $L^p(\Omega)$, $1 \leq p < \infty$. *Dann existiert eine eindeutig bestimmte Funktion* $g \in L^{p'}(\Omega)$, $\frac{1}{p} + \frac{1}{p'} = 1$, *so dass für alle* $u \in L^p(\Omega)$ *gilt:*

$$\langle f, u \rangle_{L^p(\Omega)} = \int_\Omega g\,u\,dx\,.$$

Darüber hinaus gilt:

$$\|f\|_{(L^p(\Omega))^*} = \|g\|_{L^{p'}(\Omega)}\,.$$

Aufgrund dieses Satzes kann man zeigen, dass der Raum $L^p(\Omega)$ *reflexiv* ist, falls $1 < p < \infty$. Die Räume $L^1(\Omega)$ und $L^\infty(\Omega)$ sind für beschränkte, nichtleere Gebiete Ω *nicht* reflexiv. Der Beweis des Satzes 12.11 beruht auf dem Satz von Hahn 11.3 und

12.12 Satz (Radon–Nikodým). *Sei* $\Omega \subseteq \mathbb{R}^d$ *ein Gebiet und sei* ν *ein auf der* σ-*Algebra* $\mathcal{M}_\Omega$, *der Lebesgue-messbaren Teilmengen von* Ω, *definiertes Maß mit* $\mathrm{var}(\nu) < \infty$, *das* **absolut stetig** *bzgl. des Lebesgue–Maßes* μ *ist, d.h. für alle* $M \in \mathcal{M}_\Omega$ *gilt:*

$$\mu(M) = 0 \qquad \Longrightarrow \qquad \nu(M) = 0\,.$$

Dann existiert genau eine nichtnegative Funktion $h \in L^1(\Omega)$, *so dass für alle* $M \in \mathcal{M}_\Omega$ *gilt:*

$$\nu(M) = \int_M h\,d\mu\,.$$

Man nennt die Funktion h *die* Radon–Nikodým *Ableitung von* ν *bzgl.* μ.

Es gilt folgendes Analogon des Satzes 12.3:

12.13 Satz (Kolmogorov). *Sei* $\Omega \subseteq \mathbb{R}^d$ *ein beschränktes Gebiet. Eine Teilmenge* M *von* $L^p(\Omega)$, $1 \leq p < \infty$, *ist genau dann relativ kompakt, wenn* M *beschränkt und* p-**gleichgradig stetig** *ist, d.h. für alle* $\varepsilon > 0$ *existiert ein* $\delta > 0$, *so dass für alle* $f \in M$ *und alle* $h \in \mathbb{R}^d$ *mit* $|h| \leq \delta$ *gilt:*

$$\int_\Omega |f(x+h) - f(x)|^p\,dx \leq \varepsilon^p\,.$$

Mithilfe der Hölder–Ungleichung (12.8) kann man folgende Einbettung beweisen.

12.14 Satz. *Sei $\Omega \subseteq \mathbb{R}^d$ ein beschränktes Gebiet. Für alle $1 \leq q < p \leq \infty$ ist die Einbettung*

$$L^p(\Omega) \hookrightarrow L^q(\Omega)$$

stetig.

Diese Aussage ist für unbeschränkte Gebiete *nicht* richtig.

A.12.3 Sobolev–Räume $W^{k,p}(\Omega)$

Auch die Theorie der Sobolev–Räume $W^{k,p}(\Omega)$ kann in vielen Lehrbüchern nachgelesen werden. Die Beweise aller Behauptungen in diesem Abschnitt finden sich z.B. in [19, Kapitel 5], [2], [13, Kapitel 4] und [1, Kapitel 3, 5, 6]. Alle Begriffe und Resultate kann man analog für vektorwertige Funktionen verstehen. Die entsprechenden Sobolev–Räume vektorwertiger Funktionen $\mathbf{f} = (f^1, \ldots, f^n)^\top : \Omega \subseteq \mathbb{R}^d \to \mathbb{R}^n$ notieren wir als $W^{k,p}(\Omega; \mathbb{R}^n)$.

Sei $\Omega \subseteq \mathbb{R}^d$, $d \geq 1$, ein Gebiet. Seien $f, g \in L^1_{\mathrm{loc}}(\Omega)$ lokal integrierbare Funktionen und sei α ein Multiindex. Wir sagen, dass g die α-te **schwache partielle Ableitung** von f ist, in Zeichen

$$\partial^\alpha f := g,$$

wenn für alle *Testfunktionen* $\varphi \in C_0^\infty(\Omega)$ gilt:

$$\int_\Omega f \, \partial^\alpha \varphi \, dx = (-1)^{|\alpha|} \int_\Omega g \, \varphi \, dx.$$

Mit den schwachen partiellen Ableitungen kann man im Wesentlichen wie mit klassischen partiellen Ableitungen rechnen, allerdings muss man immer acht geben, dass alle auftretenden Terme wohldefiniert sind. Für $1 \leq p \leq \infty$ und $k \in \mathbb{N}$ bezeichnen wir mit $W^{k,p}(\Omega)$ die Menge aller Funktionen $f \in L^p(\Omega)$, deren schwache partielle Ableitungen $\partial^\alpha f$, $|\alpha| \leq k$, existieren und zum Raum $L^p(\Omega)$ gehören. Der Raum $W^{k,p}(\Omega)$, versehen mit der Norm

$$\|f\|_{W^{k,p}(\Omega)} = \|f\|_{k,p} := \left(\sum_{|\alpha| \leq k} \|\partial^\alpha f\|_p^p \right)^{\frac{1}{p}},$$

bildet für alle $1 \leq p \leq \infty$ und $k \in \mathbb{N}$ einen *Banachraum*. Der Raum $W^{k,p}(\Omega)$, $1 \leq p \leq \infty$, $k \in \mathbb{N}$, ist isometrisch isomorph zu einem abgeschlossenen Teilraum von $(L^p(\Omega))^N$, $N := \sum_{|\alpha| \leq k} 1$. Deshalb ist $W^{k,p}(\Omega)$ *separabel* für $1 \leq p < \infty$ und *reflexiv* für $1 < p < \infty$. Man beachte, dass für alle Elemente $f \in W^{k,p}(\Omega)$ per Definition die **partielle Integrationsformel**

$$\int_\Omega f \, \partial^\alpha \varphi \, dx = (-1)^{|\alpha|} \int_\Omega \partial^\alpha f \, \varphi \, dx \qquad (12.15)$$

für alle $\varphi \in C_0^\infty(\Omega)$ gilt. Wir sagen, dass eine Folge $(f_n) \subseteq W^{k,p}(\Omega)$ gegen $f \in W^{k,p}(\Omega)$ *konvergiert*, in Zeichen $f_n \to f$ in $W^{k,p}(\Omega)$ $(n \to \infty)$, genau dann, wenn

$$\lim_{n \to \infty} \|f_n - f\|_{k,p} = 0\,.$$

Wir bezeichnen mit $W_0^{k,p}(\Omega)$, $1 \le p \le \infty$, $k \in \mathbb{N}$, den Abschluss von $C_0^\infty(\Omega)$ im Raum $W^{k,p}(\Omega)$. Da $W_0^{k,p}(\Omega)$ ein abgeschlossener Unterraum von $W^{k,p}(\Omega)$ ist, erhalten wir sofort, dass der *Banachraum* $W_0^{k,p}(\Omega)$ für $p \in [1, < \infty)$ *separabel* und für $p \in (1, < \infty)$ *reflexiv* ist. Man kann zeigen, dass für alle Elemente f des Dualraumes $\left(W_0^{k,p}(\Omega)\right)^*$ Funktionen $f_\alpha \in L^{p'}(\Omega)$, $|\alpha| \le k$, existieren, so dass für alle $u \in W_0^{k,p}(\Omega)$ gilt:

$$\langle f, u \rangle_{W_0^{k,p}(\Omega)} = \left\langle \sum_{|\alpha| \le k} (-1)^{|\alpha|} \partial^\alpha f_\alpha, u \right\rangle_{L^p(\Omega)} := \sum_{|\alpha| \le k} \int_\Omega f_\alpha\, \partial^\alpha u \, dx\,.$$

Mithilfe des Glättungskerns ω_ε kann man Funktionen aus $W^{k,p}(\Omega)$ *lokal* durch glatte Funktionen approximieren.

12.16 Satz. *Sei $\Omega \subseteq \mathbb{R}^d$ ein Gebiet und sei $f \in W^{k,p}(\Omega)$, $p \in [1, < \infty)$, $k \in \mathbb{N}$. Für $\varepsilon > 0$ sei $\Omega_\varepsilon := \{x \in \Omega \mid \mathrm{dist}\,(\partial\Omega, x) > \varepsilon\}$. Dann gilt:*

(i) $\partial^\alpha\left(\omega_\varepsilon * f\right) = \omega_\varepsilon * \left(\partial^\alpha f\right)$ *in Ω_ε, $|\alpha| \le k$.*

(ii) $\omega_\varepsilon * f \in W^{k,p}(\Omega_\varepsilon)$ *für alle $\varepsilon > 0$.*

(iii) $\omega_\varepsilon * f \to f$ *in $W^{k,p}(V)$ $(\varepsilon \to 0)$ für alle $V \subseteq\subseteq \Omega$.*

Um eine *globale* Approximation von Funktionen aus $W^{k,p}(\Omega)$ durch glatte Funktionen zu beweisen, benötigt man eine *Zerlegung der Eins*.

12.17 Satz. *Sei A eine beliebige Teilmenge des $\mathbb{R}^d$ und sei $(U_i)_{i \in I}$ eine Überdeckung von A durch offene Mengen, d.h. $A \subseteq \bigcup_{i \in I} U_i$. Dann existiert ein System von Funktionen $\lambda_i \in C_0^\infty(\mathbb{R}^d)$, $i \in I$, mit folgenden Eigenschaften:*

(i) *Für alle λ_i, $i \in I$, und alle $x \in \mathbb{R}^d$ gilt: $0 \le \lambda_i(x) \le 1$.*

(ii) *Sei $K \subseteq\subseteq A$. Dann gilt für alle bis auf endlich viele $i \in I$: $\lambda_i|_K \equiv 0$.*

(iii) *Für alle $i \in I$ gilt: $\mathrm{supp}\,(\lambda_i) \subseteq U_i$.*

(iv) *Für alle $x \in A$ gilt: $\sum_{i \in I} \lambda_i(x) = 1$.*

Ein solches System von Funktionen $(\lambda_i)_{i \in I}$ heißt die zur Überdeckung $(U_i)_{i \in I}$ zugehörige **Zerlegung der Eins**.

Von nun an beschränken wir uns auf *beschränkte* Gebiete $\Omega \subseteq \mathbb{R}^d$ und Sobolev–Räume $W^{1,p}(\Omega)$ bzw. $W_0^{1,p}(\Omega)$, $1 \le p \le \infty$. Für die meisten der folgenden Aussagen gibt es entsprechende Verallgemeinerungen auf beliebige Sobolev–Räume $W^{k,p}(\Omega)$ bzw. $W_0^{k,p}(\Omega)$, $1 \le p \le \infty$, $k \in \mathbb{N}$, und unbeschränkte Gebiete Ω.

12.18 Satz. *Sei $\Omega \subseteq \mathbb{R}^d$ ein beschränktes Gebiet mit Lipschitz-stetigem Rand $\partial\Omega$. Dann existiert für alle Funktionen $f \in W^{1,p}(\Omega)$, $p \in [1, < \infty)$, eine Folge $(f_n) \subseteq C^\infty(\overline{\Omega})$ mit $f_n \to f$ in $W^{1,p}(\Omega)$ $(n \to \infty)$.*

Für Funktionen f aus dem Sobolev–Raum $W^{1,p}(\Omega)$ kann man zeigen, dass f *schwache Randwerte besitzt.*

12.19 Satz. *Sei $\Omega \subseteq \mathbb{R}^d$, $d \geq 2$, ein beschränktes Gebiet mit Lipschitz-stetigem Rand $\partial\Omega$ und $p \in [1, < \infty)$.*

(i) *Es gibt einen stetigen, linearen **Spuroperator** $T\colon W^{1,p}(\Omega) \to L^p(\partial\Omega)$, so dass für alle $f \in C(\overline{\Omega})$ gilt:*

$$T(f) = f \qquad auf\ \partial\Omega\,.$$

(ii) *Für alle $f \in W^{1,p}(\Omega)$ und $g \in W^{1,p'}(\Omega)$, $\frac{1}{p} + \frac{1}{p'} = 1$ gilt die Formel für die partielle Integration:*

$$\int\limits_{\Omega} f\, \partial_i g\, dx = -\int\limits_{\Omega} \partial_i f\, g\, dx + \int\limits_{\partial\Omega} T(f)\, T(g)\, \nu_i\, dS\,,$$

wobei $\boldsymbol{\nu} = (\nu^1, \dots, \nu^d)^\top$ die äußere Normale an $\partial\Omega$ ist.

Die Funktion $T(f) \in L^p(\partial\Omega)$ nennt man **Spur** der Funktion $f \in W^{1,p}(\Omega)$. Man kann zeigen, dass

$$W_0^{1,p}(\Omega) = \left\{ f \in W^{1,p}(\Omega)\,\middle|\, T(f) = 0 \right\}.$$

gilt. Man kann auch zeigen, dass man Funktionen aus $W^{1,p}(\Omega)$ auf $\mathbb{R}^d$ fortsetzen kann.

12.20 Satz. *Sei $\Omega \subseteq \mathbb{R}^d$, $d \geq 2$, ein beschränktes Gebiet mit Lipschitz-stetigem Rand $\partial\Omega$ und $p \in [1, \infty]$. Sei G ein beschränktes offenes Gebiet mit $\Omega \subseteq\subseteq G$. Dann existiert ein stetiger, linearer Operator $E\colon W^{1,p}(\Omega) \to W^{1,p}(\mathbb{R}^d)$, so dass für alle $f \in W^{1,p}(\Omega)$ gilt:*

$$E(f) = f \qquad fast\ überall\ in\ \Omega$$

und supp $E(f) \subseteq G$. Darüber hinaus gilt für alle $f \in W^{1,p}(\Omega)$:

$$\|E(f)\|_{W^{1,p}(\mathbb{R}^d)} \leq c\, \|f\|_{W^{1,p}(\Omega)}\,,$$

wobei die Konstante c nur von p, Ω und G abhängt.

Auch für Sobolev–Räume kann man **Einbettungssätze** beweisen.

12.21 Satz. *Sei $\Omega \subseteq \mathbb{R}^d$, $d \geq 2$, ein beschränktes Gebiet mit Lipschitz-stetigem Rand $\partial\Omega$ und $p \in [1, \infty)$. Dann gilt:*

(i) *Falls $f \in W^{1,p}(\Omega)$ und $p < d$, dann gilt für alle $1 \leq q \leq p^* := \frac{pd}{d-p}$ die Abschätzung:*

$$\|f\|_q \leq c\, \|f\|_{1,p}\,,$$

wobei die Konstante c nur von p, d und Ω abhängt.

(ii) *Falls $f \in W^{1,p}(\Omega)$ und $p = d$, dann gilt für alle $1 \leq q < \infty$ die Abschätzung:*

$$\|f\|_q \leq c \, \|f\|_{1,p} \, ,$$

wobei die Konstante c nur von d und Ω abhängt.

(iii) *Falls $f \in W^{1,p}(\Omega)$ und $p > d$, dann gilt für $\gamma := 1 - \frac{d}{p}$ die Abschätzung:*

$$\|f\|_{C^{0,\gamma}(\overline{\Omega})} \leq c \, \|f\|_{1,p} \, ,$$

wobei die Konstante c nur von p, d und Ω abhängt.

Für Funktionen $f \in W_0^{1,p}(\Omega)$ kann man die Abschätzung in (i) wie folgt verbessern:

$$\|f\|_q \leq c \, \|\nabla f\|_p \, ,$$

wobei $1 \leq q \leq p^* := \frac{pd}{d-p}$ und die Konstante c nur von p, d und Ω abhängt. Man kann zeigen, dass die obigen Einbettungen *kompakt* sind, falls die Ungleichungen strikt sind.

12.22 Satz. *Sei $\Omega \subseteq \mathbb{R}^d$, $d \geq 2$, ein beschränktes Gebiet mit Lipschitz-stetigem Rand $\partial\Omega$ und $p \in [1, \infty)$. Dann gilt:*

(i)   *Falls $p < d$, dann ist für alle $1 \leq q < p^* := \frac{pd}{d-p}$ die Einbettung*

$$W^{1,p}(\Omega) \hookrightarrow\hookrightarrow L^q(\Omega)$$

kompakt.

(ii) *Falls $p = d$ und $1 \leq q < \infty$, dann ist die Einbettung*

$$W^{1,p}(\Omega) \hookrightarrow\hookrightarrow L^q(\Omega)$$

kompakt.

(iii) *Falls $p > d$ und $0 \leq \lambda < \gamma := 1 - \frac{d}{p}$, dann ist die Einbettung*

$$W^{1,p}(\Omega) \hookrightarrow\hookrightarrow C^{0,\lambda}(\overline{\Omega})$$

kompakt.

12.23 Satz (Poincaré–Ungleichung). *Sei $\Omega \subseteq \mathbb{R}^d$, $d \geq 2$, ein beschränktes Gebiet mit Lipschitz-stetigem Rand $\partial\Omega$. Dann gilt für alle $f \in W_0^{1,p}(\Omega)$ die Abschätzung:*

$$\|f\|_p \leq c \, \|\nabla f\|_p \, ,$$

wobei die Konstante c nur von p, d und Ω abhängt.

Mithilfe dieses Satzes kann man sofort sehen, dass auf dem Raum $W_0^{1,p}(\Omega)$ durch $\|\nabla f\|_p$ eine **äquivalente Norm** gegeben ist, d.h. es gibt Konstanten $c_1, c_2 > 0$, so dass für alle $f \in W_0^{1,p}(\Omega)$ gilt:

$$c_1 \, \|\nabla f\|_p \leq \|f\|_{1,p} \leq c_2 \|\nabla f\|_p \, . \tag{12.24}$$

Literaturverzeichnis

1. R.A. ADAMS, *Sobolev spaces*, Pure and Applied Mathematics, vol. 65, Academic Press, New York-London, 1975.
2. H.W. ALT, *Lineare Funktionalanalysis. Eine anwendungsorientierte Einführung*, 6., überarbeitete Auflage, Springer, Berlin, 2012.
3. H. AMANN AND J. ESCHER, *Analysis III*, Grundstudium Mathematik, Birkhäuser, Basel, 2001.
4. V. BARBU, *Nonlinear differential equations of monotone types in Banach spaces*, Springer Monographs in Mathematics, Springer, New York, 2010.
5. L. BERS, F. JOHN, AND M. SCHECHTER, *Partial differential equations*, American Mathematical Society, Providence, R.I., 1979.
6. F. BOYER AND P. FABRIE, *Mathematical tools for the study of the incompressible Navier-Stokes equations and related models*, Applied Mathematical Sciences, vol. 183, Springer, New York, 2013.
7. H. BREZIS, *Functional Analysis, Sobolev Spaces and Partial Differential Equations*, Springer, New York, 2011.
8. K. DEIMLING, *Nichtlineare Gleichungen und Abbildungsgrade*, Hochschultext, Springer, Berlin, 1974.
9. J. DIESTEL, *Geometry of Banach spaces—selected topics*, Lecture Notes in Mathematics, Vol. 485, Springer, Berlin, 1975.
10. N. DUNFORD AND J.T. SCHWARTZ, *Linear Operators. I. General Theory*, Interscience Publishers, Inc., New York, 1958.
11. I. EKELAND AND R. TÉMAM, *Convex analysis and variational problems*, Classics in Applied Mathematics, vol. 28, Society for Industrial and Applied Mathematics (SIAM), Philadelphia, PA, 1999.
12. R. ENGELKING, *General topology*, PWN—Polish Scientific Publishers, Warsaw, 1977.
13. L.C. EVANS AND R.F. GARIEPY, *Measure theory and fine properties of functions*, CRC Press, Boca Raton, FL, 1992.
14. S. FUČÍK, J. NEČAS, J. SOUČEK, AND V. SOUČEK, *Spectral analysis of nonlinear operators*, Lecture Notes in Mathematics, vol. 346, Springer, Berlin, 1973.
15. H. GAJEWSKI, K. GRÖGER, AND K. ZACHARIAS, *Nichtlineare Operatorgleichungen und Operatordifferentialgleichungen*, Akademie-Verlag, Berlin, 1974.
16. D. GILBARG AND N.S. TRUDINGER, *Elliptic partial differential equations of second order*, Reprint of the 1998 edition, Springer, Berlin, 2001.
17. H. HEUSER, *Funktionalanalysis*, B. G. Teubner, Stuttgart, 1992.
18. T. KATO, *Perturbation Theory for Linear Operators*, Classics in Mathematics, Springer, Berlin, 1995.
19. A. KUFNER, O. JOHN, AND S. FUČÍK, *Function Spaces*, Academia, Praha, 1977.

© Springer-Verlag GmbH Deutschland, ein Teil von Springer Nature 2020
M. Růžička, *Nichtlineare Funktionalanalysis*, Masterclass,
https://doi.org/10.1007/978-3-662-62191-2

20. J.L. Lions, *Quelques Méthodes de Résolution des Problèmes aux Limites Non Linéaires*, Dunod, Paris, 1969.

21. R. Meise and D. Vogt, *Einführung in die Funktionalanalysis*, Vieweg & Sohn, Braunschweig, 1992.

22. G. De Rham, *Variétés Différentiables*, Hermann, Paris, 1960.

23. T. Roubíček, *Nonlinear partial differential equations with applications*, Second ed., International Series of Numerical Mathematics, vol. 153, Birkhäuser, Basel, 2013.

24. W. Rudin, *Reelle und komplexe Analysis*, R. Oldenbourg Verlag, Munich, 1999.

25. J. Lukeš and J. Malý, *Measure and Integral*, Matfyzpress, Prague, 1995.

26. R.E. Showalter, *Monotone operators in Banach space and nonlinear partial differential equations*, Mathematical Surveys and Monographs, vol. 49, American Mathematical Society, Providence, RI, 1997.

27. W. Walter, *Gewöhnliche Differentialgleichungen: Eine Einführung*, 7. Auflage, Springer, Berlin, 2000.

28. J. Wloka, *Partielle Differentialgleichungen*, B. G. Teubner, Stuttgart, 1982.

29. K. Yosida, *Functional analysis*, Springer, Berlin, 1980.

30. E. Zeidler, *Nonlinear functional analysis and its applications. III*, Variational methods and optimization, Springer, New York, 1985.

31. E. Zeidler, *Nonlinear functional analysis and its applications. I*, Fixed-point theorems, Springer, New York, 1986.

32. E. Zeidler, *Nonlinear functional analysis and its applications. IV*, Applications to mathematical physics, Springer, New York, 1988.

33. E. Zeidler, *Nonlinear functional analysis and its applications. II/A*, Linear monotone operators, Springer, New York, 1990.

34. E. Zeidler, *Nonlinear functional analysis and its applications. II/B*, Nonlinear monotone operators, Springer, New York, 1990.

35. E. Zeidler, *Applied functional analysis*, Application to Mathematical Physics, Applied Mathematical Sciences, vol. 108, Springer, New York, 1995.

36. E. Zeidler, *Applied functional analysis*, Main principles and their applications, Applied Mathematical Sciences, vol. 109, Springer, New York, 1995.

Index

© Springer-Verlag GmbH Deutschland, ein Teil von Springer Nature 2020
M. Růžička, *Nichtlineare Funktionalanalysis*, Masterclass,
https://doi.org/10.1007/978-3-662-62191-2

Printed in the United States
By Bookmasters